Data Processing with R

R과 자료처리

김태수 지음

자유아카데미

머리말

자료처리 및 자료분석을 위한 통계적 도구들 중 R은 현재 가장 많이 사용되고 있는 프로그램이다. 우선 무료라는 장점도 있지만, 이미 상용화되어 널리 사용되고 있는 통계처리 프로그램 SAS나 SPSS에 버금가는 자료처리 능력을 보유하고 있다. 또한 많은 사용자들이 지속적으로 프로그램들을 발전시키고 있기 때문에 부족함이 없을 정도이다. 이미 통계처리 프로그램 사용자 수에서 SAS나 SPSS를 제치고 1위를 기록하고 있다. 따라서 통계자료의 전산처리를 위해서 R은 이제 필수 도구라고 할 수 있다. 자료의 처리 및 통계적 분석은 전산도구를 활용하여 자료를 정리하고, 전산처리 과정을 통해 얻어진 결과들의 분석능력이 함께 융합될 때 진정한 가치가 있다.

이 책에서는 R의 기본적 기능부터 시작하여, 사용자가 원하는 유형으로 자료들을 변환할 수 있도록 정리하는 기법들과 자료들의 시각화 방법을 공부하게 된다. 또한 통계적 처리과정에서 통계적 기초이론도 함께 제시하여, R을 이용한 자료처리 결과 해석에 도움을 주고자 하였다.

1, 2장에서는 R의 설치 및 기본기능을 살펴보고, 3, 4장에서는 기술통계인 자료의 요약, 정리 및 시각화 기법들을 다루었다. 5, 6장에서는 통계적 기법들에서 필요한 이론적 배경과 함께 실제 자료들의 R을 이용한 계산과 그 해석 기법들을 다루었다. 이 책에서 R의 시연을 위해 사용된 예들과 자료들은 대부분 R에서 제공된 것을 사용하였다.

여러 곳에서 발견될 미비한 부분들은 계속하여 보완할 수 있도록 할 것이며, 출간 후에라도 수정사항이 있을 경우에는 자유아카데미 홈페이지(www.freeaca.com) 자료실에 제공할 예정이다. 모쪼록 이 교재를 학습하는 여러분 모두가 R과 통계학을 이해하는 데 도움이 되기를 바란다.

끝으로, 이 책의 출판에 즈음하여 적극적으로 지원해 준 모든 분들과 자유아카데미 관계자 여러분께 감사의 말씀을 드린다.

2016년 12월

지은이

차례

1장 R의 접근 및 설치

2장 R의 기본 기능 사용

3장 자료요약

4장 자료 구성 및 정리

5장 확률분포 및 추출

6장 통계처리

1장

R의 접근 및 설치

R은 “S”와 “S-PLUS”의 환경을 기초로 해서 만들어진 공개적인(GPL: general public license) 통계적 도구이다. “S”는 1980년 “AT&T” 연구소에서 개발되었고, “R”은 1995년 Robert Gentleman과 Ross Ihaka에 의하여 개발되었으며, 빠른 속도로 많은 사용자를 확보하고 있다. 현재 R은 핵심개발팀과 꾸준하고 열성적인 자원자들의 개발에 의하여 유지되고 있다. R의 정보에 대한 주요한 홈페이지는

http://www.r-project.org

이고, 이곳은 “R” 프로그램과 추가적인 패키지(Package)를 구하는 방법 및 기타 관련 문서를 제공하고 있다.

위에 제시된 사이트로 이동하면 Linux, Mac, Windows 등 독자들의 컴퓨터 사용 환경에 따라 적절한 부분을 클릭하면서 절차에 따라 다운받아 사용자 시스템에 설치하여 사용하면 된다. 이 책은 Windows 환경에서 구현하였다.

본문에서 시행된 통계처리의 예들과 자료들은 가능한 한 R에서 제공된 것들을 그대로 사용하고자 하였으며, 일부는 내용과 부합되도록 변경 또는 가상 자료를 생성하여 활용하였다.

2장

R의 기본 기능 사용

R은 대/소문자 구별이 있으며, 해석형 언어이다. 사용자는 명령 프롬프트(〉)를 사용해서 한 번에 한 명령어를 입력하거나 사전에 구성된 파일로부터 명령을 설정해 실행시킬 수 있다. 벡터, 행렬, 배열, 데이터 프레임, 그리고 리스트를 포함한 광범위한 종류의 자료 유형이 있다. 대부분의 기능은 내장된 또는 사용자가 만든 함수를 통하여 주어지고, 모든 데이터 객체는 세션이 상호작용하는 동안 메모리에 저장된다. 다양한 기본 함수들은 항상 이용 가능하다. 다른 응용함수들은 현재 세션이 필요한 대로 접근할 수 있는 패키지 안에 포함되어 있다.

2.1 "R"의 기본

Note

a) "〉"를 프롬프트(Prompt)라고 한다. "R"에서 명령어 입력 준비가 완료되었음을 의미한다. 사용자가 입력하는 것이 아닌 "R"에서 주어지는 것이다.
b) 한 줄에 명령어가 너무 길면 그 줄 적당한 곳에서 "Enter" 키를 치게 되면 다음 줄 처음에 "+"가 나타난다. 이곳에 연이어서 나머지 명령 또는 함수 내용 등을 입력하면 된다.

2.2 함수 "c()"를 이용한 자료의 입력

"R"에서 가장 간단하고 유용한 자료입력 방법은 함수 "c()"를 이용하는 것이다. 예를 들어, 일정 기간 사격 선수의 성적(등수)이 다음과 같다고 하자.

4 3 1 3 1 4 5

위의 자료를 "R"의 프로그램 안에 입력하기 위해서는 아래와 같이 입력하면 된다.

```
> Data1 = c(4,3,1,3,1,4,5)
> Data1
 [1] 4 3 1 3 1 4 5
```

또는

```
> Data1 <- c(4,3,1,3,1,4,5)
> Data1
 [1] 4 3 1 3 1 4 5
```

Note

a) 자료의 값을 변수이름 "Data1"라고 지정하였다.
b) 등호 "="는 우변의 값을 좌변의 변수이름에 지정함을 의미한다. 등호 대신 "<-" 또는 "<<-"를 사용할 수도 있다. 특이한 경우에 약간의 차이가 존재한다.

c) 둘째 줄에 있는 "Data1"은 "R"에서 자동으로 나타내어 주는 것이 아니라 사용자가 "Data1"이라는 변수이름에 저장된 자료를 확인하는 하나의 방법이다. 둘째 줄 프롬프트에서 "Data1"을 입력하면 위의 셋째 줄과 같이 사전에 입력한 내용이 화면상에 출력된다.
d) 셋째 줄의 출력 중에서 "[1]"은 자료의 형태가 "벡터" 형태임을 의미한다.

Note

"R"에서는 [화살표 키("↑" or "↓")]를 이용하면 반복적으로 사용되는 명령어에 대하여 재입력하는 수고를 하지 않아도 된다. "R" 프로그램이 실행된 상태에서 입력된 모든 명령어들은 자동으로 기억되어 있으며, 상방향 화살표 키(↑)와 하방향 화살표 키(↓)를 이용하여 검색하면 사용자가 한 번 사용하였던 명령어를 재입력하지 않고 재사용할 수 있다.

2.3 함수들의 사용

"R"에서는 다양한 내장함수(built-in function)들을 제공한다. 몇 가지 간단한 함수의 예를 보자.

a) **함수 "mean()"**: 주어진 자료의 표본(산술)평균을 구하고자 할 때 사용한다. 이미 저장되어 있는 자료인 Data1의 평균을 구하고자 할 때, "mean(Data1)"이라고 입력한 후 [Enter]키를 치면 다음과 같은 결과를 얻는다.

```
> mean(Data1)
[1] 3
```

b) **함수 "median()"**: 주어진 자료의 중앙값을 구하는 함수이다.

```
> median(Data1)
[1] 3
```

c) **함수 "var()"**: 주어진 자료의 표본분산을 구하는 함수이다.

```
> var(Data1)
[1] 2.333333
```

Note

현재 소수의 표현이 유효숫자 7자리를 사용하도록 되어 있다. 소수 표현의 길이는 사용자가 변경할 수 있다.

2.4 "R"에서의 모든 자료는 기본적으로 벡터 형식이다.

"R"에서 저장되는 자료는 순서가 의미가 있는 "벡터" 형식을 따른다. 즉, 첫 번째 원소, 두 번째 원소 및 마지막 원소까지의 순서가 정해질 수 있다. 이러한 것은 다음의 몇 가지 장점이 있다.

- 앞에서 입력한 "Data1"은 자연적으로 1차, 2차, ⋯, 7차의 순서가 있다.
- 순서의 위치변화가 필요한 자료가 존재할 때는 전체 자료입력을 새롭게 할 것이 아니라 그 해당하는 자료만 교체가 가능하다.
- "벡터"는 수학적 개체이다. 벡터로서의 자료를 용이하게 이용할 수 있는 덧셈과 곱셈 등 수학적 개념들의 자연스러운 도입이 가능하다.

"Data1" 자료를 가지고 위의 내용을 확인하기로 한다.

처음 7차 시기의 시합 후, 자세교정 훈련을 하고 나서의 재시합에서 해당 선수의 등수가 다음과 같다고 하자.

2 3 1 3 1 4 5

이와 같은 자료들에 대하여 다음과 같이 변수들의 이름을 부여하기로 하자.

```
> Data1 = c(4,3,1,3,1,4,5)
> Data2 = c(2,3,1,3,1,4,5)
```

Note

첫 번째 시기만 등수의 변화가 있다.

두 번째 자료가 첫 번째 자료와 차이가 별로 없으면서 그 자료의 수가 많은 경우, 이를 다시 입력한다면 많은 시간이 소요될 것이다. 이러한 경우에는 다음과 같이 하면 편리함을 도모할 수 있다.

```
> Data1 = c(4,3,1,3,1,4,5)
> Data2 = data1                  # Data2에 Data1의 자료를 복사
> Data2[1] = 2                   # Data2의 1번째 원소에 2를 대입
```

Note

a) "#"는 앞에 사용한 명령어들의 설명을 입력할 때 사용한다.
"#"를 포함한 설명문의 존재 여부는 명령어의 실행에 영향을 주지 않는다.
b) "Data2[n]"에서 "[n]"의 의미는 Data2의 자료에서 "n"번째 원소를 의미한다.

그 밖에 Data2에 대해서 다음과 같은 유용한 사용 방법도 소개한다.

```
> Data2              # 현재 저장하고 있는 자료의 화면상 출력
[1] 2 3 1 3 1 4 5
> Data2[2]           # 2번째 자료의 값을 화면상 출력
[1] 3
> Data2[4]           # 4번째 자료의 값을 화면상 출력
[1] 3
> Data2[-4]          # 4번째 자료만 빼고 난 나머지의 자료들을 화면상 출력
[1] 2 3 1 1 4 5
> Data2[c(1,2,3)]    # 1번째, 2번째, 3번째 값만 화면상 출력
[1] 2 3 1
```

Note

마지막 문장은 아주 중요한 예이다. 지수(index)로 이루어진 다른 벡터를 이용하여 한 번에 한 값이 아닌, 원하는 원소들을 따로 출력시키는 방법이다. 이와 같은 방법을 "slicing"이라고 한다.

이 자료에서 7차 시기에 이 선수의 기록이 가장 저조한 것으로 나타나고 있다. 현재는 자료의 수가 많지 않기에 한 눈에 찾을 수가 있지만, 자료의 수가 많을 때 직접 찾기에는 어려움이 있다. "R"은 이와 같은 일들을 기계적으로 할 수 있는 기능을 제공한다.

```
> max(Data2)                  # 성적이 가장 저조한 등수
[1] 5                         # 7차 시기에서 5등을 하였다.
> Data2 == 5                  # 자료의 값이 5가 되는 곳
[1] FALSE FALSE FALSE FALSE FALSE FALSE TRUE
```

Note

"A==x"은 A의 값이 x와 일치하면 "TRUE"를, 그렇지 않으면 "FALSE"의 값을 출력하도록 하는 명령어다.

자료가 많을 때에 위의 방법을 사용하면 원하는 값을 찾기가 쉽지 않다. 이럴 때에는 다음과 같이 함수 "**which()**"를 사용한다. 함수 "**which()**"는 Data2의 값이 5가 되는 곳이 몇 번째 자료인지를 출력해 주는 함수이다. 기존의 "Data2"의 값이 5가 되는 곳은 7번째 자료임을 보여 주고 있다.

```
> which(Data2 == 5)
[1] 7
```

그러나 함수 "**which()**"를 모른다면 어떻게 할 것인가? 한 가지 다른 방법은 다음과 같다.

```
> n = length(Data2)          # "Data2"에 있는 자료의 수
> games = 1:n                # "games"에 1부터 n까지 자료를 부여
> games                      # "games"를 단순히 출력
[1] 1 2 3 4 5 6 7
> games[Data2 == 5]          # Data2 = 5가 되는 위치를 출력
[1] 7
```

Note

a) 1부터 시작되는 연속적인 숫자로 이루어진 변수를 만들기 위해서는 위의 예에서 사용한 것과 같이 ":"을 사용하면 된다.
b) 일반적인 수 "a"에서 시작하여 "b"가지 "c"만큼씩 증가하는 일련의 수열을 만들고자 할 때에는 함수 "**seq(a,b,c)**"을 사용한다. 즉 이 경우에는 "games = seq(1,n,1)"과 같다.
c) 함수 "**length()**"는 변수의 크기를 나타낸다. data2는 데이터 개수가 7개이므로 "length (data2)" 값은 "7"이 된다.

위의 명령어들을 복합적으로 이용하면 함수 "**which()**"와 같은 결과를 얻을 수 있다.

```
> (1:length(Data2))[Data2 == max(Data2)]
[1] 7
```

마지막으로 전체 등수의 합은 얼마인지, 얼마나 많은 경기에서 2등을 초과했는지, 또는 자세교정 훈련을 통하여 등수의 변화가 얼마나 있는지도 파악할 수 있다.

```
> sum(Data2)                # "Data2" 자료들의 합
[1] 19
> sum(Data2 > 2)            # 등수가 2보다 큰 경우의 경기의 수
[1] 4
> Data1 - Data2             # 자세교정 훈련 후 등수의 변화
[1] 2 0 0 0 0 0 0
```

자료 추가하기 성인 남녀 10명의 체중(단위: Kg)이 다음과 같다고 하자.

55, 63, 64, 88, 45, 66, 50, 74, 68, 78

(a) "R"을 이용하여 자료를 다음과 같이 구축한다.

```
> x = c(55, 63, 64, 88, 45, 66, 50, 74, 68, 78)
```

(b) 체중의 평균(mean)

```
> mean(x)
[1] 65.1
```

(c) 중앙값(median)

```
> median(x)
[1] 65
```

(d) 최댓값(maximum)

```
> max(x)
[1] 88
```

(e) 최솟값(minimum)

```
> min(x)
[1] 45
```

(f) 추가적으로 다른 10명의 체중 자료가 다음과 같다고 하자.

89, 49, 74, 77, 57, 78, 67, 53, 96, 83

다음과 같이 기존의 자료에 추가할 수 있다.

```
> x = c(x,89,49,74,77,57)          # 기존의 자료 "x"에 5개를 추가한다.
> length(x)                         # 현재 자료 x의 수를 알 수 있다.
[1] 15
```

"x"의 16번째에 78의 값을 추가한다.

```
> x[16] = 78                        # 함수 "c()"를 사용하지 않고 자료 추가.
```

"x"의 17번째에서 20번째의 위치에 4개의 값 67, 53, 96, 83을 추가한다.

```
> x[17:20] = c(67, 53, 96, 83)      # 한 번에 많은 자료를 추가할 수 있다.
```

Note

위의 내용에서와 같이 벡터("x")에 자료를 추가하는 3가지 방법이 있다.
a) 함수 "c()"를 이용하여 기존의 "x"의 값에 추가하기
b) 기존의 벡터의 길이(length)를 파악하여 특정한 위치에 값을 추가하기
c) 연속한 일정 위치에 자료를 추가하기

(g) 함수 "cummax()"와 함수 "cummin()"

추가적인 입력이 발생하는 자료를 계속 분석하고자 할 때, 초기부터 현재 분석시점까지 최대/최소의 값을 파악하는 것이 필요할 때가 있다. 이때 다음과 같이 사용할 수 있다.

```
> cummax(x)                         # 처음부터 현재까지의 최댓값
[1] 55 63 64 88 88 88 88 88 88 88 89 89 89 89 89 89 89 89 96 96
```

```
> cummin(x)                         # 처음부터 현재까지의 최솟값
[1] 55 55 55 55 45 45 45 45 45 45 45 45 45 45 45 45 45 45 45 45
```

2.5 "Help" 이용하기

R을 효과적으로 사용할 수 있는 핵심 기술은 내장된 help 시스템을 어떻게 사용하는지 배우는 것이다.

"R"을 기동시킨 초기 화면의 프롬프트 ">" 바로 위의 내용이 다음과 같다.

> 'demo()'를 입력하신다면 몇 가지 데모를 보실 수 있으며, 'help()'를 입력하시면 온라인 도움말을 이용하실 수 있습니다. 또한, 'help.start()'의 입력을 통하여 HTML 브라우저에 의한 도움말을 사용하실 수 있습니다. R의 종료를 원하시면 'q()'을 입력해 주세요.

"R"은 도움말 사용을 위해 두 가지 환경 "help( )"과 "help.start( )"를 제공하고 있다. 한 번 설치된 R에는 포괄적인 도움말(help) 시스템이 내장되어 있다. 도움말 기능은 프로그램의 명령 프롬프트(">")에서 다음과 같이 사용하면 된다.

```
help.start()             # 전반적인 도움말
help(abc)                # 함수 abc에 대한 도움말
?abc                     # 함수 abc에 대한 도움말
apropos("abc")           # 문자열 abc를 포함하는 모든 함수의 목록
example(abc)             # 함수 abc의 예를 보여 준다.
RSiteSearch("abc")       # abc를 도움말에서 검색
```

2.6 Sample Data sets

"R"은 통계처리 실습을 할 수 있는 많은 자료들을 제공하고 있다. 이용 가능한 자료들을 보려면 data( )를 입력하면 된다. "R"을 처음 설치한 상태에서는 패키지 "datasets"에 있는 자료들을 나열하고 간단한 설명을 보여 주는 창이 열리게 된다. 사용 가능한 자료들의 구성은 시스템에 추가된 패키지에 따라 다르다. 지금까지는 추가적인 패키지를 사용하지 않은 상태이다. 제공되는 자료들의 자세한 설명은 "help(data)"를 이용하면 볼 수 있다.

2.7 작업공간

작업공간(Workspace)은 현재 “R” 작업 환경이고 다른 사용자 정의 객체(벡터, 행렬, 데이터 프레임, 리스트, 함수 등)를 포함한다. “R” 세션의 끝에서 사용자는 현재 작업공간의 이미지를 저장할 수 있고 다음번에 “R”을 시작할 때 재사용할 수 있다. 명령은 R Console 창의 프롬프트(“〉”)에서 대화식으로 진행한다. 아래/위 화살표 키(↑/↓)를 사용하여 진행하였던 명령어들을 재사용할 수 있다.

> **Note**
>
> 작업 경로를 지정하고자 할 때, “c:₩mydocuments₩myfile.txt”와 같이 사용하지 않고, 다음과 같이 사용함을 기억할 필요가 있다. “c:₩₩my documents₩₩myfile.txt” 또는 “c:/mydocuments/myfile.txt”.

a) 작업 중인 디렉토리 확인 및 변경하기

```
〉 getwd()                       # 현재 작업 중인 디렉토리를 보여 준다.
[1] "C:/Users/dx/Documents"
〉 setwd("d:/test_R")             # d:₩test_R로 바꾸기(사용자 환경에 따라 다르다)
〉 getwd()                       # 디렉토리가 아래와 같이 변경된 것을 볼 수 있다.
[1] "D:/test_R"
〉 ls()                          # 현재 workspace에 있는 객체 목록을 보여 준다.
〉 rm(list = ls(all = TRUE))      # 현재 workspace에 있는 모든 객체들을 삭제한다.
〉 rm(list = ls())                # 또는 이와 같이 간단하게 사용할 수도 있다.
```

또는 “R”의 메뉴 “파일”에서 하부 메뉴 “작업 디렉토리 변경”을 이용하여 사용자가 원하는 작업 디렉토리로 변경하여 사용할 수 있다.

b) 옵션 설정 확인 및 변경하기

```
〉 help(options)              # 이용 가능한 옵션
〉 options()                  # 현재 옵션 설정 보기
〉 options(digits = 3)        # 3자릿수로 표현하도록 설정(기본은 7자리임)
```

c) 이전 사용 명령어들 확인 및 저장과 불러오기

```
> history()                        # 최근 사용한 25개 명령어를 보여 준다.
> history(max.show = Inf)          # 이전에 사용했던 명령어를 모두 보여 준다.
> savehistory(file = "myfile")     # 이전 사용 명령어 기록 저장하기
> loadhistory(file = "myfile")     # 이전 사용 명령어 기록 불러오기
```

d) 진행한 작업공간 저장

```
> save.image()              # 현재 사용 디렉토리에 ".RData"로 작업공간 저장하기
```

e) 특정 객체를 파일에 저장하기 및 불러오기; 특정 경로를 지정하지 않았다면, 현재의 작업 디렉토리에서 진행하게 된다.

```
> save(object list, file = "myfile.RData") # 특정 경로를 지정하지 않은 경우
> load("myfile.RData")                     # 현재 세션으로 작업공간 불러오기
```

f) 작업 끝내기

```
> q()                       # R 종료. 작업공간의 저장 여부를 확인하게 된다.
```

2.8 입/출력(Input/Output)

기본적으로 "R"은 키보드로 입력하고 화면으로 출력하는 대화형 세션을 시작한다. 하지만, 스크립트 파일(R 명령어를 포함하는 파일)과 다양한 목적의 출력물로부터 입/출력할 수 있다.

입력 및 실행 함수 "source()"는 현재 세션의 스크립트를 실행시킨다. 만약 파일 이름이 경로에 포함되어 있지 않다면, 그 파일은 현재 작업 중인 디렉토리로부터 얻어 온다.

```
source("myfile")              # 스크립트 "myfile" 입력 및 실행
```

출력 함수 "**sink()**"를 사용한다.

```
sink(file = NULL, append = FALSE, type = c("output", "message"))
```

- file = NULL: 출력할 파일을 지정한다. 또는 "myfile"로 사용하기도 한다.
- append = FALSE: 출력을 파일에 추가할지를 결정한다. 기본값은 덮어쓰기이다.
- type = c("output", "message"): 문자열을 선택할 수 있다.

```
> sink("sink-examp.txt", type = "output")
> x = c(55, 63, 64, 88, 45, 66, 50, 74, 68, 78)
> cat("Max와 Min 결과 : \n ")
> max(x); min(x)
> sink()
```

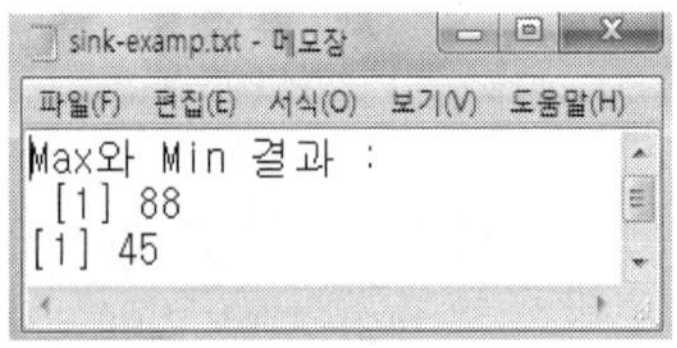

출력에 주석을 달려면 함수 "**cat()**"를 사용한다. 마지막에 함수 "**sink()**"를 사용하여 출력을 터미널로 변환한다.

그래프 출력 방법 함수 "**sink()**"는 그래픽 출력을 지원하지 않는다. 그래픽 출력은 다음의 함수들 중 하나를 사용하면 된다. 함수 "**dev.off()**"는 출력을 터미널로 되돌리기 위해 사용한다.

표 2-1 출력 가능한 그림 파일 형식들

Function	Output to
pdf("mygraph.pdf")	pdf file
win.metafile("mygraph.wmf")	windows metafile
png("mygraph.png")	png file
jpeg("mygraph.jpg")	jpeg file
bmp("mygraph.bmp")	bmp file
postscript("mygraph.ps")	postscript file

다음은 자료 x = c(1,2,3,4,5)의 그래프를 파일 "**myplot.jpg**"로 출력하는 간단한 예이다. 현재 사용자 작업 폴더에 생성된 파일 "**myplot.jpg**"을 클릭하면 저장된 그래프를 볼 수 있다.

```
> jpeg("myplot.jpg")
> x = c(1,2,3,4,5)
> plot(x)
> dev.off()
```

2.9 패키지들(Packages)

패키지는 명확한 포맷으로 R 함수, 데이터 그리고 컴파일된 코드를 모아놓은 것이다. 패키지가 저장된 디렉토리를 라이브러리(library)라고 한다. R의 초기 설치는 기본 패키지만 표준 설정되어 설치되어 있다. 다른 것들은 다운로드와 추가 설치로 이용 가능하다. 한 번 설치된 패키지를 사용하기 위해서는 사용자 현재 세션으로 불러들여야 한다.

```
> .libPaths()              # 라이브러리 위치를 가져온다.
> library()                # 설치된 패키지를 모두 보여 준다.
> library(ggplot2)         # 특정한 패키지 ggplot2를 사용할 수 있도록 준비한다.
> search()                 # 최근에 로드된 패키지를 보여 준다.
> loadedNamespaces()
```

일부 패키지들은 로드되어 있다고 하더라도 검색 리스트에서 보이지 않을 수도 있다. 이러한 패키지들은 함수 "loadedNamespaces()"를 사용하면 확인이 가능하다.

- 패키지 추가하기: 다른 패키지를 추가함으로써 분석하는 형태를 확장할 수 있다. 제공되는 패키지의 완전한 리스트는 CRAN에서 구할 수 있다.
- 자신만의 패키지 만들기: 여건에 따라 사용자 환경에 적합한 패키지를 만들어 시스템에 추가하여 사용할 수도 있다.

2.10 초기 설정 꾸미기(Customizing Startup)

함수 "options()"는 현재 사용자 환경에서 R의 전반적인 선택사항들을 보여 준다.

```
> options()
```

사용자의 편의에 따라 그 내용들을 변경하여 사용할 수 있다. 다음과 같이 digits

=5를 입력하면 수식의 계산 결과 유효숫자를 5로 변경하게 된다.

```
> options(digits = 5)
```

사용자는 각자의 환경에 맞게 R의 환경을 사이트 초기 설정 파일이나 디렉토리 초기 설정 파일을 통해 편리하게 적합화할 수 있다. R은 시작하면서 항상 "Rprofile.site" 파일을 먼저 시행하게 된다. 윈도우에서 그 파일은 C:₩Program Files₩R₩R-n.n.n₩etc 디렉토리에 있다. 또한 .Rprofile 파일은 R을 실행하려고 하는 어느 디렉토리나 사용자의 홈 디렉토리에 둘 수 있을 것이다.

3장

자료요약(Summary of Data)

우리 주변에는 키, 무게, 나이, 상품가격, 온도, 지수, 주사위의 결과, 교통사고건수, 학점, 선호도, 혈액형, 성별 등 다양한 여러 유형들의 자료들이 존재한다. 이와 같은 다양한 유형의 자료들을 한 가지 방법만으로는 요약할 수 없으며, 자료들의 특성에 따라 요약하는 방법은 다를 수밖에 없다. 그러므로 특성에 따른 자료들의 분류가 필요하다. 통계적 자료는 크게 **수치적 자료**(Numerical Data)와 **범주형 자료**(Categorical Data)의 두 가지 형태로 구분된다. 수치적 자료는 관측된 값이 수치로 측정되는 자료를 말한다. 수치적 자료에서 우리가 관심 있는 것은 관측된 값의 크기이므로 수치적 자료를 **양적 자료**(Quantitative Data)라고도 한다. 수치적 자료는 셀 수 있는지 없는지에 따라서 **이산형 자료**(Discrete Data)와 **연속형 자료**(Continuous Data)로 나눌 수 있다. 연속형 자료는 다시 **구간척도형 자료**(Interval Scale: 속성이 전혀 없는 절대적 원점이 존재하지 않는 자료)와 **비율 척도형 자료**(Ratio Scale: 절대적 원점이 존재하여 비율의 의미가 존재하는 자료)로 구분할 수 있다. 범주형 자료는 관측 결과가 몇 개의 범주 또는 항목의 형태로 나타나는 자료를 말한다. 범주형 자료에서 우리의 관심은 수치가 아니라 내용이므로 양적 자료에 대응하여 **질적 자료**(Qualitative Data)라고 한다. 따라서 각 범주에 속한 관측값의 개수가 우리의 관심 대상이 되는 것이다. 범주형 자료는 각 범주 간의 순서에 의미가 있는지 없는지에 따라 또 다시 **순위형 자료**(Ordinal Data)와 **명목형 자료**(Nominal Data)로 나눌 수 있다. 자료의 유형에 따라 요약하는 방법은 다르게 될 것이다. 표나 그래프를 이용할 수도 있고, 또는 평균이나 분산 등과 같은 수리적 요약도 할 수 있으며, 이들의 융합적인 방법도 가능하다.

3.1 단변량 자료의 요약 방법들

25명을 상대로 시판되는 음료수 4가지(A = 1, B = 2, C = 3, D = 4)에 대한 선호도를 조사한 결과가 다음과 같다고 하자.

선호도 조사 자료: 3 4 1 1 3 4 3 3 1 3 2 1 2 1 2 3 2 3 1 1 1 1 4 3 1

R에서 자료를 다루기 위한 가장 처음의 과정은 처리하고자 하는 자료를 "R" 시스템 안으로 가져 오는 것이다. 방법은 다양하게 있으나 기본적으로 자료의 수가 많지 않은 경우는 직적 입력하는 방법을, 자료의 수가 많을 때에는 저장된 파일을 "R" 시스템 안으로 불러들이는 방법을 사용하게 된다. 자료를 불러오는 기능에 대해서는 차후에 다루기로 하고, 이번 장에서는 자료를 직접 입력하여 사용하기로 한다.

위의 자료를 입력하기 위하여 함수 "scan()"을 이용하기로 한다. 다음과 같이 변수명을 "Drink"로 하여 "Drink = scan()"를 입력하면 자료를 입력할 수 있도록 화면에 "1:"이 나타난다. 이곳에 아래와 같이 자료의 값을 순서대로 25개 입력한 후 "Enter"키를 치면 다음 줄에 "26:"이 나타나며 입력된 자료의 수가 25개임을 의미하는 "Read 25 items"가 나타남으로써 자료입력이 끝난 것이다.

```
> Drink = scan()
1: 3 4 1 1 3 4 3 3 1 3 2 1 2 1 2 3 2 3 1 1 1 1 4 3 1
26:
Read 25 items
```

Note

자료를 입력하는 방법으로 함수 "scan()"을 사용하였다. 이 명령어는 위와 같이 숫자로 이루어진 자료를 직접 입력하는 데 유용하다. 자료를 입력한 후 더 이상 입력할 자료가 없을 때에 [Enter]키를 누르면 된다.

3.1.1 표를 이용한 자료의 요약

자료의 빈도수를 구하여 도수분포표를 보기 위해서는 함수 "table()"을 사용한다.

```
> table(Drink)
Drink
 1  2  3  4
10  4  8  3
```

함수 "prop.table()"을 이용하면 상대도수분포표를 구할 수 있다. 주의할 것은 함수 "prop.table()"의 인자가 원자료가 아닌 도수분포표 자료라는 것이다.

```
> prop.table(table(Drink))
Drink
   1    2    3    4
0.40 0.16 0.32 0.12
```

또는 전체 자료의 각 도수를 구하고, 각 도수를 함수 "length()"의 값으로 나누어 그 비율을 구하여 상대도수분포표를 만들 수도 있다.

```
> table(Drink)/length(Drink)
Drink
   1    2    3    4
0.40 0.16 0.32 0.12
```

3.1.2 그래프를 이용한 자료의 요약

(1) **막대그래프(Bar Charts)**: 자료를 요약하는 기본형으로서 각 범주에서 도수의 크기를 막대를 이용하여 그래프를 그린다. 막대그래프를 이용하면 각 범주 간의 도수를 비교하는 데 용이하다. 표(table)에서 각 범주의 값(도수)을 막대의 높이로 하여 그래프를 그린 것이다. 막대그래프는 함수 "**barplot()**"를 이용한다. 다음과 같이 "**barplot(Drink)**"는 입력한 결과를 그래프로 되돌려 준다. 그러나 이것은 원하는 막대그래프의 결과가 아니다.

```
> barplot(Drink)
```

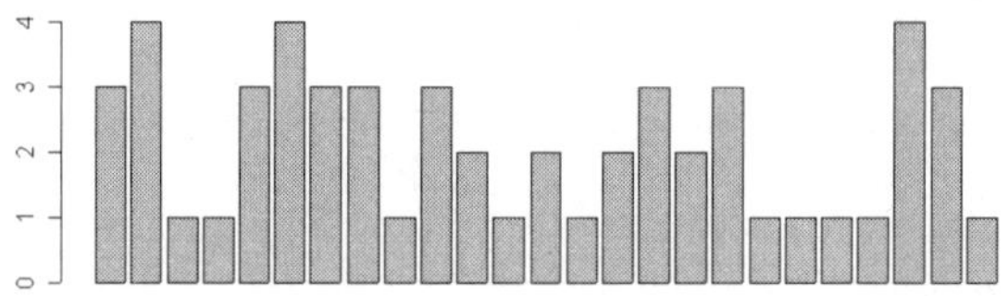

원하는 막대그래프는 음료 A, B, C, D에 대한 도수를 높이로 하는 그래프이다. 이를 위해서는 함수의 인자에 원자료를 입력하는 것이 아니라 도수분포표 자료를 입력하여야 한다. 함수 "**table()**"을 이용한 도수분포표를 인자로 한 함수 "**barplot(table(Drink))**"를 사용하면 된다.

```
> barplot(table(Drink))      # 일반적인 막대그래프: 막대의 높이는 도수이다.
```

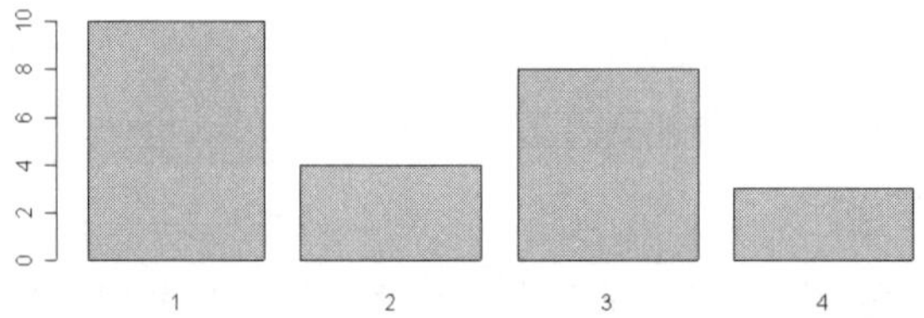

다음은 막대의 높이인 도수를 전체도수(함수 "**length()**"를 이용하여 전체 자료의 개수를 구한다)로 나눈 값(상대도수)을 막대의 높이로 하여 막대그래프를 그린

것이다.

```
> barplot(table(Drink)/length(Drink))        # 막대의 높이를 상대도수로 한다.
```

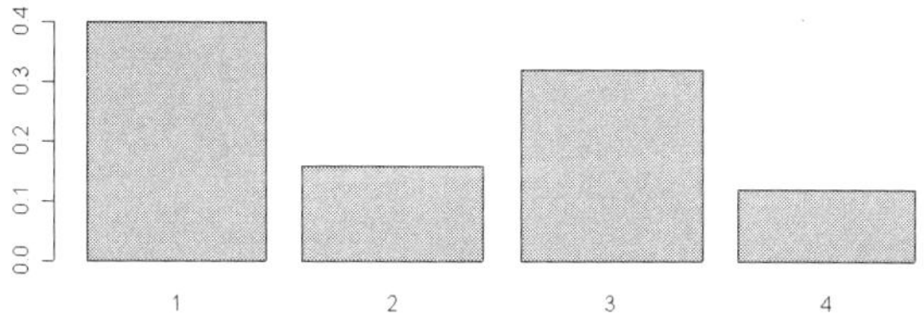


```
> barplot(prop.table(table(Drink)))          # 함수 prop.table를 사용할 수도 있다.
```

Note

(A) 위 출력물의 색은 기본적으로 단색이다. 다양한 색상처리가 가능하다.

(B) 그래프를 꾸미는 옵션은 다른 그래프 함수들과 유사하므로 대표적인 그래프 함수인 **"plot()"**에서 자세하게 다루기로 한다.

(2) **원형그래프**(Pie Charts): 원형그래프는 먼저 원을 그리고 이 원을 상대도수에 비례하여 중심각을 나누어 마치 피자나 파이에서 조각을 나눈 것과 같은 형태를 갖도록 하는 그림이다. 함수 "**pie()**"를 이용한다.

```
> Drink.counts = table(Drink)      # 변수 Drink의 요약자료 저장
> Drink.counts                     # Drink.counts 자료 확인
Drink
 1  2  3  4
10  4  8  3
> pie(Drink.counts)                # 원형그래프 작성 pie(table(Drink))도 가능
```

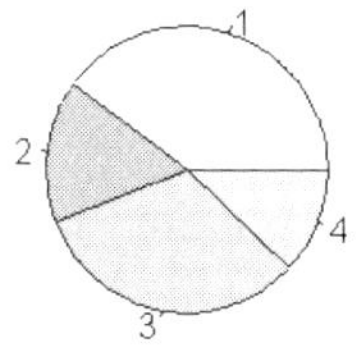

함수 "**names()**"를 이용하여 자료의 값 1, 2, 3, 4가 아닌 사용자가 지정한 이름을 부여하여 원형그래프를 그릴 수 있다.

```
> names(Drink.counts) = c("A음료","B음료","C음료","D음료")
> pie(Drink.counts)
```

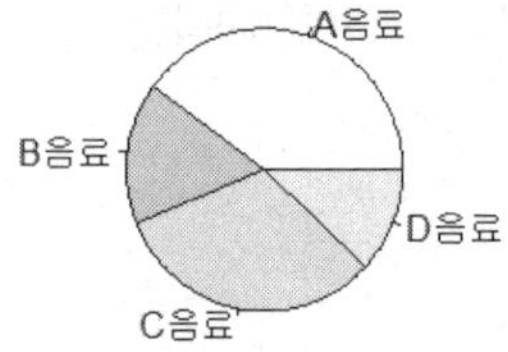

아래의 예와 같이 인자의 옵션 중 "col"을 이용하여 색상을 사용자가 임의로 지정할 수 있다.

```
> pie(Drink.counts, col = c("purple","green","yellow","blue")    # 색 지정
```

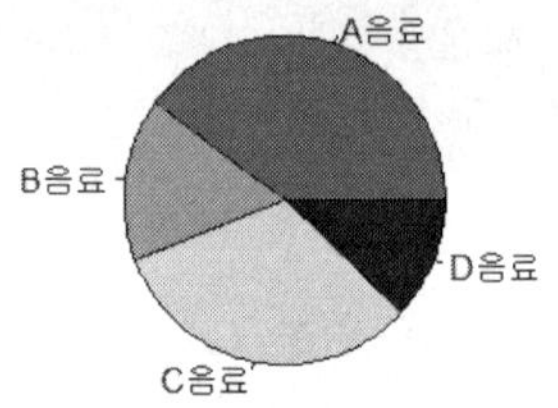

3.1.3 수치적 요약

표나 그래프적인 요약 방법 외에 수치로 자료의 속성을 요약하기도 한다. 그 중에 가장 일반적인 수치는 중심성(또는 대표성)과 흩어짐(spread)의 수치적 요약이다. 일반적으로 중심성의 측정 도구는 평균(mean or average), 중앙값(median) 및 최빈값(mode) 등이 있으며, 흩어짐의 측정 도구는 분산(variance)과 표준편차, 범위(range) 등이 있다. 또한 자료의 속성을 파악하는 데 필요한 수치로 사분위수(quartile)나 백분위수(percentile) 등도 있으며, 이들을 종합적으로 파악하는 다섯 개의 요약 수치[(five−number summary: 최솟값(minimum), 아래 중심값(lower hinge), 중앙값(median), 위 중심값(upper hinge), 최댓값(maximum)]가 있다. "R"은 함수 **mean()**, **var()**, **sd()**, **median()**, **fivenum()**, **summary()** 등의 다양한 수치적 요약을 할 수 있는 내장함수들을 제공하고 있다. 수치적 자료 또한 그래프로 표현이 가능하며, "R"에서는 여러 가지의 표현이 가능하게 되어 있다.

어느 기업들의 CEO들의 연봉이 다음과 같다고 하자(단위 $1,000,000).

12 .4 5 2 50 8 3 1 4 0.25

```
> Sals = scan()                    # "scan" 함수를 이용하여 자료입력
1: 12 .4 5 2 50 8 3 1 4 0.25       # ".4"는 "0.4"로 인식한다.
11:
Read 10 items
> mean(Sals)                       # 평균
[1] 8.565
> var(Sals)                        # 분산(표본분산을 의미)
[1] 225.5145
> sd(Sals)                         # 표준편차(표본표준편차)
[1] 15.01714
> median(Sals)                     # 중앙값
[1] 3.5
> fivenum(Sals)                    # "fivenum" 함수 이용 자료요약
[1]  0.25  1.00  3.50  8.00 50.00
> summary(Sals)                    # "summary" 함수 이용 자료요약
 Min. 1st Qu.  Median    Mean 3rd Qu.    Max.
0.250   1.250   3.500   8.565   7.250  50.000
```

Note R에서 함수 "fivenum()"과 함수 "quantile()"의 차이점

(A) "fivenum()"은 최솟값, 중앙값, 최댓값은 일반적인 통계적 정의에 있는 것과 같다. 아래 중심값(lower hinge)은 최솟값과 중앙값 사이에 있는 자료의 값 중 중심위치에 있는 자료의 값을, 위 중심값(upper hinge)은 최댓값과 중앙값 사이에 있는 자료의 값 중 중심위치에 있는 자료의 값을 출력한다.

(B) 관측값 $x_1, x_2, \cdots, x_n$들을 작은 순서로부터 정렬한 것을 $x_{(1)}, x_{(2)}, \cdots, x_{(n)}$이라고 하면 중앙값(median)은 다음과 같이 정의된다.

$$\widetilde{X}=\begin{cases} x_{\left(\frac{n+1}{2}\right)}, & n\text{이 홀수일 때,} \\ \dfrac{x_{\left(\frac{n}{2}\right)}+x_{\left(\frac{n}{2}+1\right)}}{2}, & n\text{이 짝수일 때,} \end{cases}$$

반면 $p-$quantile, 즉 $100\times p$-percentile(제 $100\times p$백분위수)은 중앙값의 일반화된 개념이다. $p-$quantile값 아래에 전체 자료의 $100\times p$가 있고, $p-$quantile값 위에 전체 자료의 $100\times(1-p)\%$가 있다는 것이다. 그러나 "R"에서는 다음의 방법으로 $p-$quantile을 정의하고 있다. 자료의 개수가 n이라고 할 때, $1+(n-1)\times p$이 정수이면 $1+(n-1)\times p$ 위치에 존재하는 값으로 하고, 정수가 아니라면 양쪽에 있는 두 자료의 평균으로 정의하지 않고, $1+(n-1)\times p$의 가중평균으로 정의하고 있다. 예를 들면 다음의 자료 6개가 있다고 할 때, 10, 17, 18, 25, 28, 28들의 0.25-quantile, 즉 제25백분위수는 $1+(n-1)\times p=1+(6-1)\times 0.25=2.25$이므로 정수가 아니다. 그러므로 2번째와 3번째 자료의 가중평균값인 17.25로 제25백분위수를 결정한다.

```
> Data = c(10, 17, 18, 25, 28, 28)
> summary(Data)
  Min. 1st Qu.  Median    Mean 3rd Qu.    Max.
 10.00   17.25   21.50   21.00   27.25   28.00
> quantile(Data, .25)
  25%
17.25
> quantile(Data, c(.25, .75))
  25%   75%
17.25 27.25
```

(C) 제50백분위수(중앙값 또는 제2사분위수)는 Q_2로, 제25백분위수(제1사분위수)는 Q_1으로, 제75백분위수(제3사분위수)는 Q_3로 표기한다.

(D) "R"에서 "fivenum"과 Q_1, Q_2, Q_3의 차이

```
> sort(Sals)          # 크기순으로 정렬
[1]  0.25  0.40  1.00  2.00  3.00  4.00  5.00  8.00 12.00 50.00
> fivenum(Sals)       # "1"은 3번째, "8"은 8번째 자료이다.
[1]  0.25  1.00  3.50  8.00 50.00
> summary(Sals)
  Min. 1st Qu.  Median    Mean 3rd Qu.    Max.
 0.250   1.250   3.500   8.565   7.250  50.000
```

1st Qu.(제25백분위수, 제1사분위수, Q_1)은 "$1+(10-1)\times 0.25=3.25$"로 3번째 자료 "1"과 4번째 자료 "2"의 0.25에 대한 가중 평균값인 1.250이다.

Note 중심과 흩어짐에 대한 내성이 있는 측정 도구들

중심성이나 흩어짐의 측정 도구로 사용되는 평균이나 분산들은 정규성을 갖는 분포에서 유용한 도구들이다. 그러나 자료의 분포가 꼬리가 두터운(heavy tailed) 분포이거나 이상치들(outliers)이 많은 자료에는 적합하지 않다. 이러한 경우에 중심성이나 흩어짐 등을 측정하는 다른 도구가 필요하다. 앞에서 언급한 중앙값은 그 한 예이다. 다음과 같은 방법들을 사용하기도 한다.

(A) **손질된 평균(Trimmed Mean)**: 자료를 모두 이용하지 않고 이상치로 분류될 만한 범위의 자료들을 제거하고 남은 자료들의 평균을 의미한다.

```
> mean(Sals, trim = 1/10)  # 상/하 10%씩 버린 후 나머지들의 평균
[1] 4.425
> mean(Sals, trim = 2/10)  # 상/하 20%씩 버린 후 나머지들의 평균
[1] 3.833333
```

옵션 **trim**의 값이 0.5에 가까울수록 손질된 평균(trimmed mean)은 중앙값에 가까워진다.

(B) **사분위수범위(IQR: Inter Quantile Range)**: $Q_3 - Q_1$으로 정의되는 값이다.

```
> IQR(Sals)                # 사분위수범위
[1] 6
```

(C) **중앙평균차(MAD: Median Aaverage Deviation)**: 함수 "mad()"는 원자료들과 자료의 중앙값과의 편차들에 대한 중앙값에 상수 1.4826을 곱한 값으로 정의되는 양이다. 여기에서 상수 1.4826은 통계적 추정 이론에서 발생하게 된 보정수치라고 보면 된다. 즉 다음과 같다.

$$median|X_i - median(X)| \times 1.4826$$

```
> mad(Sals)                # 중앙평균차
[1] 4.15128
```

다음의 과정으로 직접 계산할 수도 있다.

```
> median(abs(Sals - median(Sals)))            # abs()은 절댓값 함수이다.
[1] 2.8
> median(abs(Sals - median(Sals))) * 1.4826   # 중앙평균차의 공식
[1] 4.15128
```

3.1.4 수치적 자료의 그래프를 이용한 요약 방법

3.1.4.1 줄기-잎 그림(Stem-and-Leaf Chart)

자료의 분포를 시각적으로 쉽게 파악하면서 각 관측값을 유지하는 방법으로 줄기-잎 그림이 있다. 줄기-잎 그림은 일반적으로 자료의 수가 적을 때 유용한 방법이다.

다음은 한 농구 경기에서 양편 모든 선수들의 득점을 기록한 자료이다.

2 3 16 23 14 12 4 13 2 0 0 0 6 28 31 14 4 8 2 5

"R"에서는 줄기-잎 그림은 다음과 같이 함수 "stem()"을 사용하여 간단하게 할 수 있다.

```
> Scores = scan()
1: 2 3 16 23 14 12 4 13 2 0 0 0 6 28 31 14 4 8 2 5
21:
Read 20 items
> stem(Scores)

  The decimal point is 1 digit(s) to the right of the |

  0 | 000222344568
  1 | 23446
  2 | 38
  3 | 1
```

줄기를 10단위가 아닌 크기를 반으로 줄인 5단위로 하고 싶을 때에는 다음과 같이 옵션 "scale = 2"를 사용한다.

```
> stem(Scores, scale = 2)
 The decimal point is 1 digit(s) to the right of the |

 0 | 000222344
 0 | 568
 1 | 2344
 1 | 6
 2 | 3
 2 | 8
 3 | 1
```

3.1.4.2 수치 자료를 범주형 자료로 변환하기

수치 자료가 취할 수 있는 범위를 한 개의 범주로 판단하여 범주형 자료로 변환시켜 사용할 필요가 있을 때, "R"에서는 함수 "cut()"을 사용한다. 앞에서 사용했던 CEO의 연봉 자료에 대하여 0~1백만, 1~5백만, 5백만 이상, 즉 [0 1], (1 5], (5 50]의 3개의 범주로 나누는 방법을 알아보기로 한다.

이 과정은 먼저 자료의 특성을 어느 정도 파악한 상태에서 진행하는 것이 일반적이다. 즉, 함수 "max()"을 이용하여 최댓값이 50임을 알고 하는 과정인 것이다.

```
> Sals = c(12, .4, 5, 2, 50, 8, 3, 1, 4, .25)       # 자료의 입력
> Seps = cut(Sals, breaks = c(0,1,5,max(sals)))     # 분류할 범위 정함
> Seps                                              # 변수의 값 확인
 [1] (5,50] (0,1]  (1,5]  (1,5]  (5,50] (5,50] (1,5]  (0,1]  (1,5]  (0,1]
Levels: (0,1] (1,5] (5,50]
> table(Seps)                                       # 표 구성
Seps
 (0,1]  (1,5] (5,50]
     3      4      3
```

```
> levels(Seps) = c("저소득","일반,"고소득")          # 수준의 이름 부여 변경
> Seps                                                # 변경된 값 확인
 [1] 고소득 저소득 일반   일반   고소득 고소득 일반   저소득 일반   저소득
Levels: 저소득 일반 고소득
> table(Seps)                                         # 변경된 이름으로 표 구성
Seps
저소득   일반 고소득
     3      4      3
```

3.1.4.3 히스토그램(Histogram)

자료의 수가 많을 경우 줄기-잎 그림은 적절하지 못하다. 이때 범주형 자료에서 막대그래프와 비슷한 히스토그램을 이용하게 된다. 히스토그램은 자료의 범위에 대한 분할을 사용하며, 각 분할 구간에 속하는 도수를 결정하여 그래프로 나타내는 방법이다. 즉, 위에서 사용한 함수 "cut()"을 사용하는 방법이 적용된 것이다. 막대의 높이는 도수로 할 수도 있고, 상대도수로 할 수도 있다. 상대도수로 할 경우는 막대의 넓이를 모두 더하면 1이 된다. 이는 바로 확률분포를 의미하는 것이다.

다음은 한 주 동안 상위 25위까지 기록된 영화의 총 수입에 대한 자료이다(단위: 억원).

29.6 28.2 19.6 17.3 13.5 8.7 4.3 3.0 9.1 10.0 17.7 4.4 6.4 1.3
1.3 8.3 1.3 9.3 21.2 1.2 1.2 1.1 0.1 10.5 0.4

함수 "scan()"을 이용하여 변수이름 "x"로 하여 입력한다.

```
> x = scan()
1: 29.6 28.2 19.6 17.3 13.5 8.7 4.3 3.0 9.1 10.0 17.7 4.4 6.4 1.3
15: 1.3 8.3 1.3 9.3 21.2 1.2 1.2 1.1 0.1 10.5 0.4
26:
Read 25 items
```

함수 "hist()"를 이용하면 자동으로 분할된 히스토그램을 볼 수 있다.

```
> hist(x)                                # 도수로 나타낼 때
```

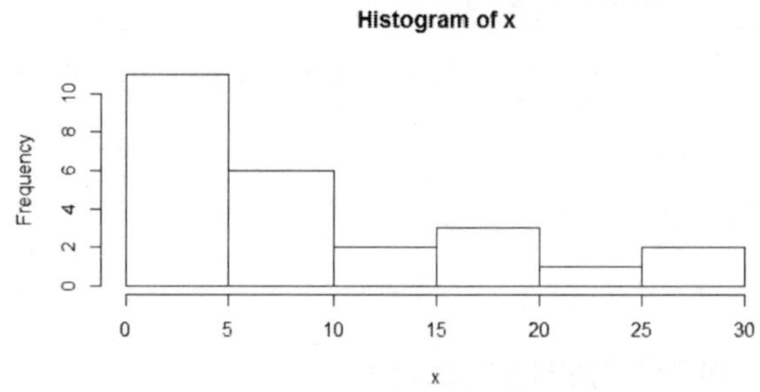

상대도수를 높이로 하기 위해서는 옵션 "**probability**"의 선택을 "TRUE"로 하면 된다.

```
> hist(x, probability = TRUE)            # 상대도수(or 확률)로 나타낼 때
```

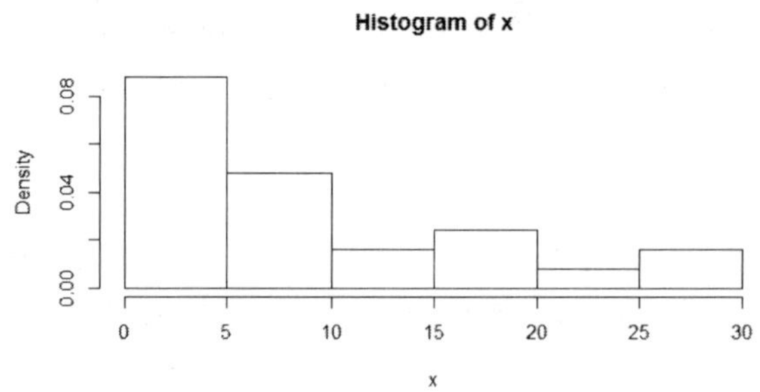

x축에 자료를 표현하고 싶을 때, 함수 "**rug()**"를 이용하면 된다.

```
> hist(x, probability = TRUE)
> rug(x)                                 # x축에 자료를 표시할 때
```

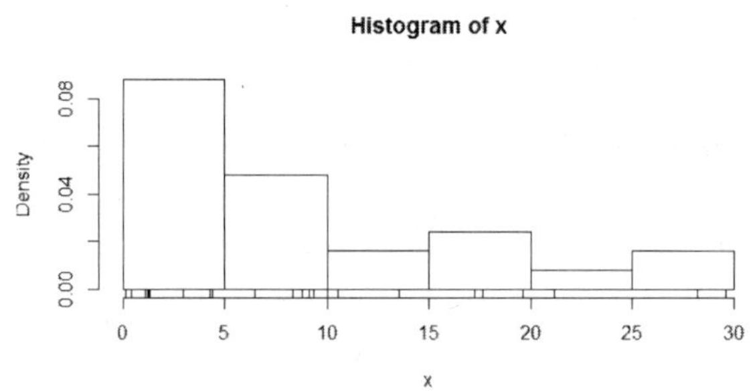

기본적인 히스토그램 명령어는 입력된 자료를 가지고 분할의 범위를 자동 결정한다. 하지만 사용자가 임의로 정하여 사용할 수도 있다.

```
> hist(x, probability = TRUE, breaks = 3)        # 3개의 분할을 사용
> hist(x, probability = TRUE,3)                  # 3개의 분할을 사용, 동일함.
```

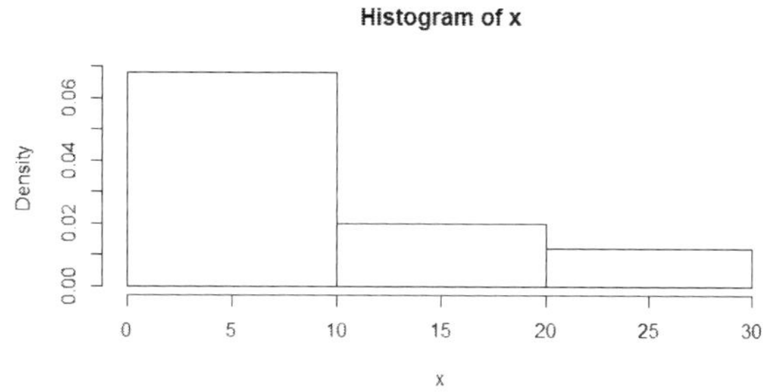

또는 특정한 분할점을 사용자가 지정하여 그릴 수도 있다.

```
> hist(x, breaks = c(0,1,2,3,5,10,20,max(x)))    # 분할을 지정할 수도 있다.
```

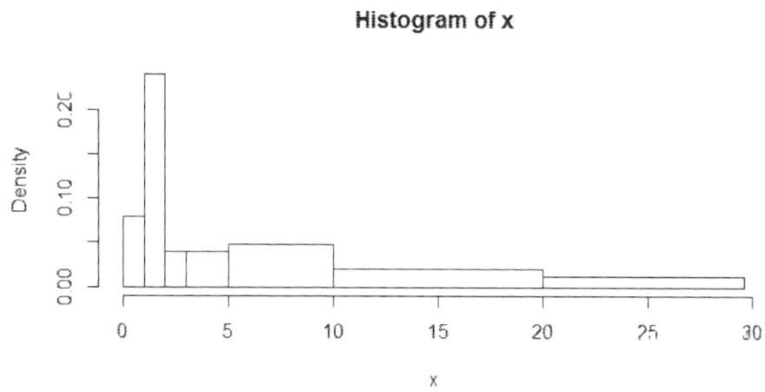

Note

히스토그램을 통해서 평균, 중앙값, IQR 등의 정보에 대한 근삿값을 알 수 있다. 물론 이 값들을 정확하게 알기 위해서는 이 값들의 특징을 알아야 한다. 즉, 중앙값은 면적을 정확하게 이등분하고, 평균은 히스토그램이 평형을 이루는 점에서 발생하고, IQR은 자료의 가운데 중심의 범위를 의미한다.

3.1.5 복합적 요약

3.1.5.1 상자그림(Boxplot 또는 상자수염그림)

상자그림은 자료에 이상치(outlier)의 존재 여부, 대칭성 등을 쉽게 알아 볼 수 있도록 자료를 요약한 상자 모양의 그래프이다. 이 그림은 다섯 개의 요약수(five-number summary)가 기본이다. 먼저 제1사분위수(Q_1)를 아랫변으로, 제3사분위수(Q_3)를 윗변으로 한 직사각형을 그리고, 중앙값(즉, 제2사분위수 Q_2)을 사각형 내의 한 선분으로 하여 2분할된 직사각형을 그리고 난 후, 일반적으로는 최솟

값을 아랫수염으로, 최댓값을 윗수염으로 하여 그림을 그린다. 그러나 IQR의 1.5배의 범위를 벗어나는 자료들이 존재하면 $1.5 \times IQR$을 아래 또는 윗수염으로 하여 그 범위를 벗어나는 자료들(이상치, outlier)을 다음 그림과 같은 방법으로 별도로 표시하여 준다.

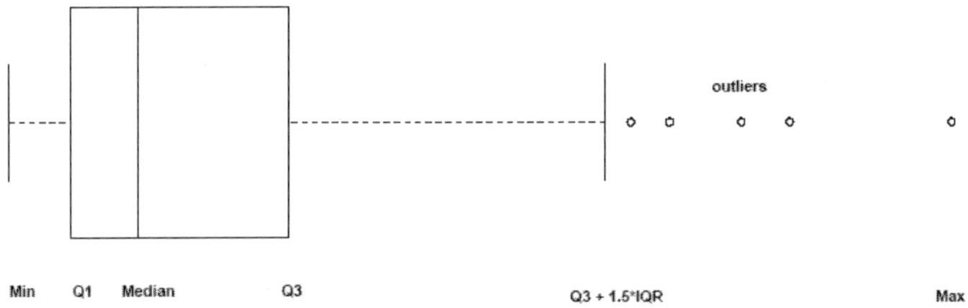

그림 3-1 상자그림

패키지 "UsingR"에 있는 자료 "movies"를 가지고 상자그림을 그려 보기로 한다. 만일 사용자의 시스템에 패키지 "UsingR"이 없다면 설치 후 진행하여야 한다. 함수 "boxplot()"의 옵션 "horizontal = TRUE"는 아래의 결과와 같이 수평적인 상자그림을, "horizontal = FALSE"를 사용하면 수직적인 상자그림을 그릴 때 사용한다.

```
> library("UsingR")                # 패키지 "UsingR" 사용 준비
> data(movies)                     # "movies" 이름을 가진 자료 사용 준비
> names(movies)                    # "movies"에 사용된 변수이름 파악
[1] "title" "current" "previous" "gross"
> attach(movies)                   # 자료 "movies"를 불러들일 때
> boxplot(current, main = "이번주 수입", horizontal = TRUE)
```

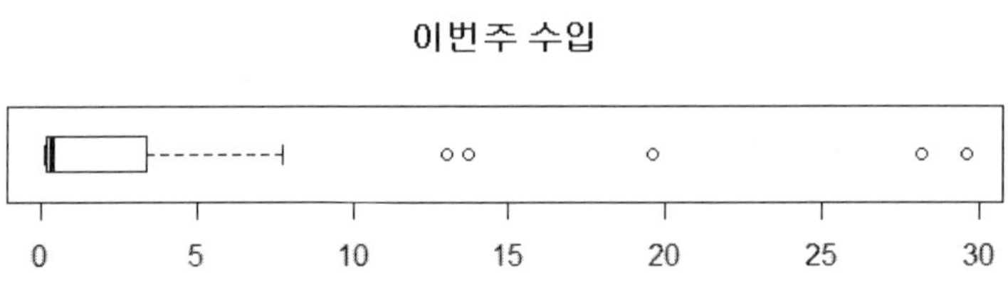


```
> boxplot(gross,main = "총 수입", horizontal = TRUE)
```

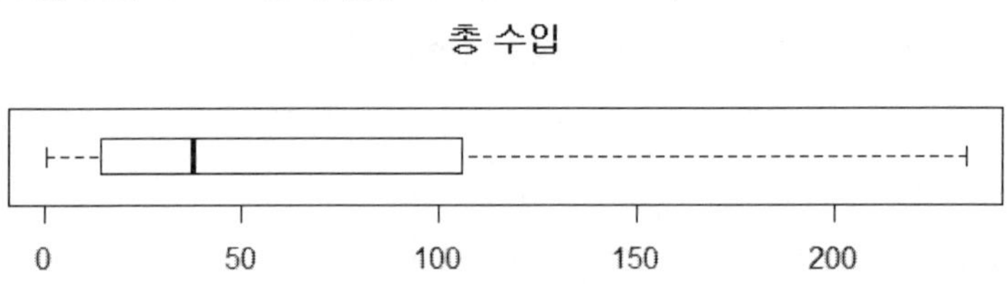


```
> detach(movies)                   # "movies" 자료를 더 이상 취급하지 않을 때
```

Note "attach()"와 "detach()"

"R"을 이용한 여러 가지 통계 처리과정에서 자료들을 처리함에 있어서 자료를 구성하고 있는 자료의 값에 대한 이름, 즉 변수이름들을 사용하게 된다. 변수이름들은 자료가 다른 경우에도 같은 이름을 사용할 수도 있다. 이러한 이름들을 여러 자료에서 사용함에 따르는 혼란을 막고자 함수 **"attach()"**와 함수 **"detach()"**를 사용하게 된다. 다음 예제를 통하여 그 의미를 파악해 보자. 변수 "x"와 "y"를 이용하여 하나의 데이터 프레임(data frame) "Data1"을 만들기로 한다.

```
> rm(list = ls(all = TRUE))    # 현 작업공간에 있는 모든 객체들을 삭제 후 시작
> x = 1:4;  y = c(2,4,8,16)   # ";"를 이용하여 명령어들을 한 줄에 사용할 수 있다.
> Data1 = data.frame(x = x,  y = y) # "data.frame()"은 뒤에서 설명하기로 한다.
> ls()                         # 현재까지 사용되는 모든 개체들의 항목
[1] "Data1" "x" "y"
> rm(y)                        # "y"를 제거
> attach(Data1)                # 자료구조인 "Data1"을 준비한다.
> ls()
[1] "Data1" "x"                # "y"변수가 보이지 않는나.
> y                            # "y"는 자료구조 "Data1" 안에 있는 "y"이다.
[1]  2  4  8 16
> x                            # 두 군데의 "x"의 값이 같다. Data1[['x']]도 사용 가능
[1] 1 2 3 4
> x = c(3,5,7,9)               # "x"의 값 변동
> Data1                        # 자료구조 "data1"에서는 변화 없음
  x  y
1 1  2
2 2  4
3 3  8
4 4 16
> detach(Data1)                # 자료구조 "Data1"의 사용을 중지한다.
> x                            # 변동된 "x"의 값을 저장하고 있다.
[1] 3 5 7 9
> y                            # 변수 "y"는 제거됨. 오류 발생을 알린다.
Error: Object "y" not found
```

Note 함수 "library()"와 "data()"를 이용하여 자료를 읽는 방법

(A)

```
> library(stats)          # 패키지 "stats"를 지정
> data(lynx)              # 자료명 "lynx"를 지정
> summary(lynx)           # "lynx"의 자료에 대한 요약
  Min. 1st Qu.  Median    Mean 3rd Qu.    Max.
  39.0   348.2   771.0  1538.0  2567.0  6991.0
```

(B) 사용 가능한 패키지(package)의 항목을 보려면 함수 "library()"를 입력하면 자신의 시스템에 설치되어 있는 패키지 전체 항목을 보여 준다. 사용자의 사용 환경에 따라 보여주는 항목은 다를 수 있다.
(C) 사용 가능한 자료의 전체 항목을 보려면 함수 "data()"를 입력한다.
(D) 패키지 안의 사용 가능한 항목을 보려면 "data(package = 'package name')"라고 하면 된다. 예를 들면, "data(package = 'datasets')".
(E) 사용할 자료를 지정하려면 "data('dataset name')"를 이용한다. 즉, 예를 들면 "data(lynx)".
(F) 자료에 대한 구체적인 정보를 원할 때는 "help("lynx")" 또는 "?lynx"라고 하면 된다.

3.1.5.2 히스토그램과 상자그림을 동시에 그리기

패키지 "UsingR"에 구성되어 있는 함수 "simple.hist.and.boxplot()"을 이용한다. 다음은 표준정규분포를 따르는 난수(random number) 100개를 추출하여 히스토그램과 상자그림을 동시에 그리는 과정이다.

```
> library(UsingR)
> x =  rnorm(100)
> simple.hist.and.boxplot(x)
```

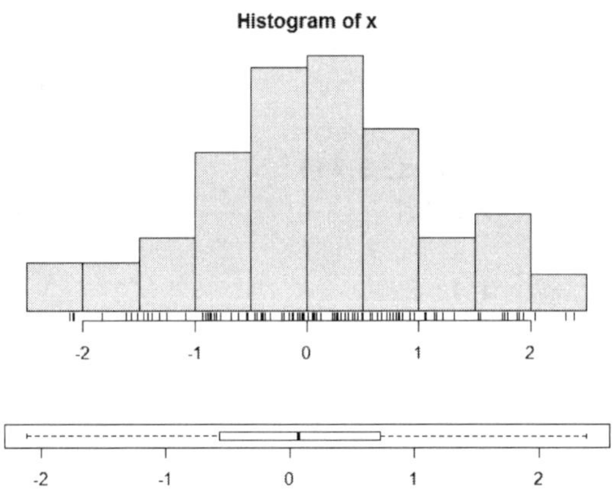

3.1.5.3 도수다각형(Frequency Polygon)

도수다각형은 히스토그램에서 각 계급구간의 막대 상단의 중앙점을 직선으로 연결하여 그린다. 도수다각형은 히스토그램 위에 그리기도 하고 도수다각형만 그리기도 한다. 특히, 도수다각형은 중심의 위치, 퍼진 정도 등을 그림을 통하여 파악하는 데 유용하게 쓰인다. 히스토그램과는 달리 도수다각형은 여러 분포를 동시에 비교할 수 있는 장점을 지니고 있다. 일반적인 방법은 함수 "hist()"와 함수 "lines()"를 함께 사용하는 것이다.

```
> library(UsingR)                         # 패키지 UsingR 이용
> x = rnorm(100)                          # 표준정규분포를 따르는 난수 100개 추출
> temp = hist(x)
> lines(c(min(temp$breaks),temp$mids,max(temp$breaks)),
+      c(0,temp$counts,0),type = "l")
```

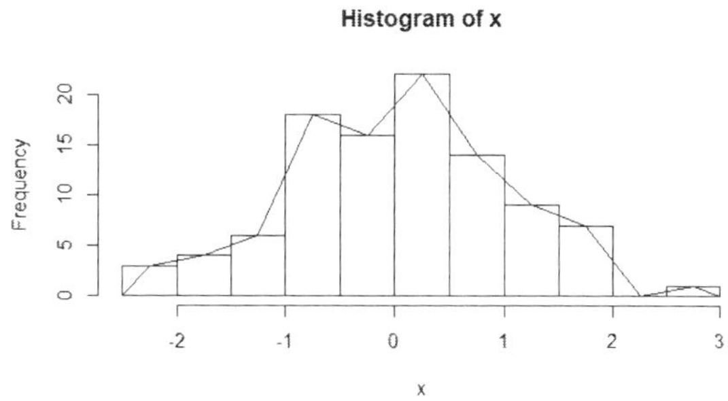


```
> simple.freqpoly(x)                      # 위의 결과와 동일함
```

3.1.5.4 확률밀도(Densities)

도수다각형은 모집단의 확률밀도와 관련이 있다. "R"에서 함수 "**density()**"는 도수다각형을 그리는 과정을 더욱 정교하게 하여 모집단의 확률밀도함수를 표현하도록 한다. 함수 "**density()**"는 '띠너비'(bandwidth)를 자동으로 정하여 적절한 밀도함수를 찾아준다. 자료에 대한 히스토그램을 그린 후 명령어 "**lines()**"를 사용하여 곡선 즉, 밀도힘수를 그린다. "R"에 있는 자료 "faithful"을 가지고 예를 들어 보자. "faithful"은 미국 와이오밍주의 Yellowstone 국립공원에 있는 The Old Faithful 간헐천의 분출시간(분)을 "eruptions"로, 분출대기시간을 "waiting"으로 측정한 자료 272개를 가지고 있다. "**?faithful**"을 입력하면 자료에 대한 설명을 볼 수 있다.

```
> data(faithful)
> attach(faithful)                        # 자료 준비
> hist(eruptions,15,prob = T)             # 상대도수의 히스토그램을 작성
```

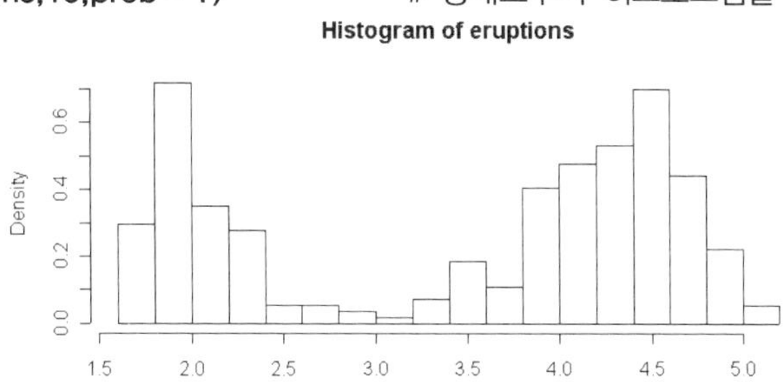

```
> lines(density(eruptions))                        # 밀도함수 곡선
```

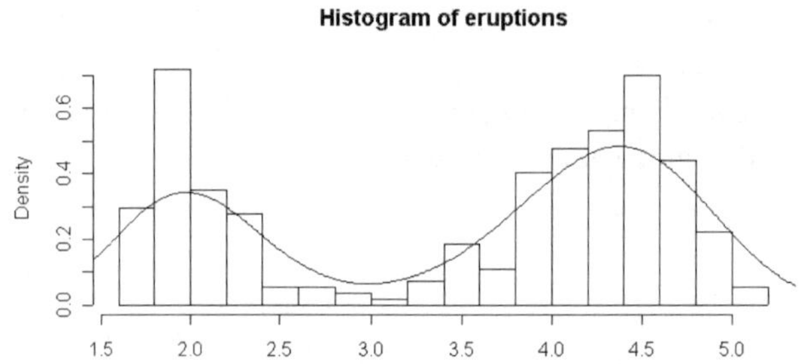


```
> hist(eruptions,15, prob = T)
> lines(density(eruptions, bw = "SJ"), col = 'red')   # "SJ" 방법으로 띠너비 결정
```

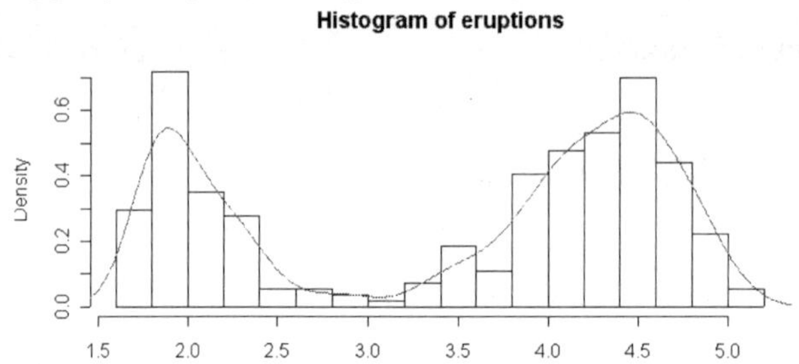

다음은 띠너비(bandwidth)를 0.01, 1, 0.1로 하여 다양하게 밀도함수를 그려 본 것이다. 결과적으로 자료의 특성에 따라 적당한 띠너비를 결정해야 함을 알 수 있다.

```
> par(mfrow = c(1,3))                              # 그래프 3개를 한 행에 그릴 때 사용
> hist(eruptions,15, prob = T, main = "bw = 0.01")
> lines(density(eruptions, bw = 0.01))             # 띠너비를 0.01로 할 때,
> hist(eruptions,15, prob = T, main = "bw = 1")
> lines(density(eruptions, bw = 1))                # 띠너비를 1로 할 때,
> hist(eruptions,15, prob = T ,main = "bw = 0.1")
> lines(density(eruptions, bw = 0.1))              # 띠너비를 0.1로 할 때,
```

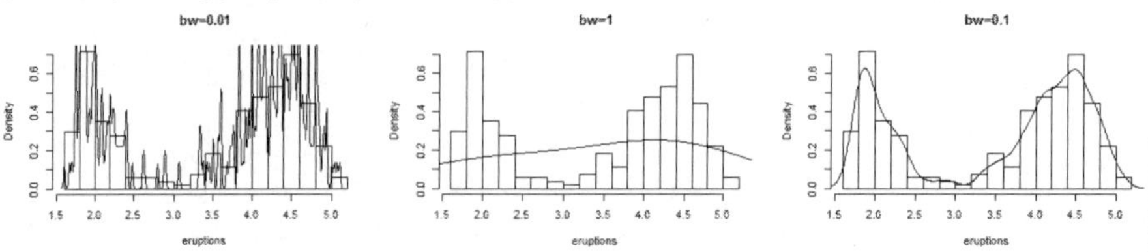

3.2 다변량 자료의 요약 방법들

"R"에서의 자료구조는 스칼라, 벡터, 행렬 및 배열 등 여러 가지가 있다. 그러나 통계처리 분석을 위한 자료의 구성은 대부분 다음과 같은 유형이다. 다음은 미리 선정된 10명에 대하여 성별(Sex), 학년(Grade), 혈액형(Blood Type), 지능지수(IQ), 머리 색(Hair) 및 눈의 색(Eye)을 조사한 자료의 예이다.

표 3-1 다변량 자료

Obs	Sex	Grade	Blood	IQ	Hair	Eye
1	M	1	A	145	Black	Brown
2	M	2	O	147	Brown	Blue
3	F	3	B	135	Black	Hazel
4	F	1	AB	150	Blond	Green
5	F	2	B	155	Red	Brown
6	M	3	B	135	Brown	Blue
7	M	1	AB	127	Red	Hazel
8	M	2	A	138	Brown	Green
9	M	3	A	140	Black	Brown
10	F	1	O	133	Blond	Blue

3.2.1 표를 이용한 자료의 요약

자료를 직접 입력하는 방법으로 자료의 도수분포표를 작성하고자 한다. 우선 위의 자료는 자료의 수가 많지 않은 경우이므로, 아래와 같이 함수 "**data.frame()**"를 이용하여 데이터 프레임 형식으로 직접 시스템에 입력하는 방법을 사용할 수 있다. 위의 자료를 다음과 같이 입력하면 "d"에 자료가 저장된다.

```
> d <- data.frame( Sex = c("M","M","F","F","F","M","M","M","M","F"),
+       Grade = c(1,2,3,1,2,3,1,2,3,1),
+       Blood = c("A","O","B","AB","B","B","AB","A","A","O"),
+       IQ = c(145,147,135,150,155,135,127,138,140,133),
+       Hair = c("Black","Brown","Black","Blond","Red","Brown","Red","Brown","Black","Blond"),
+       Eye = c("Brown","Blue","Hazel","Green","Brown","Blue","Hazel","Green","Brown","Blue"))
```

자료의 수가 많을 때에는 직접 입력하기보다는 취합되어 이미 파일로 저장되어 있을 것이다. 이와 같은 경우는 불러오기 기능을 이용하여 R 시스템 안으로 가지고 올 수 있다.

정상적으로 입력이 되었는지 확인하기 위해 구성된 자료 이름인 "d"를 입력하면 다음과 같이 화면에 자료가 출력된다. 또한 "d"의 구조를 보기 위해서 함수 "**str()**"를 사용하면, 아래와 같이 자료 "d"의 구조를 알 수 있다.

```
> d                              # 입력된 자료 d의 내용을 보기 위하여
   Sex Grade Blood  IQ  Hair   Eye
1    M     1     A 145 Black Brown
2    M     2     O 147 Brown  Blue
3    F     3     B 135 Black Hazel
4    F     1    AB 150 Blond Green
5    F     2     B 155   Red Brown
6    M     3     B 135 Brown  Blue
7    M     1    AB 127   Red Hazel
8    M     2     A 138 Brown Green
9    M     3     A 140 Black Brown
10   F     1     O 133 Blond  Blue
```

```
> str(d)                         # 자료 d의 구조(structure)를 보기 위하여
'data.frame':   10 obs. of  6 variables:
 $ Sex  : Factor w/ 2 levels "F","M": 2 2 1 1 1 2 2 2 2 1
 $ Grade: num  1 2 3 1 2 3 1 2 3 1
 $ Blood: Factor w/ 4 levels "A","AB","B","O": 1 4 3 2 3 3 2 1 1 4
 $ IQ   : num  145 147 135 150 155 135 127 138 140 133
 $ Hair : Factor w/ 4 levels "Black","Blond",..: 1 3 1 2 4 3 4 3 1 2
 $ Eye  : Factor w/ 4 levels "Blue","Brown",..: 2 1 4 3 2 1 4 3 2 1
```

함수 "**table()**"을 이용하여 원하는 변수의 도수분포표를 구할 수 있다.

```
> table(d$Grade)                 # 자료 d의 변수 Grade에 대한 도수분포표 작성
1 2 3
4 3 3
```

또한 두 변수에 대한 분할표(contingency table)를 구할 수도 있다.

```
> table(d$Sex, d$Grade)          # 자료 d의 변수 Sex와 Grade의 분할표 작성
    1 2 3
  F 2 1 1
  M 2 2 2
```

```
> table(d$Hair, d$Eye)              # 자료 d의 변수 Hair와 Eye의 분할표 작성
        Blue Brown Green Hazel
Black     0     2     0     1
Blond     1     0     1     0
Brown     2     0     1     0
Red       0     1     0     1
```

Note

table(d$Hair, d$Eye, dnn=c("Hair","Eye")) 또는 아래와 같이 함수 "**xtabs( )**"를 사용하여 변수명을 나타나게 할 수 있다. 처리 결과는 약간의 차이가 있음을 확인할 수 있다.

```
> table(d$Hair, d$Eye, dnn=c("Hair","Eye"))
        Eye
Hair     Blue Brown Green Hazel
  Black     0     2     0     1
  Blond     1     0     1     0
  Brown     2     0     1     0
  Red       0     1     0     1
```

```
> xtabs( ~ d$Hair+d$Eye, data=d)
        d$Eye
d$Hair   Blue Brown Green Hazel
  Black     0     2     0     1
  Blond     1     0     1     0
  Brown     2     0     1     0
  Red       0     1     0     1
```

일반적인 분할표에서 각 행,열의 합인 전체 도수의 값을 표현할 필요가 있다. 이때, 아래와 같이 함수 "**margin.table()**"을 이용한다. 함수의 사용 방식은 "**margin.table(자료, margin의 형식)**"이다. 여기서 "자료"는 분할표를 의미한다. "margin의 유형"은 "1" 또는 "2"로서 "1"이면 각 행의 도수의 합을, "2"이면 각 열의 도수의 합을 표현한다. 아래의 예와 같이 "table" 또는 "xtab"을 사용할 수 있다.

```
> margin.table(table(d$Hair, d$Eye,
+ dnn=c("Hair","Eye")),1)
Hair
Black Blond Brown   Red
    3     2     3     2
```

```
> margin.table(xtabs( ~ d$Hair + d$Eye,
+ data=d),1)
d$Hair
Black Blond Brown   Red
    3     2     3     2
```

자료에서 열의 도수의 합인 변수 "Eye"에 대한 합을 표현한다.

```
> margin.table(xtabs( ~ d$Hair + d$Eye, data=d),2)
d$Eye
 Blue Brown Green Hazel
    3     3     2     2
```

만일 "margin의 유형"을 생략하면 다음과 같이 전체 도수의 합을 표현한다.

```
> margin.table(xtabs( ~ d$Hair + d$Eye, data = d))
[1] 10
```

분할표에서 각 행과 열의 합을 같이 표현하면 편리하다. 이를 가능하게 하는 함수가 "addmargins()"이다. 아래의 예에서 각 행과 열의 끝(margin)에 각 행과 열의 도수의 합이 표현되어 있음을 볼 수 있다.

```
> addmargins(table(d$Hair, d$Eye))
        Blue Brown Green Hazel Sum
  Black    0     2     0     1   3
  Blond    1     0     1     0   2
  Brown    2     0     1     0   3
  Red      0     1     0     1   2
  Sum      3     3     2     2  10
```

분할표에서 각 셀 도수의 값이 아닌 여러 상황에 대한 비율 값의 표현이 필요할 수 있다. 이때 함수 "prop.table()"을 사용하며, **"prop.table(자료, 셀의 비율 표현 형식)"**이다. "options"를 이용하여 표현되는 자릿수를 조정할 수도 있다. "셀의 비율 표현 형식"이 "1"이면 각 행에서 해당 도수의 비율을 표현하고, "2"이면 각 열에서 해당 도수의 비율을 표현한다.

다음은 "셀의 비율 표현 형식"이 1인 경우로 각 행의 도수의 비율을 표현하고 있다.

```
> options(digits = 3)                    # 기본은 7로 되어 있다.
> prop.table(xtabs( ~ d$Hair + d$Eye, data = d),1)
        d$Eye
d$Hair   Blue Brown Green Hazel
  Black 0.000 0.667 0.000 0.333
  Blond 0.500 0.000 0.500 0.000
  Brown 0.667 0.000 0.333 0.000
  Red   0.000 0.500 0.000 0.500
```

다음은 함수 "prop.table()"에서는 "셀의 비율 표현 형식"이 1인 경우로 각 행의 도수의 비율을 표현하고 있고, 함수 "addmargins()"에서 이 옵션을 2로 지정하여 각 행의 도수의 비율의 합을 표현하고 있다. 모든 행의 합이 1로 표현되고 있음을 볼 수 있다.

```
> addmargins(prop.table(xtabs( ~ d$Hair + d$Eye, data = d),1), 2)
        d$Eye
d$Hair    Blue Brown Green Hazel   Sum
  Black 0.000 0.667 0.000 0.333 1.000
  Blond 0.500 0.000 0.500 0.000 1.000
  Brown 0.667 0.000 0.333 0.000 1.000
  Red   0.000 0.500 0.000 0.500 1.000
```

다음은 "셀의 비율 표현 형식"이 2인 경우로 각 열의 도수의 비율을 표현하고 있다.

```
> prop.table(xtabs( ~ d$Hair + d$Eye, data = d),2)
        d$Eye
d$Hair    Blue Brown Green Hazel
  Black 0.000 0.667 0.000 0.500
  Blond 0.333 0.000 0.500 0.000
  Brown 0.667 0.000 0.500 0.000
  Red   0.000 0.333 0.000 0.500
```

다음은 함수 "prop.table()"에서는 "셀의 비율 표현 형식"이 2인 경우로 각 열의 도수의 비율을 표현하고 있고, 함수 "addmargins()"에서 이 옵션을 1로 지정하여 각 열의 도수의 비율의 합을 표현하고 있다. 모든 열의 합이 1로 표현되고 있음을 볼 수 있다.

```
> addmargins(prop.table(xtabs( ~ d$Hair + d$Eye, data = d),2),1)
        d$Eye
d$Hair    Blue Brown Green Hazel
  Black 0.000 0.667 0.000 0.500
  Blond 0.333 0.000 0.500 0.000
  Brown 0.667 0.000 0.500 0.000
  Red   0.000 0.333 0.000 0.500
  Sum   1.000 1.000 1.000 1.000
```

그리고 아래의 예와 같이 옵션 "셀의 비율 표현 형식"을 생략하면 전체 분할표에서 해당 도수의 비율을 표현한다.

```
> prop.table(xtabs( ~ d$Hair + d$Eye, data = d))
        d$Eye
d$Hair  Blue Brown Green Hazel
  Black  0.0   0.2   0.0   0.1
  Blond  0.1   0.0   0.1   0.0
  Brown  0.2   0.0   0.1   0.0
  Red    0.0   0.1   0.0   0.1
```

또한 함수 "addmargins()"에서도 옵션을 생략하면 전체 분할표에서의 각 행과 열의 합을 표현하게 된다.

```
> addmargins(prop.table(xtabs( ~ d$Hair + d$Eye, data = d)))
       d$Eye
d$Hair  Blue Brown Green Hazel Sum
  Black 0.0   0.2   0.0   0.1 0.3
  Blond 0.1   0.0   0.1   0.0 0.2
  Brown 0.2   0.0   0.1   0.0 0.3
  Red   0.0   0.1   0.0   0.1 0.2
  Sum   0.3   0.3   0.2   0.2 1.0
```

자료분석 과정에서 배열 형식으로 입력된 분할표도 매우 빈번하게 존재한다. 이를 그대로 표현하는 것이 아니라 특정 변수를 기준으로 일반적인 분할표로의 변환도 가능하다. 이때 사용하는 함수가 "ftable()"이다.

다음의 3차원 배열의 분할표 자료는 "R"에서 제공되는 예이다. 3차원 배열 분할표 자료인 A에 대하여 함수 "addmargins()"를 적용하면 다음과 같이 세 번째 변수인 "Sea"를 기준으로 각각의 행과 열의 합이 표현된 2차원 분할표가 4개(변수 Sea의 값이 White, Black, Red 및 Dead) 생성된다. 두 변수인 "Aye"와 "Bee"만의 관계식은 편하게 볼 수 있지만, 전체적인 자료의 현황을 파악하기에는 다소 불편함이 있다.

```
> Aye <- sample(c("Yes", "Si", "Oui"), 177, replace = TRUE)
> Bee <- sample(c("Hum", "Buzz"), 177, replace = TRUE)
> Sea <- sample(c("White", "Black", "Red", "Dead"), 177, replace = TRUE)
> A <- table(Aye, Bee, Sea)
> addmargins(A)
, , Sea = Black

     Bee
Aye   Buzz Hum Sum
  Oui    6   5  11
  Si    10   6  16
  Yes    9   3  12
  Sum   25  14  39

, , Sea = Dead
 . . . . . . . . . . . . . . . . . .
```

함수 "ftable()"는 다음과 같이 3차원 배열의 분할표를 2차원적으로 표현하는 데 사용된다.

```
> ftable(A)
         Sea Black Dead Red White
Aye Bee
Oui Buzz           6    6   7    10
    Hum            5    9   6     9
Si  Buzz          10    9   5     7
    Hum            6    8   8     7
Yes Buzz           9    4   5    10
    Hum            3   11   7    10
```

"addmargins()"을 이용하여 각각의 변수들에 대한 자료의 합을 구할 수 있다. 이때 옵션의 값을 생략하거나 1, 2, 3을 사용할 수 있다. 생략하면 전체변수들의 합을, 1이면 1번째 변수인 "Aye", 2이면 2번째 변수인 "Bee", 3이면 3번째 변수인 "Sea"의 합을 표현하는 것이다. 아래의 마지막 예와 같이 옵션의 값을 "c(1, 3)"로 하면 1번째 변수와 3번째 변수의 합을 표현해 준다. 아래의 예의 결과는 생략하기로 한다.

```
> ftable(addmargins(A))            # 전체변수들의 합
> ftable(addmargins(A,1))          # 1번째 변수인 "Aye"의 합
> ftable(addmargins(A,2))          # 2번째 변수인 "Bee"의 합
> ftable(addmargins(A,3))          # 3번째 변수인 "Sea"의 합
> ftable(addmargins(A, c(1, 3)))   # 1번째 변수와 3번째 변수의 합
```

주어진 자료를 이용하여 분할표를 작성할 때, 해당 범주에 관찰값이 1개도 없는 경우에 "0"으로 표시하는 것 대신, 다른 기호를 이용하여 표현할 수 있다. 아래의 예에서는 옵션 zero.print = "."를 사용하여 점으로 표현하였지만, 사용자가 원하는 문자열로 표현이 가능하다.

```
> set.seed(1)
> x <- sample( 1:7, 20, replace = TRUE)
> y <- sample( 1:7, 20, replace = TRUE)
> tx <- addmargins( table(x, y) )
> print(tx, zero.print = ".")
```

```
     y
x      1  2  3  4  5  6  7 Sum
  1    .  .  1  .  .  .  .   1
  2    .  1  .  1  1  .  1   4
  3    .  2  .  .  .  1  .   3
  4    .  .  .  .  1  .  .   1
  5    .  .  1  1  1  .  1   4
  6    .  .  1  .  .  2  .   3
  7    3  .  1  .  .  .  .   4
  Sum  3  3  4  2  3  3  2  20
```

3.2.2 그래프를 이용한 자료의 요약

3.2.2.1 기본형 그래프

a) **히스토그램**: 함수 "hist()"를 사용한다. 패키지 "graphics"에 있는 함수 "par()"는 여러 가지 옵션을 설정하여 그래프를 꾸밀 수 있도록 해준다. 아래의 예는 2개의 그래프를 한 판(panel)에 그릴 수 있도록 하는 옵션 "mfrow"을 설정한 것이다. 히스토그램의 기본값은 각 변수의 도수를 높이로 하지만, 옵션에서 "probability = TRUE"라고 하면 비율을 높이로 할 수 있다. 또한 여러 가지 옵션을 이용하여 x축의 구간을 사용자가 임의로 설정할 수도 있다.

```
> par(mfrow = c(1, 2))
> hist(airquality$Ozone, main = "오존농도/도수")
> hist(airquality$Ozone, main = "오존농도/밀도",
+ probability = TRUE)
```

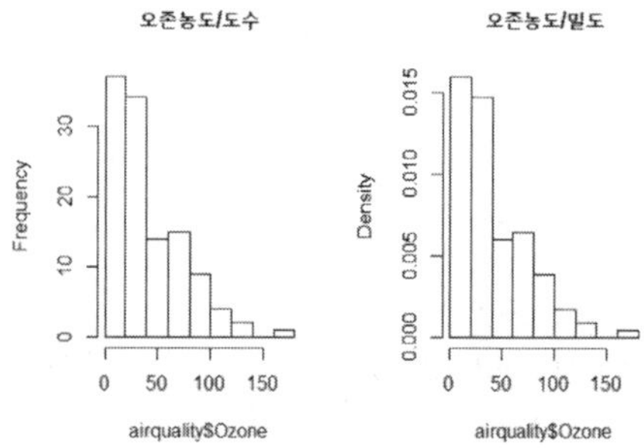

b) **상자그림**: 함수 "boxplot()"를 사용한다. 다음의 예는 패키지 "UsingR"에 있는 자료 "home"의 변수 "old"와 "new"의 상자그림이다. 두 변수 간 자료의 크기가 너무 상이한 경우 함수 "scale()"를 이용하여 각 변수를 표준화한 자료들의 상자그림을 그려 비교할 수도 있다. 변수 new의 상단 부분에 나타난 2개의 점은 이상치로 의심되는 값인 $1.5 \times IQR$을 벗어난 자료들의 표현이다.

```
> library("UsingR")
> data(home)
> names(home)
[1] "old" "new"
> boxplot(data.frame(scale(home)))
# "scale" 함수 이용, 표준화 진행한 후 상자그림.
```

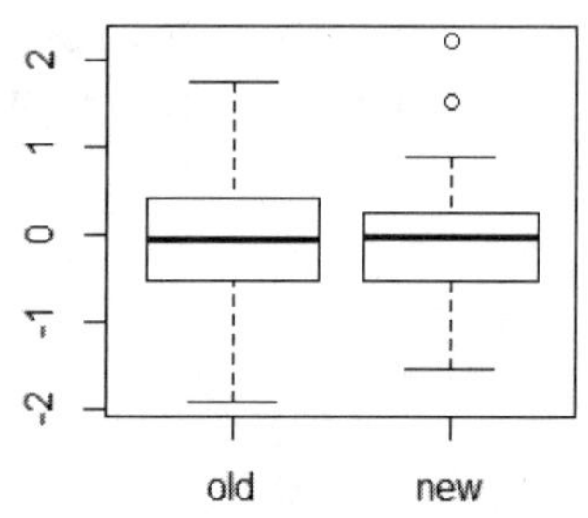

c) **산점도**: 함수 "**plot()**"를 사용한다. 가장 일반적인 그래프 함수이다. 대부분의 다른 그래프 관련 옵션들과 유사하므로 함수 "**plot()**"에 대한 것을 자세히 살펴보기로 한다. 자료 "**airquality**"에 있는 변수 "Wind"와 "Ozone"의 상관도를 나타낸 것이다. 아무 옵션이 지정되어 있지 않을 때 R이 자체적으로 변수이름을 각 축의 이름으로 하고 점(원)으로 자료를 표현하여 그래프를 그리게 된다. 사용자는 여러 가지 옵션들을 사용하여 원하는 모양으로 그래프를 꾸밀 수 있다.

```
> data(airquality)
> plot(Wind, Ozone)
```

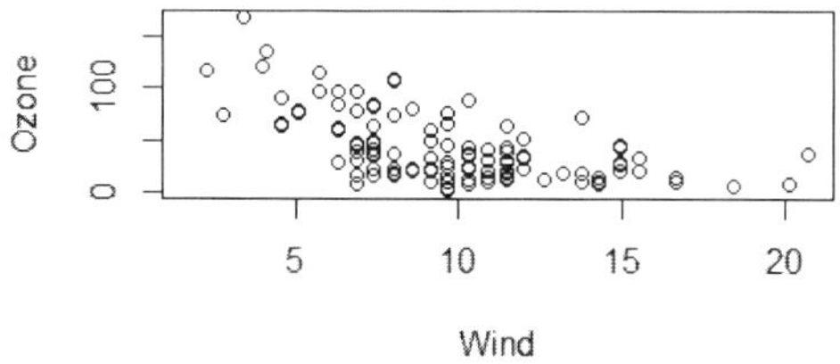


```
> with(airquality, plot(Wind, Ozone))        # 함수 with()를 이용할 수도 있다.
```

함수 "**plot( )**"는 아래의 그림과 같이 다섯 개의 영역으로 구분된다.

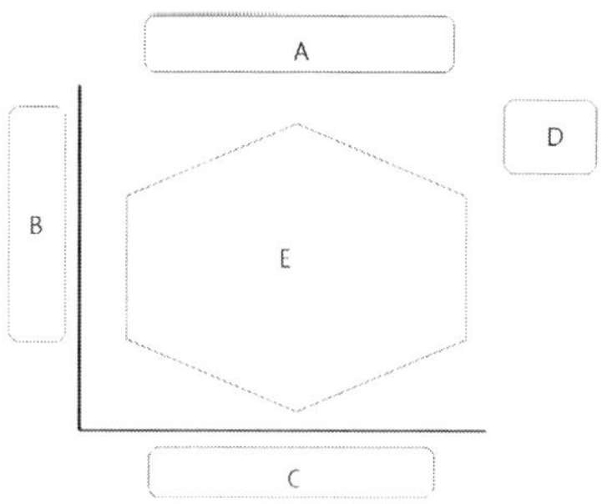

영역 A: 제목
영역 B: y축
영역 C: x축
영역 D: 범례
영역 E: 그림 영역

영역	내용	관련 옵션(options) 및 명령어들
A	제목	main
B	y축	ylab, ylim
C	x축	xlab, xlim
D	범례	legend
E	그림	(1) 그림 자체: pch, lty, lwd, col, cex, type, . . . (2) 그림 주변: las, bg, mar, oma, mfrow, mfcol, . . (3) 그림 보조: text, identify, . . . (4) 그림 추가: points, lines, abline, curve, polygon, . . .

영역 A, 제목 옵션 main = "문자열" 형식으로 사용한다.

영역 B와 C, 축 이름 및 표현 범위 사용자가 지정할 수 있으며 아래의 형식으로 사용한다.

구분	축 이름	축 범위
x축	xlab = "사용자 지정 이름"	xlim = c(최솟값, 최댓값)
y축	ylab = "사용자 지정 이름"	ylim = c(최솟값, 최댓값)

영역 D, 범례 함수 "legend()"를 사용하며, 기본 형식은 "**legend(위치, 내용, 옵션)**"이다. 이때 위치는 (x,y)의 좌표값 또는 미리 지정된 예약어 "bottomright", "bottom", "bottomleft", "left", "topleft", "top", "topright", "right", "center"를 사용한다. 옵션은 일반적인 그래프 작성 시 사용하게 되는 옵션과 같다.

```
> library(UsingR)
> with(home, plot(scale(old),scale(new), main = "제목: 주택 가격 비교",
+ xlab = "x축이름:과거(표준화)", ylab = "y축이름:현재(표준화)",
+ xlim = c(-2,2), ylim = c(-2,2)))
> legend("bottomright", "우측하단")
> legend("bottom", "중앙하단")
> legend("bottomleft", "좌측하단")
> legend("topright", "우측상단")
> legend("top", "중앙상단")
> legend("topleft", "좌측상단")
> legend("right", "우측중앙")
> legend("left", "좌측중앙")
> legend("center", "중앙")
> legend(1,1.5, "좌표값(1,1.5)")
```

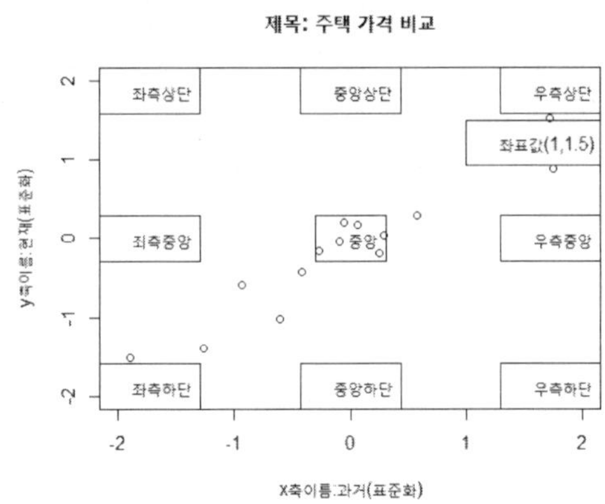

영역 E, 그래프 영역

① 그림 자체에 관련된 옵션

(a) pch(점의 표현 기호): pch = n 또는 pch = "문자"의 형식으로 사용한다. n은 정수로서 기본값은 1이며 그 값은 원(○)이다. 가능한 숫자의 정보는 "help(pch)" 또는 "?pch"에서 확인할 수 있다. 아래의 그림은 0부터 25까지의 지정된 기호의 예이다.

(b) lty(선의 유형): lty = n 또는 lty = “예약어”의 형식으로 사용한다. n은 아래와 같고, 기본값은 1이다.

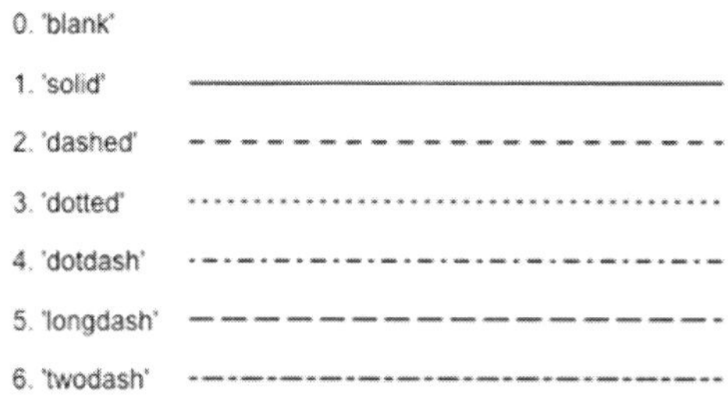

(c) lwd(선의 두께): lwd = r의 형식이며, r은 실수로 기본값은 1이다.

(d) type(데이터의 표현 유형): type = “예약어”의 형식으로 사용한다.

예약어	결과
p	점(point)으로 표현
l	선(line)으로 표현
b	점과 선(point and line)으로 표현
c	“b”의 결과에서 선부분만 표현
o	점과 선을 겹쳐 표현
h	히스토그림과 유사하게 표현
s	계단함수로 표현
S	“s”와는 다른 유형의 계단함수로 표현
n	표현하지 않고자 할 때 사용

(e) col(색상): col = n, col = “예약어” 또는 col = “#FF0000”의 형식으로 사용한다. R에서 n은 1부터 657까지의 색상을 지정하였으며, 전체 색상의 예약어는 함수 colors( )를 이용하면 볼 수 있다. 또한 RGB의 값을 각각 두 자리씩 지정한 값으로 색상을 지정할 수도 있다.

(f) cex(점의 크기): cex = r의 형식이며, r은 실수로 기본값은 1이다.

```
> with(cars, plot(speed,dist,
+   pch = 10, lty = 1,
+   lwd = 2, type = "b",
+   col = "blue", cex = 1.5))
```

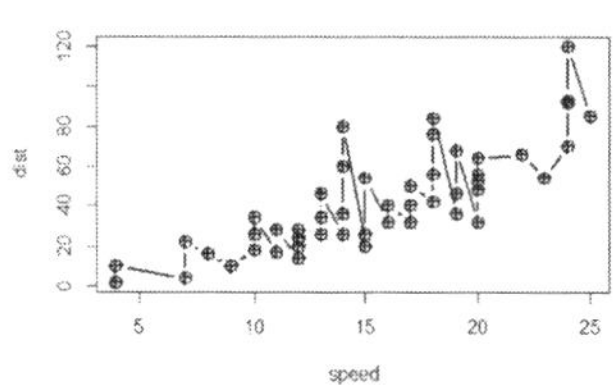

② 그림 주변과 관련된 옵션

(a) las(축 값의 방향): las = n(단, n은 0,1,2,3)의 형식이며, 기본값은 0으로 축과 평행, 1은 항상 수평으로, 2는 항상 축과 수직으로 그리고 3은 항상 수직으로 작성한다.

(b) bg(바탕색상): bg = “예약어”의 형식으로 사용하며 기본은 “white”이다.

(c) mar(그림 내 여백조정): mar = c(bottom, left, top, right)의 형식이며, 음수도 가능하다.

(d) oma(그림 밖 여백조정): oma = c(bottom, left, top, right)의 형식이다.

(e) mfrow, mfcol(그래프 개수 결정): mfrow = c(n_r, n_c)의 형식이며, n_r은 행의 수, n_c는 열의 수를 의미하며, mfrow는 행을 먼저 채우고, mfcol은 열을 먼저 채우고자 할 때로 구분한다.

```
par(mfrow = c(2,2), mar = c(4,4,4,4))
with(cars, plot(speed,dist, las = 0))
with(cars, plot(speed,dist, las = 1))
with(cars, plot(speed,dist, las = 2))
with(cars, plot(speed,dist, las = 3))
```

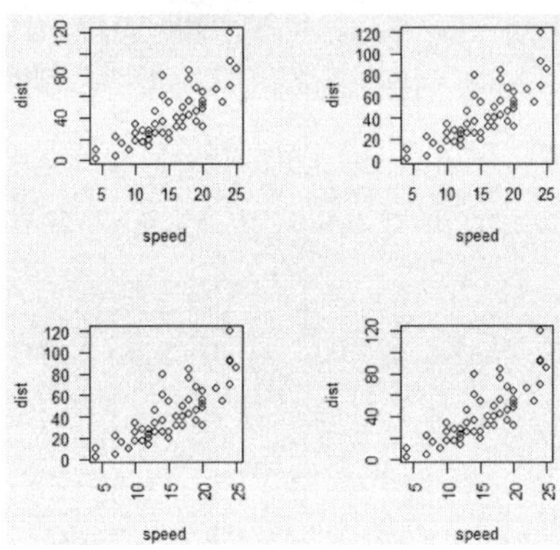

③ 그림을 보조하는 명령어들

(a) text(그래프 내 문자 추가): 기본 형식은 **text(좌표, 내용, 옵션)**이다.
옵션 중 pos는 표현값의 위치를 결정하는 것으로 pos = n의 형식이며, n은 1,2,3,4이고 그 결과는 아래, 왼쪽, 위, 오른쪽에 위치하게 한다.

```
〉 with(home, plot(home, cex = 1.5))
〉 text(home, pos = 1)
```

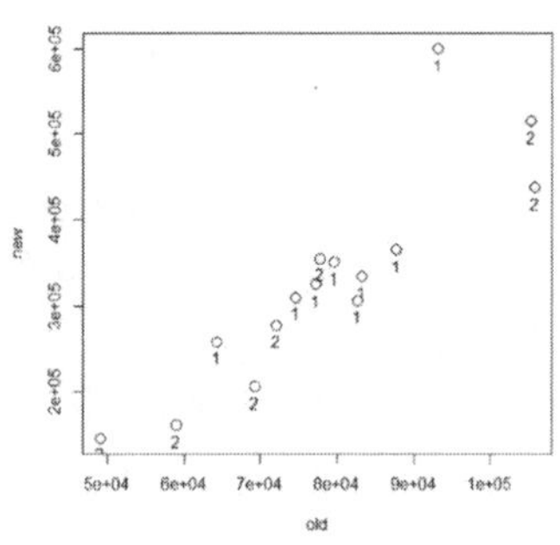

(b) identify(그래프 내 자료 정보 추가): 그림 내 임의의 점을 마우스로 클릭하면 그 점에 대한 번호를 표현한다. 마우스로 클릭한 점이 기존 자료들과의 거리가 0.25인치 밖의 점이면 경고문을 내보내준다.

```
> with(home, plot(home, cex = 1.5))
> identify(home, pos = 2.5)
경고: 0.25인치 이내에 포인트가
      하나도 없습니다.
```

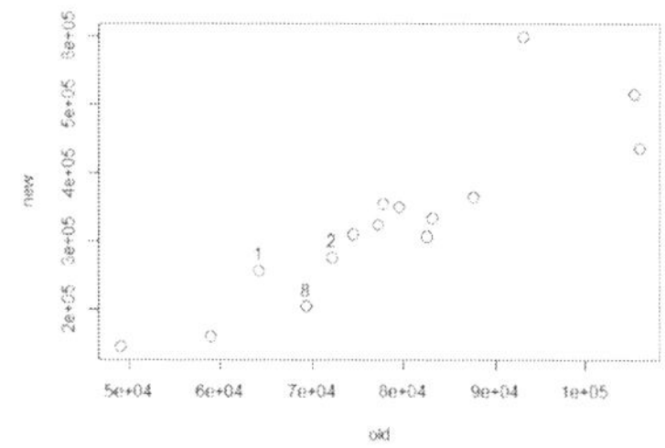

④ 그림 추가

(a) points: "**points(자료, 옵션)**"의 형식이며, 이미 생성된 산점도 위에 점을 추가로 그릴 수 있다.

```
> data(home)
> plot(home, pch = 1, cex = 2)
> points(home, pch = 20, cex = 1)
```

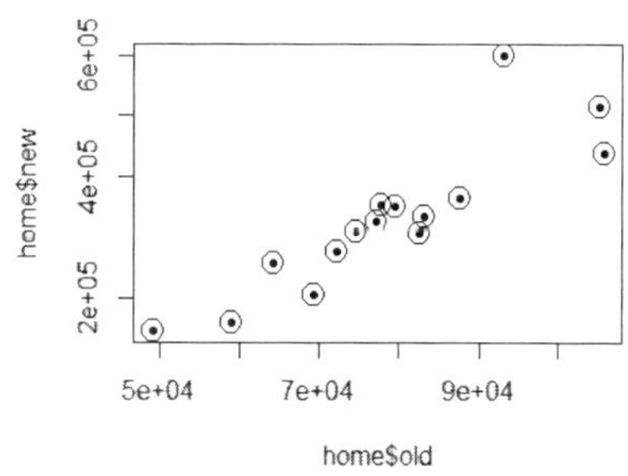

(b) lines: "**lines(자료, 옵션)**"의 형식이며, 이미 생성된 산점도 위에 선을 추가로 그릴 수 있다.

```
> x = seq(-pi, pi, 0.1)
> y = sin(x)
> plot(x,y, pch = 1, cex = 1.5)
> lines(x,y, lty = 1, lwd = 2)
```

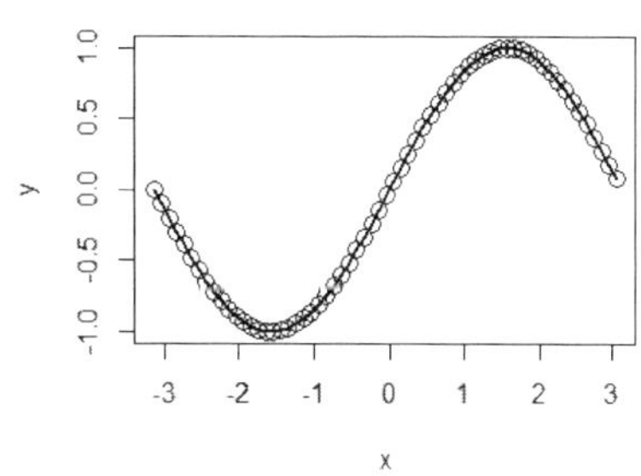

(c) abline: $y = a + bx$의 직선을 그리는 명령어이며 "**abline(a =** n_a**, b =** n_b**, 옵션)**"의 형식이다. 여기서 n_a는 직선의 상수항 값이며, n_b는 직선의 기울기 값이다.

```
> with(home, plot(home, cex = 1.5))
> abline(a = -200000, b = 6.9,
  col = "red")
```

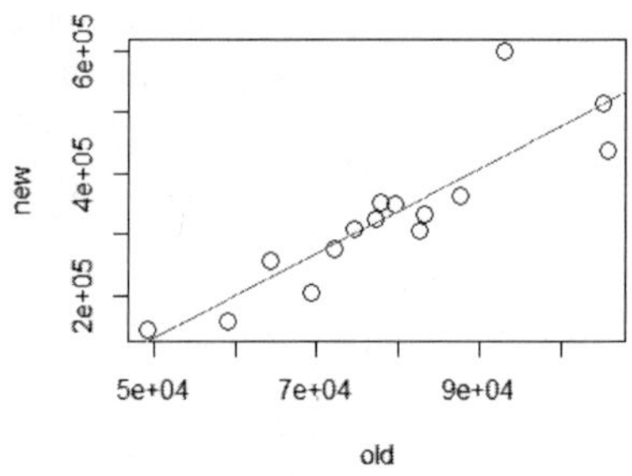

(d) curve: 곡선을 추가할 때 사용하며, "**curve(표현식, 시작점, 끝점)**" 또는 "**curve(함수, 시작점, 끝점)**"의 형식이다.

```
> x = seq(-pi, pi, 0.1)
> y = sin(x)
> plot(x,y, pch = 1, cex = 1.5)
> curve(cos, -3.14, 3.14,
+ add = TRUE, lty = 2, lwd = 2)
```

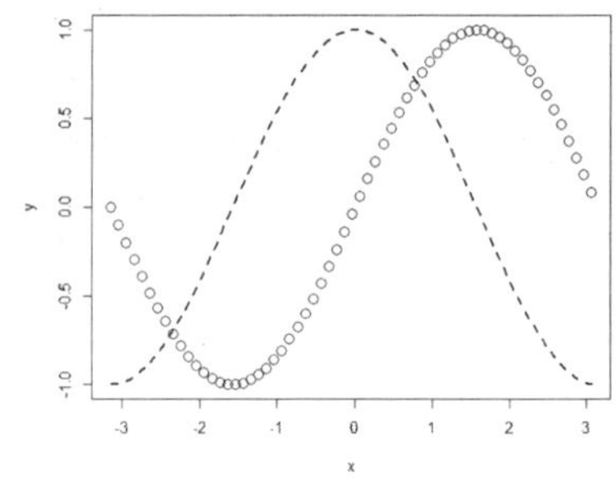

(e) polygon: "**ploygon(자료, 옵션)**"의 형식이며, 측정된 순서의 자료들을 꼭짓점으로 하는 다각형을 그릴 수 있다.

```
> n <- 3
> x <- c(0:n, n:0)
> y <- c(c(0, rnorm(n)), c(0, rnorm(n)))
> plot(x, y, type = "p")
> polygon(x, y, border = "red")
> text(x,y, pos = 4, cex = 1.5)
```

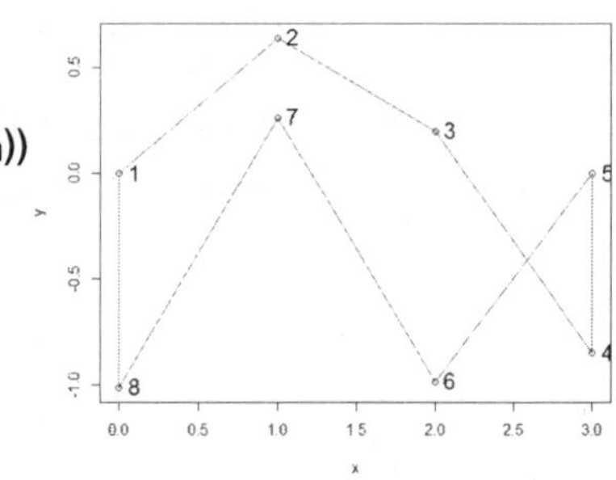

Note 행렬로 저장된 자료의 산점도

함수 "matplot()", "matlines()", "matpoints()"를 이용한다.

```
> x <- seq(-2, 2, 0.01)
> y <- matrix(c(cosh(x),sinh(x),tanh(x)),ncol = 3)

> matplot(x,y, main = "쌍곡선 함수(cosh, sinh, tanh)",
+ type = 'l', lwd = c(3,3,5),col = c("black", "blue", "red"))
> abline(h = 0, v = 0)
```

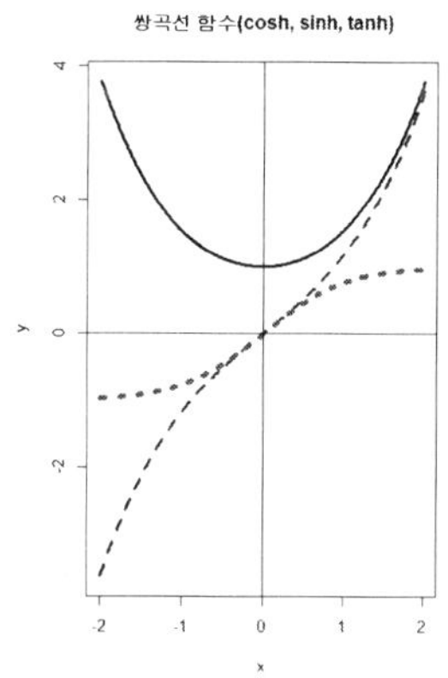

3.2.2.2 Lattice

패키지 "lattice"는 다른 패키지 "grid"와 함께 자료들을 격자 구조적 그래프로 시각화할 수 있는 도구이다. 패키지 "lattice"에서 제공하는 함수는 다음의 표와 같이 매우 다양하다.

표 3-2 패키지 "lattice"에서 제공하는 함수

구분	함수명	내용
단변량	barchart()	Bar chart
	bwplot()	Box plot
	densityplot()	Kernel density estimates
	dotplot()	Cleveland dot plots
	histogram()	Histograms
	qqmath()	Theretical quantile plots
	stripplot()	One-dimensional scatterplots
이변량	qq()	Quantile plots for comparing two distributions
	xyplot()	Scatterplots and time-series plots
삼변량	levelplot()	Level plots(image plots과 유사)
	contourplot()	Contour plots

표 3-2 패키지 "lattice"에서 제공하는 함수		
구분	함수명	내용
삼변량	cloud()	Three-dimensional scatter plots
	wireframe()	Three-dimensional surface plots(persp plots와 유사)
고차 변량	splom()	Scatterplot matrices
	parallel()	Parallel coordinate plots
복합	rfs()	Residual and fitted value plots
	tmd()	Tukey Mean-Difference plots

일반적인 함수의 형식은 "**xyplot(y ~ x | f*g, data)**"이다. 여기서, 표현하고자 하는 좌표점들의 값을 함수적 기호인 "~"를 이용하여, y축을 앞으로, x축을 뒤로 한다. "|"은 조건을 의미하며, "f*g"는 옵션으로 필요에 따라 추가하거나 변형하여 사용한다. 물론 조건이 없는 그래프도 그릴 수 있다. 그리고 마지막으로 그리고자 하는 자료를 나열한다.

몇 가지 대표적인 함수에 대한 부분만 언급하기로 한다. 나머지는 "R"에서 "help"를 이용하여 다양한 예제들을 살펴보기 바란다.

a) **히스토그램**: 함수 "**histogram()**"을 사용한다. 아래의 예는 패키지 "**MASS**"에 있는 자료 "car93"에 대하여, 변수 "Cylinders"의 수에 따른 변수 "Price"의 히스토그램을 그려주는 과정이다. Cylinders 6가지에 대한 각각의 Price의 히스토그램 6개를 2×3의 형식으로 그려주고 있다.

```
〉library(lattice)
〉library(MASS)
〉histogram( ~ Price |
+ Cylinders, data = Cars93)
```

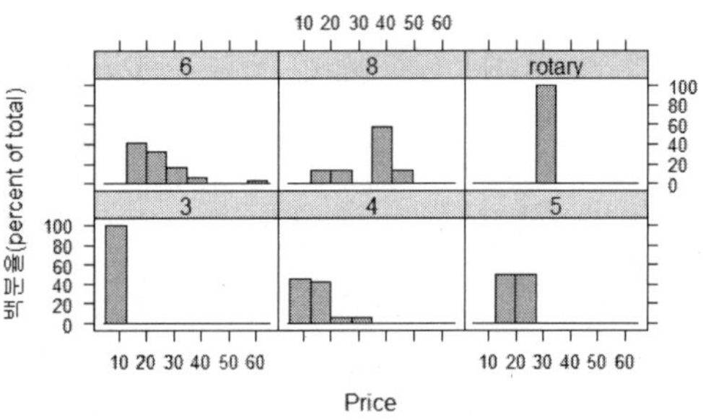

b) **상자그림**: 함수 "**bwplot()**"를 사용한다. 변수 "Cylinders"의 수에 따른 변수 "Price"의 상자그림을 그려주는 과정이다. "Cylinders" 6가지에 대한 각각의 "Price"의 상자그림 6개를 2×3의 형식으로 그려주고 있다.

```
> bwplot( ~ Price |
+ Cylinders, data = Cars93)
```

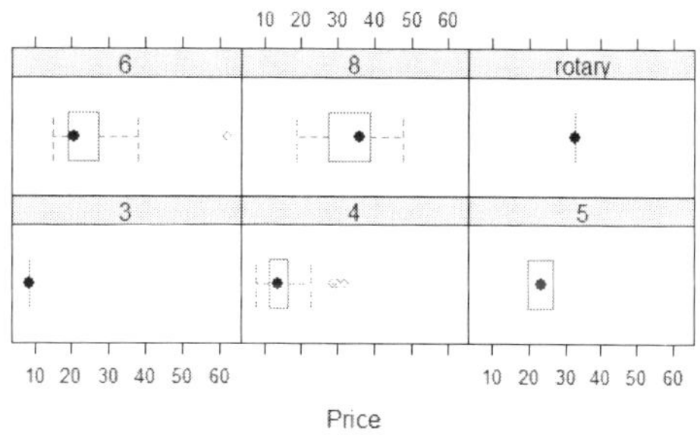

c) **산점도**: 함수 "xyplot()"를 사용한다. 변수 "Type"에 따른 변수 "MPG.highway"와 변수 "Fuel.tank.capacity"의 산점도를 그려주는 과정이다. Type 6가지에 대한 각각의 산점도 6개를 2×3의 형식으로 그려주고 있다.

```
> with(Cars93, xyplot(
+    MPG.highway ~ Fuel.tank.capacity
+    Type))
```

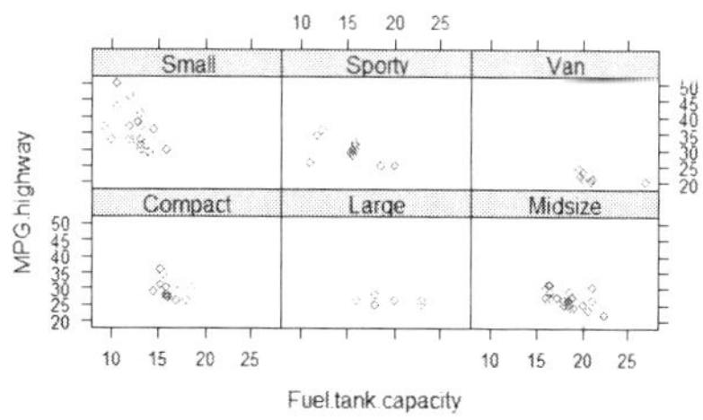

다음과 같이 패널(Panel) 함수를 이용하여 다양한 그래프를 그릴 수 있다. 다음의 사용자 정의 함수인 "plot.regression()"은 두 개의 함수 "panel.xyplot()"와 "panel.lmline()"를 이용하여 한 판에 그래프 2개를 겹쳐서 그리게 된다. 이를 이용하여 함수 "xyplot()"에서 옵션 "panel = "을 이용하면 아래와 같이 사용자가 원하는 그래프를 그릴 수 있다.

```
> plot.regression = function(x,y) { panel.xyplot(x,y)+ panel.lmline(x,y, col = 2) }
> with(Cars93, xyplot(MPG.highway ~ Fuel.tank.capacity |
+      Type, panel = plot.regress
```

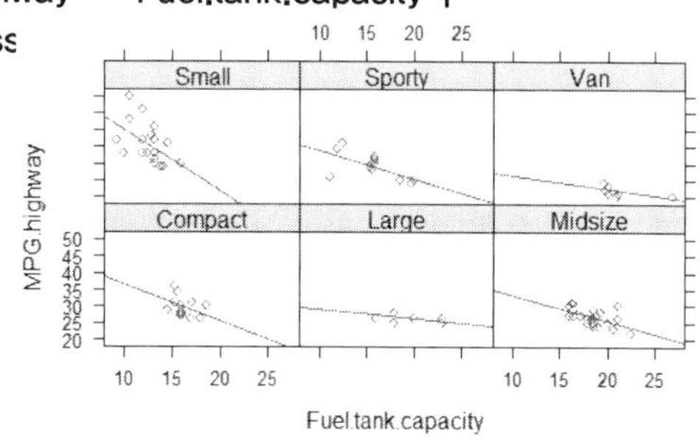

d) Q-Q plot(1): 함수 "**qqmath()**"를 이용하여 아래와 같이 표준정규분포로부터 추출된 난수 100개의 자료에 대하여 자유도 10인 t-분포와의 QQ-plot를 그려본 것이다. 그래프가 일직선으로 표현되면 두 개의 분포가 같은 것으로 판단할 수 있는 것이다. 아래의 그래프는 일직선에 가까운 모양을 하고 있다. 그러나 양쪽 끝 부분인 꼬리부분이 다소 직선화되지 못하는 모습을 보이고 있다.

```
> qqmath(~ rnorm(100),
+ distribution = function(p)
+                qt(p, df = 10))
```

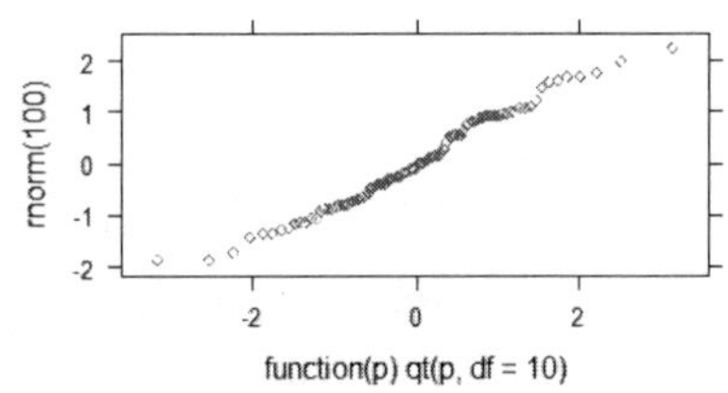

e) Q-Q plot(2): 함수 "**qq()**"는 두 집단 간 QQ-plot를 그리는 도구이다. 다음은 패키지 "**lattice**"에 있는 자료 "singer"에 대하여, 자료 일부인 변수 "voice.part"가 "Bass 2"와 "Tenor 1"인 두 그룹 간에 변수 "height"를 비교하는 QQ-plot이다. 실선으로 표현된 직선과는 다소 차이가 있게 그래프가 그려져 있으므로 두 그룹 간 "height"는 동일하다고 볼 수는 없는 것이다.

```
> qq(voice.part ~ height, aspect = 1, data = singer,
+     subset = (voice.part == "Bass 2" | voice.part == "Tenor 1"))
```

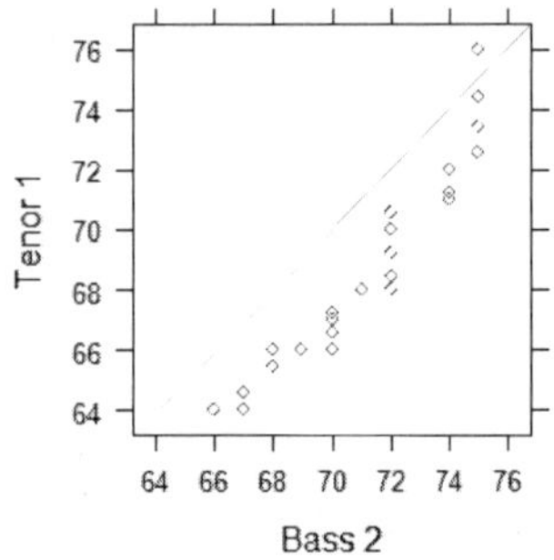

f) **3차원 산점도**: 다변량 분석에서는 다차원(3차원) 그래프가 필수적이다. 함수 "**cloud()**"는 변수 "Species"에 따른 3개의 변수들(Sepal.Length, Petal.Length, Petal.Width)의 3차원 그래프를 다음과 같이 그릴 수 있다.

```
> cloud(Sepal.Length ~ Petal.Length * Petal.Width | Species, data = iris,
+         screen = list(x = -90, y = 70), distance = .4, zoom = .6 )
```

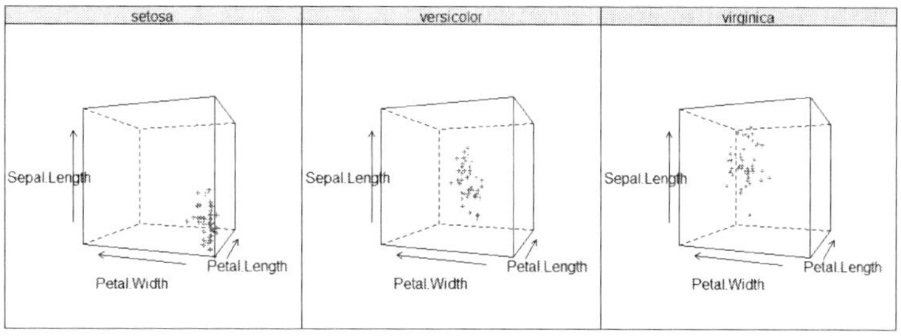

g) **산점도행렬**: 다변량 분석에서 발생하는 여러 변수 사이의 상관 정도를 쉽게 파악할 수 있도록, 함수 "splom()"을 이용하면 각 변수 사이의 상관도를 행렬화한 그래프를 그릴 수 있다. 옵션에 따라 다음과 같이 점들을 색상으로 구별하여 사용자의 판단에 도움을 줄 수도 있다.

```
> super.sym <- trellis.par.get("superpose.symbol")
> splom(~iris[1:4], groups = Species, data = iris,
+         panel = panel.superpose,
+         key = list(title = "Three Varieties of Iris",
+                    columns = 3,
+                    points = list(pch = super.sym$pch[1:3],
+                    col = super.sym$col[1:3]),
+                    text = list(c("Setosa", "Versicolor", "Virginica"))))
```

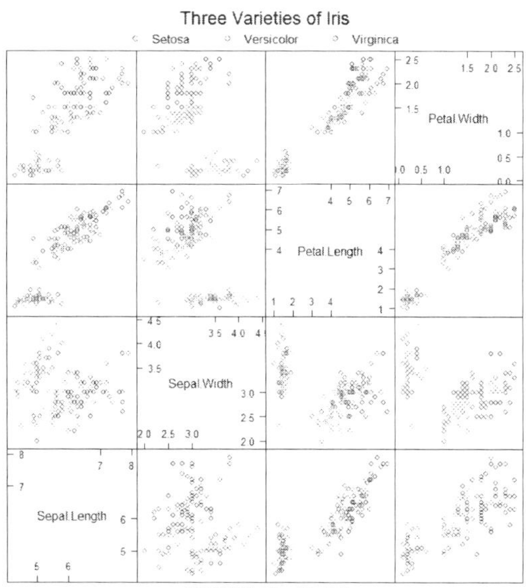

산점도 행렬(scatter plot matrix)

패키지 "car"에서 제공하는 함수 "scatterplotMatrix()"도 다변량 자료들의 시각화에 편리하다. 대각에는 각 자료들의 히스토그램을 그리고 각 자료들의 산점도를 한 개의 화면에 나타냄으로써 변수들 간 특징들을 살펴볼 수 있다.

```
> library(car)
> scatterplotMatrix(iris[,1:4],diagonal = "histogram",smooth = FALSE)
```

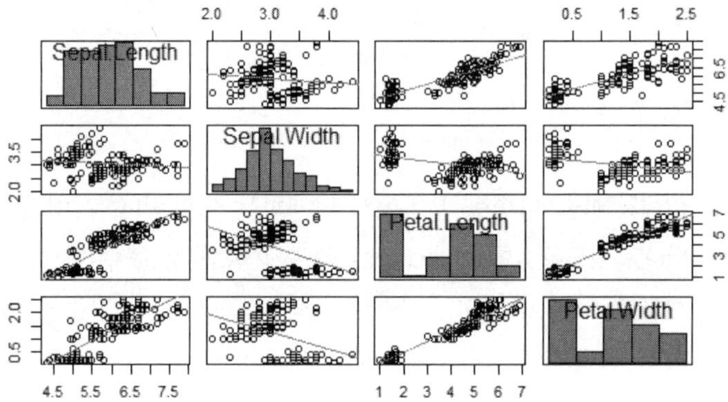

3.2.2.3 ggplot과 ggplot2

"ggplot"는 R에서 기본적인 그래픽 도구 및 lattice와 함께 3번째 그래픽 도구로서 널리 사용되어 왔다. 현재는 패키지 "ggplot2"를 설치 후 사용할 수 있다.

```
> install.packages("ggplot2");    library(ggplot2)
```

a) 함수 "qplot()"

패키지 "ggplot"에서부터 제공된 함수 "qplot()"는 다양한 그래프를 그릴 수 있다. 함수 "qplot()"의 방식은 앞에서 살펴보았던 R의 기본 그래픽 시스템의 함수 "plot()"와 매우 비슷하다. 함수 "qplot()"에서의 그래프는 미적 요소인 aesthetics(크기, 모양, 색상)과 기하적 요소인 geoms(점, 선 등)으로 구성된다.

아래의 왼쪽의 예는 옵션에서 "colour = cyl"을 사용함으로써 표현된 점들을 색상으로 구별한 것이고, 오른쪽의 경우는 옵션에서 "size = cyl"을 사용하여 점의 크기로 구별한 것이다. 위 옵션의 중복 사용도 가능하다.

```
> qplot(mpg, wt, data = mtcars,
+   colour = cyl )
```

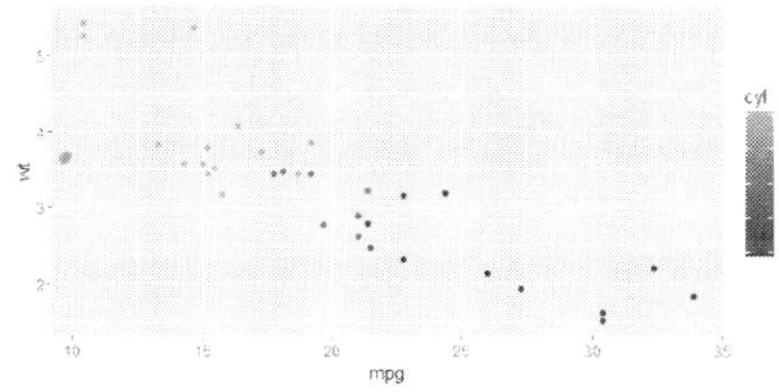

```
> qplot(mpg, wt, data = mtcars, size = cyl)
```

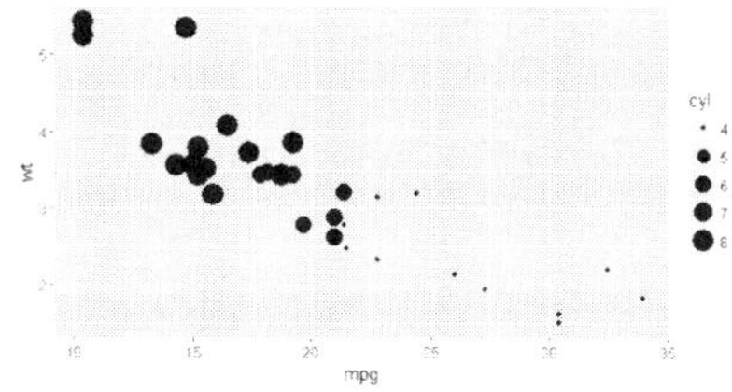

두 변수 "vs"와 "am"에 따른 "mpg"와 "wt"의 산점도 4개를 그려주기도 한다.

```
> qplot(mpg, wt, data = mtcars, facets = vs ~ am)
```

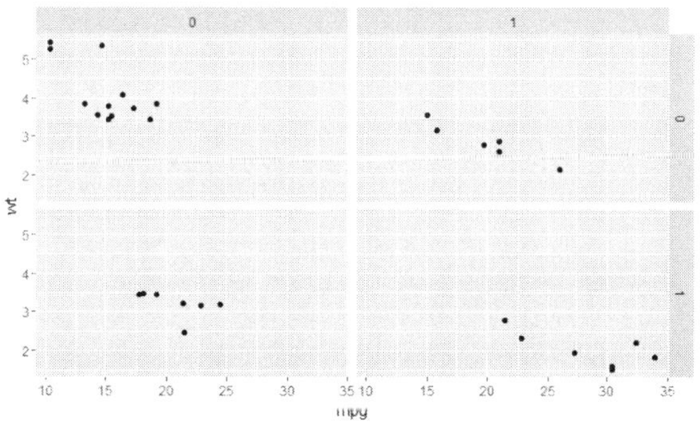

같은 함수인 "qplot()"는 아래와 같이 막대그래프 또는 히스토그램도 그릴 수 있다. 사용자가 지정하지 않으면 자료의 속성을 판단하여 산점도, 히스토그램 등 적당한 그래프를 자동으로 결정하여 결과를 제공하는 편리함이 있다.

```
> qplot(mpg, data = mtcars)
```

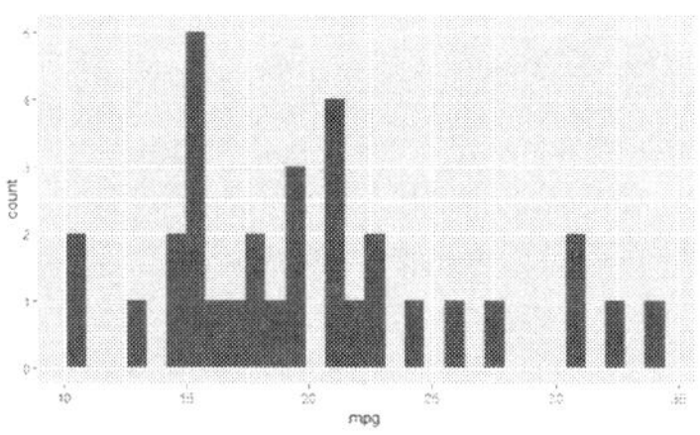

```
> qplot(mpg, data = mtcars,
+   facets = gear ~., binwidth = 2)
```

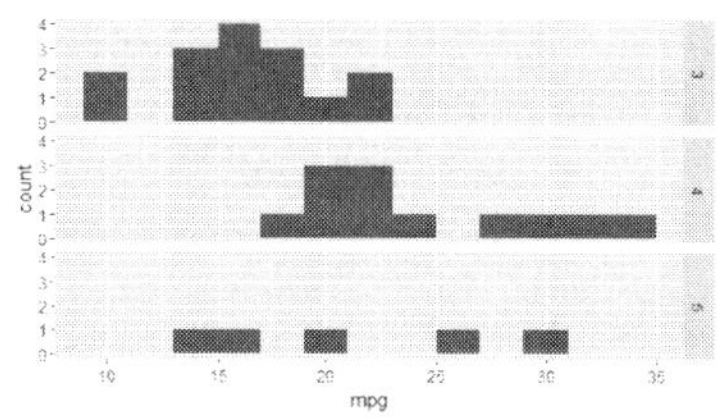

옵션 "geom = "path""을 선택하여 점들을 연결하는 선도 그릴 수 있다.

```
> qplot(mpg, wt, data = mtcars, geom =
"path")
```

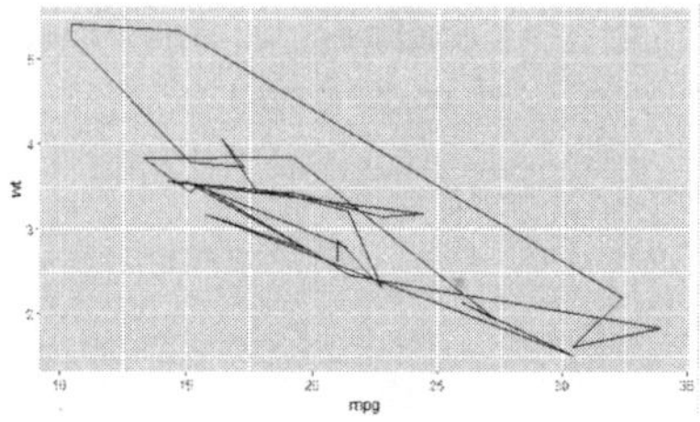

함수 “qplot()”는 아래와 같이 상자그림도 가능하다.

```
> qplot(factor(cyl), wt,
+ data = mtcars,
+ geom = c("boxplot", "jitter"))
```

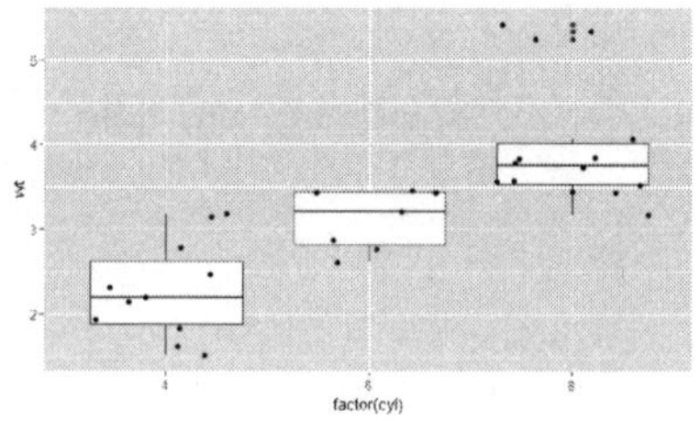

함수 “qplot()”는 아래와 같이 점도표도 가능하다.

```
> qplot(mpg, data = mtcars, geom = "dotplot")
```

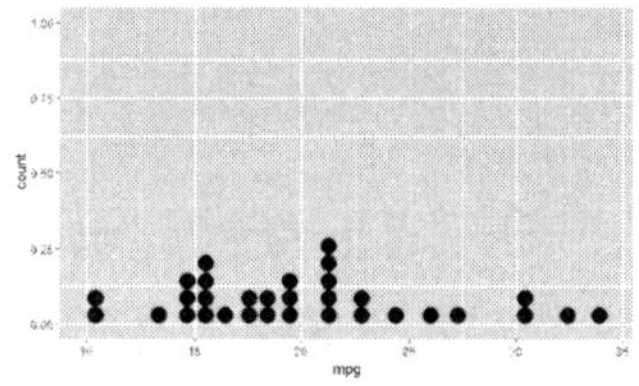

함수 “qplot()”는 아래와 같이 산점도와 회귀선과 관련된 다양한 그래프도 가능하다.

```
> qplot(mpg, wt,
+ data = mtcars,
+ geom = c( "point", "smooth"))
```

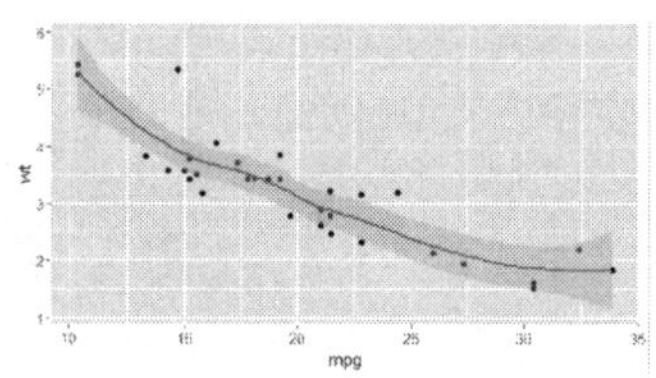

b) 함수 "ggplot()"

패키지 "ggplot2"를 만든 Hadley Wickham은 "기본 그래픽 시스템은 그림을 그리기 위해 좋은 툴이지만 ggplot2는 데이터를 이해하는 데 좋은 시각화 툴이다."라고 하였다. 다양하고 풍부한 예제들이 제공되어 있으므로 사용자가 쉽게 사용할 수 있다. 기존의 그래픽 도구들에서 제공하는 기능 이상으로 사용자가 원하는 다양한 그래프를 그릴 수 있다. 기본적으로 함수 "ggplot()"를 사용한다.

다음은 함수 "qplot()"와 함수 "ggplot()"의 간단한 비교이다. 패키지 "ggplots"에 있는 다이아몬드와 관련된 크기, 가격 등의 약 54,000여 개의 측정 자료 "diamonds"를 이용하였다. 사용하는 방식에 차이가 있을 뿐, 다음은 각각 같은 결과의 그래프를 보여 주게 된다.

```
> qplot(data = diamonds, x = carat, y = price, geom = "point")
> ggplot(diamonds, aes(carat, price)) + geom_point()
```

```
> qplot(data = diamonds, x = carat, y = price, geom = "line")
> ggplot(diamonds, aes(carat, price)) + geom_line()
```

```
> qplot(data = diamonds, x = carat, y = price, geom = c("point", "line"))
> ggplot(diamonds, aes(carat, price)) + geom_line() + geom_point()
```

함수 "ggplot( )"은 주어진 자료에 대하여, 좌표계를 설정하고, 그 위에 미적 요소인 aesthetics(크기, 모양, 색상)와 기하적 요소인 geoms(점, 선 등)들을 사용자가 원하는 방식으로 표현해 준다.

① 막대그래프(Bar chart)

다음은 패키지 "datasets"에 있는 자료 "warpbreaks"를 이용하였다. 첫 번째는 막대그래프의 기본형이다. 변수 "tension"을 x축으로 하고, 변수 "breaks"의 값을 막대로 하여 그래프를 그리는 것이다. 기본형은 축 이름을 변수명으로 하고 흑백으로 되어 있다. 옵션들을 이용하여 색상, 범례, 축 이름, 표현 방식 등 사용자의 선택에 따라 그래프를 다양하게 꾸밀 수 있다. 두 번째는 색상을 변수 "tension"의 값에 따라 다르게 하고, 범례를 추가한 것이다. 마지막 세 번째는 각 막대에 측정된 자료의 값들을 검은 선으로 표시한 것이다.

```
> ggplot(data = warpbreaks, aes(x = tension, y = breaks))
+ geom_bar(stat = "identity")
> ggplot(data = warpbreaks, aes(x = tension, y = breaks, fill = tension)) +
+     geom_bar(stat = "identity")
> ggplot(data = warpbreaks, aes(x = tension, y = breaks, fill = tension)) +
+     geom_bar(colour = "black", stat = "identity")
```

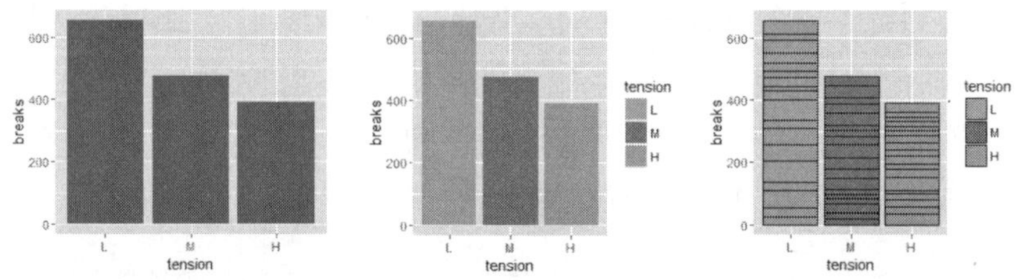

Note

막대그래프에서는 기하적 요소인 함수 **"geom_bar()"**를 사용하고 있다. 바로 함수 **"geom_***()"**에 따라 그래프의 모양이 결정되는 것이다. 함수 **"apropos()"**를 이용하면 패키지 "ggplot2"에서 제공하는 그래프의 유형을 살펴볼 수 있다.

```
> apropos("geom_")
 [1] "geom_abline"     "geom_area"      "geom_bar"        "geom_bin2d"
 [5] "geom_blank"      "geom_boxplot"   "geom_contour"    "geom_count"
 [9] "geom_crossbar"   "geom_curve"     "geom_density"    "geom_density_2d"
[13] "geom_density2d"  "geom_dotplot"   "geom_errorbar"   "geom_errorbarh"
[17] "geom_freqpoly"   "geom_hex"       "geom_histogram"  "geom_hline"
[21] "geom_jitter"     "geom_label"     "geom_line"       "geom_linerange"
[25] "geom_map"        "geom_path"      "geom_point"      "geom_pointrange"
[29] "geom_polygon"    "geom_qq"        "geom_quantile"   "geom_raster"
[33] "geom_rect"       "geom_ribbon"    "geom_rug"        "geom_segment"
[37] "geom_smooth"     "geom_spoke"     "geom_step"       "geom_text"
[41] "geom_tile"       "geom_violin"    "geom_vline"      "update_geom_defaults"
```

다음과 같이 범례를 사용하지 않도록 할 수도 있고, 제목도 삽입할 수 있고, 축 이름을 변경할 수도 있으며, 막대의 색상도 바꿀 수 있다.

```
> ggplot(data = warpbreaks, aes(x = tension, y = breaks, fill = tension)) +
+     geom_bar(colour = "black", stat = "identity") + guides(fill = FALSE)
> ggplot(data = warpbreaks, aes(x = tension, y = breaks, fill = tension)) +
+      geom_bar(colour = "black", fill = "green", width = .5, stat = "identity") +
+      guides(fill = FALSE) + xlab("인장 강도") + ylab("고장 횟수") +
+      ggtitle("인장 강도에 따른 고장 횟수")
```

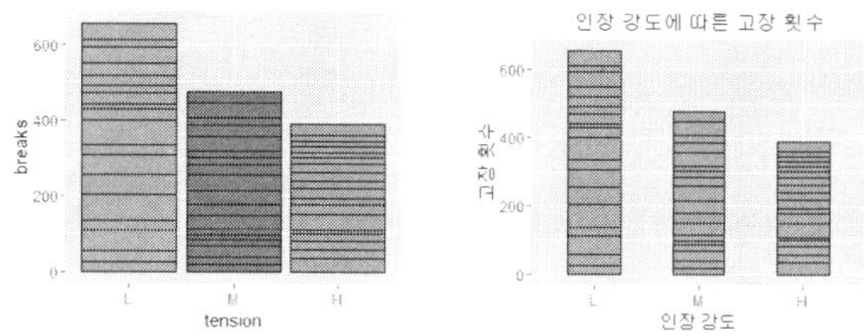

측정된 자료의 빈도수를 파악하는 막대그래프는 아래와 같이 y축의 변수를 사용하지 않으면 된다. 그러므로 지정된 x축 변수 "breaks"의 빈도수를 표현하는 막대그래프를 그리게 된다. 함수 "geom_bar()"에서 옵션 stat = "bin"을 사용하거나 사용하지 않아도 된다. 띠넓이의 결정에 따라 막대그래프의 모양이 약간 달라지는 것을 알 수 있다.

```
> ggplot(data = warpbreaks, aes(x = breaks)) + geom_bar(stat = "bin")
`stat_bin()` using `bins = 30`. Pick better value with `binwidth`.
> ggplot(data = warpbreaks, aes(x = breaks)) + geom_bar()
```

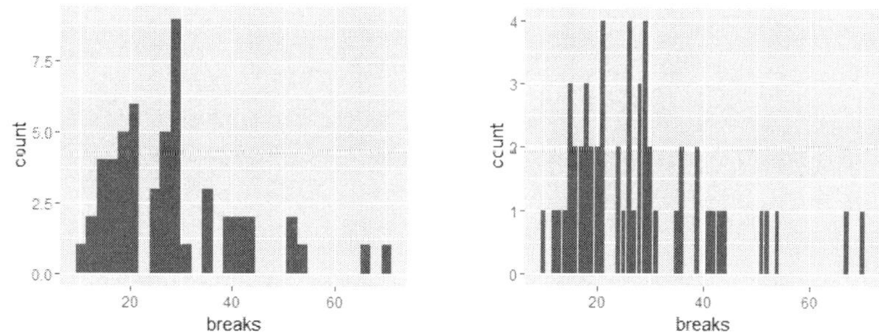

② 누적 막대그래프(Stacked bar graph)

전체에서 각각의 구성비(기여도)를 쉽게 파악하는 데 유용한 그래프이다. 변수 "tension"이 각 범주에서 변수 "wool"의 기여 정도를 살펴볼 수 있다. 우측의 그래프가 측정된 자료의 값을 더 구체적으로 표현해 주고 있다.

```
> ggplot(data = warpbreaks, aes(x = tension, y = breaks, fill = wool)) +
+    geom_bar(stat = "identity")
> ggplot(data = warpbreaks, aes(x = tension, y = breaks, fill = wool)) +
+  geom_bar(stat = "identity", colour = "black") +
+  scale_fill_manual(values = c("green", "yellow"))
```

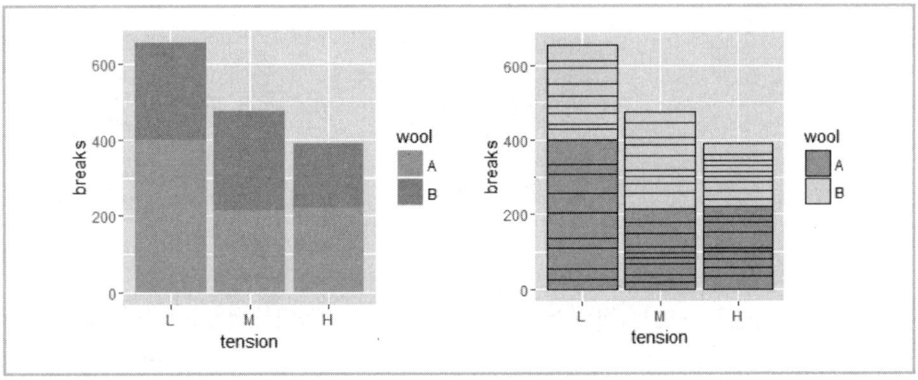

③ 히스토그램(Histogram)과 밀도그래프(Density Plot)

다음의 가상 자료를 이용하여 히스토그램과 밀도그래프를 그려보기로 한다.

```
> set.seed(1)
> Df <- data.frame(Part = factor( rep(c("A","B"), each = 100) ),
+                    Rnorm = c(rnorm(100), rnorm(100, mean = 1)))
```

히스토그램은 함수 "geom_histogram()"을, 밀도그래프는 함수 "geom_density()"를 이용한다. 또한 마지막 그래프와 같이 두 개 이상의 그래프를 간단하게 중첩할 수도 있다. 옵션 alpha = .2은 그래프의 색상의 진하기를 결정하는 요소로 숫자가 1에 가까울수록 진하게 표현된다.

```
> ggplot(Df, aes(x = Rnorm)) + geom_histogram(binwidth = .5)
> ggplot(Df, aes(x = Rnorm)) +
+    geom_histogram(binwidth = .5, colour = "black", fill = "white")
> ggplot(Df, aes(x = Rnorm)) + geom_density()
> ggplot(Df, aes(x = Rnorm)) +
+       geom_histogram(aes(y = ..density..),  binwidth = .5, colour = "black", fill
= "white") +
+      geom_density(alpha = .2, fill = "green")
```

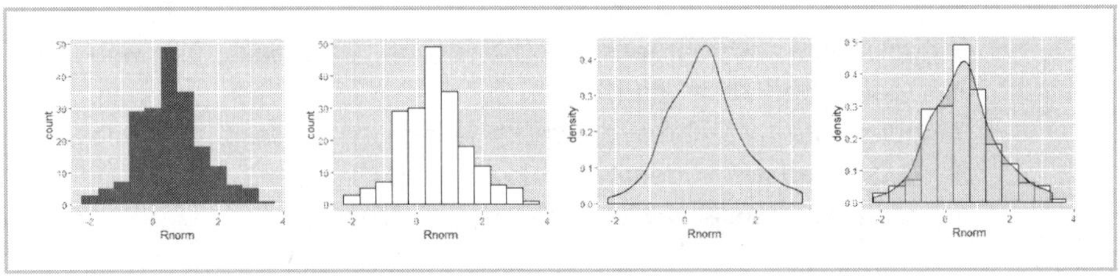

옵션 fill = Part를 사용하여, 변수 Part의 범주 값인 A와 B에 의한 구분을 진행하

여 히스토그램과 밀도그래프를 그릴 수도 있다. 히스토그램에서 옵션 position = "dodge"를 사용하면 각 구분된 막대를 중첩하지 않고 나란하게 표현하게 된다.

```
> ggplot(Df, aes(x = Rnorm, fill = Part)) +
+    geom_histogram(binwidth = .5, alpha = .5, position = "identity")
> ggplot(Df, aes(x = Rnorm, fill = Part)) +
+    geom_histogram(binwidth = .5, position = "dodge")
> ggplot(Df, aes(x = Rnorm, colour = Part)) + geom_density()
> ggplot(Df, aes(x = Rnorm, fill = Part)) + geom_density(alpha = 0.5)
```

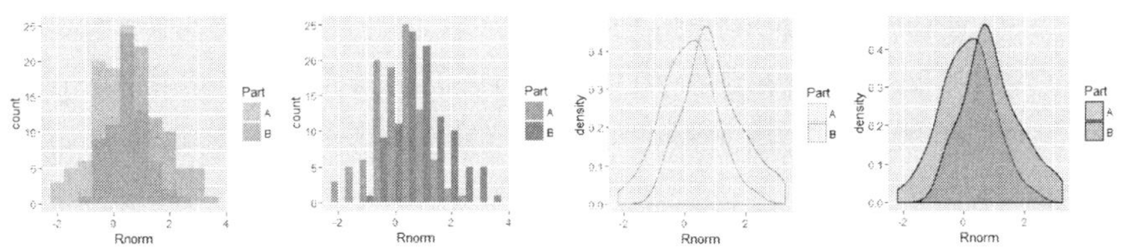

패키지 "pylr"의 함수 "ddply()"는 변수의 일부분 값들에 대한 통계량 값을 계산하는 데 유용한 함수이다. 다음은 위의 가상 자료 Df의 변수 Part의 값 A와 B에 따른 변수 Rnorm의 평균값을 각각 구한 것이다.

```
> install.packages("pylr")
> library(plyr)
> SDf <- ddply(Df, "Part", summarise, MeanRnorm = mean(Rnorm))
> SDf
  Part MeanRnorm
1    A 0.1088874
2    B 0.9621919
```

아래와 같이 기존에 작성된 그래프에 특정한 선들을 추가할 수 있다. 이때 함수 "geom_vline()", "geom_hline()" 또는 "geom_line()"을 사용한다.

```
> ggplot(Df, aes(x = Rnorm, fill = Part)) +
    geom_histogram(binwidth = .5, alpha = .5, position = "identity") +
    geom_vline(data = SDf, aes(xintercept = MeanRnorm,   colour = Part),
             linetype = "dashed", size = 1)
> ggplot(Df, aes(x = Rnorm, colour = Part)) + geom_density() +
+      geom_vline(data = SDf, aes(xintercept = MeanRnorm,   colour = Part),
+              linetype = "dashed", size = 1)
```

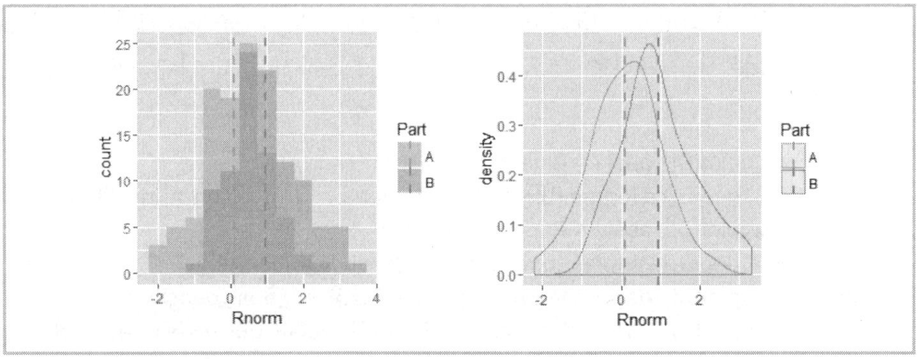

④ 점도표(Dot plot)

함수 "geom_dotplot()"를 이용하여 점도표를 그릴 수 있다. 함수 "coord_flip()"를 이용하면 축을 바꾸어 수직이 아닌 수평축으로도 점도표를 그릴 수 있다.

```
> ggplot(warpbreaks, aes(x = tension, y = breaks)) +
+    geom_dotplot(binaxis = "y",stackdir = "center")
> ggplot(warpbreaks, aes(x = tension, y = breaks, fill = tension)) +
+    geom_dotplot(binaxis = "y",stackdir = "center")
> ggplot(warpbreaks, aes(x = tension, y = breaks, fill = tension)) +
+    geom_dotplot(binaxis = "y",stackdir = "center") + guides(fill = FALSE)
> ggplot(warpbreaks, aes(x = tension, y = breaks, fill = tension)) +
+    geom_dotplot(binaxis = "y",stackdir = "center") + guides(fill = FALSE)
+    coord_flip()
```

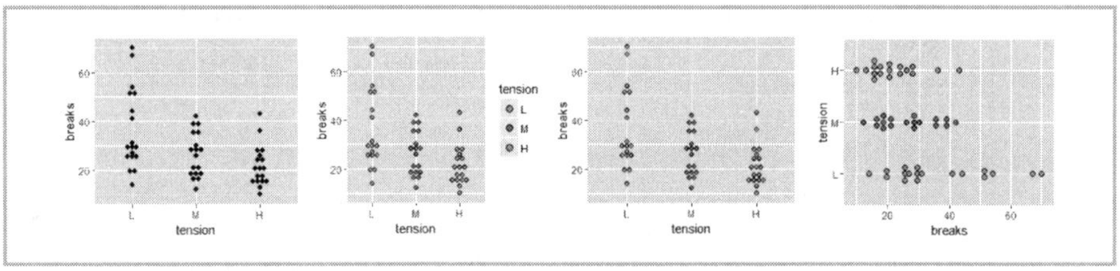

⑤ 상자그림(Box plot)

함수 "geom_boxplot()"를 이용하여 상자그림을 그릴 수 있다.

```
> ggplot(warpbreaks, aes(x = tension, y = breaks)) + geom_boxplot()
> ggplot(warpbreaks, aes(x = tension, y = breaks, fill = tension))
+    geom_boxplot()
> ggplot(warpbreaks, aes(x = tension, y = breaks, fill = tension)) +
+    geom_boxplot() + guides(fill = FALSE)
> ggplot(warpbreaks, aes(x = tension, y = breaks, fill = tension)) +
+    geom_boxplot() + guides(fill = FALSE) + coord_flip()
```

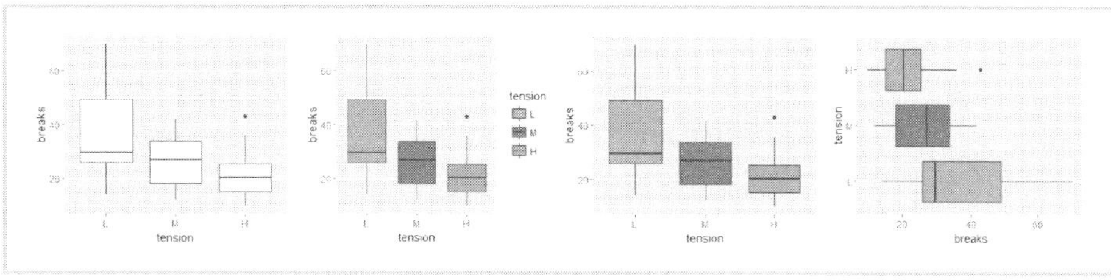

함수 “stat_summary()”를 이용하여 특정한 점, 선 등을 상자그림에 추가할 수 있다.

```
> ggplot(warpbreaks, aes(x = tension, y = breaks)) +
+    geom_boxplot() +
+    stat_summary(fun.y = mean, geom = "point",
+                 shape = 8, size = 3)
```

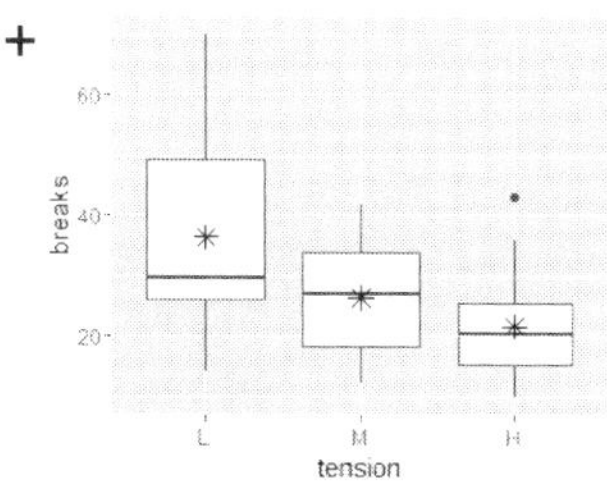

⑥ 바이올린 그래프(Violin Chart)

함수 “geom_violin()”으로 상자그림과 유사하지만 보다 더 시각적 효과가 있는 바이올린 그래프도 작성할 수 있다.

```
> ggplot(warpbreaks, aes(x = tension, y = breaks))
+    geom_violin(scale = "area")
> ggplot(warpbreaks, aes(x = tension, y = breaks, fill = tension)) +
+    geom_violin(scale = "area")
> ggplot(warpbreaks, aes(x = tension, y = breaks, fill = tension)) +
+    geom_violin(scale = "area") + guides(fill = FALSE)
> ggplot(warpbreaks, aes(x = tension, y = breaks, fill = tension)) +
+    geom_violin(scale = "area") + guides(fill = FALSE) + coord_flip()
```

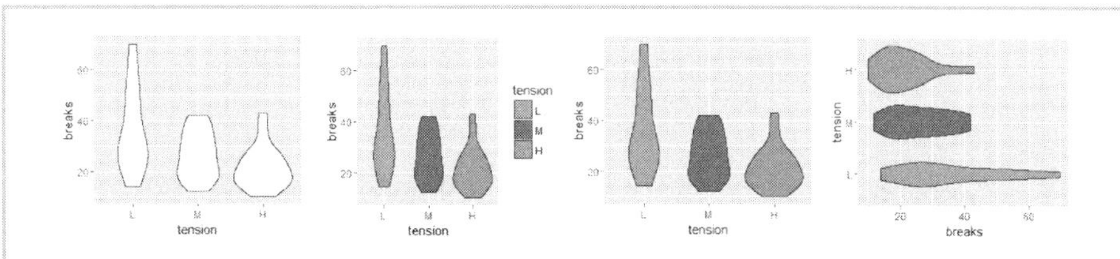

⑦ 산점도(Scatterplot)

다음의 가상 자료를 이용하여 산점도를 그려 보기로 한다. 자료 Data는 변수 Part는 범주형(A, B 각각 20개씩) 변수로, 변수 X, Y, Z는 각각 40개의 수치형 자료로 구성된 데이터 프레임이다.

```
> Data <- data.frame(Part  = rep(c("A", "B"), each = 20),
+          X = 1:40+rnorm(40,sd = 5), Y = 11:50+rnorm(40,sd = 5),
         Z = 21:60+rnorm(40,sd = 6))
```

함수 "geom_point()"를 이용하여 지정된 좌표계에 측정값의 점을 표시한다. 함수 "geom_smooth()"를 이용하여 옵션 method = lm에 따라 최소제곱추정방법에 의한 회귀선과 신뢰구간을 나타낸다. 옵션 method = lm, se = FALSE를 사용하면 신뢰구간은 없이 회귀선만 나타낼 수 있다. 옵션을 지정하지 않으면 비선형추정방법에 의한 회귀곡선과 신뢰구간을 표현하게 된다.

```
> ggplot(Data, aes(x = X, y = Y)) + geom_point(shape = 1)
> ggplot(Data, aes(x = X, y = Y)) + geom_point(shape = 1)
+      geom_smooth(method = lm)
> ggplot(Data, aes(x = X, y = Y)) + geom_point(shape = 1) +
+      geom_smooth(method = lm, se = FALSE)
> ggplot(Data, aes(x = X, y = Y)) + geom_point(shape = 1) + geom_smooth()
```

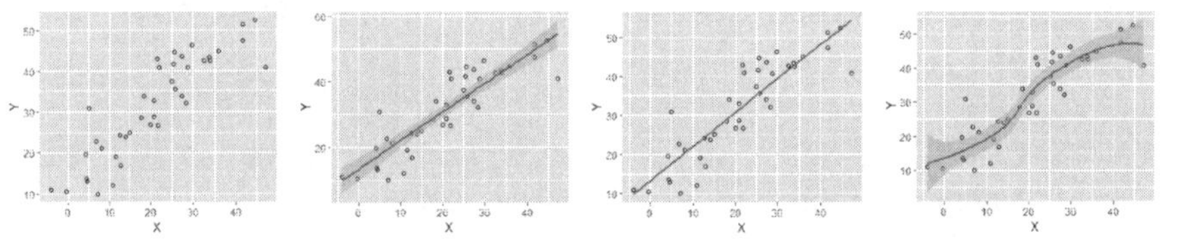

함수 "aes()"에서, 옵션 color = Part를 사용하면, 범주형 변수 Part에 의하여 색상으로 구분된 산점도를 그릴 수 있다. 여기에 각각의 회귀선을 추가할 수도 있고, 옵션 fullrange = T를 사용하면, x-축 변수(독립변수 또는 설명변수) 전체 구간에 대한 회귀선을 그릴 수 있다. 마지막 그래프는 함수 "scale_shape_manual()"을 사용하여 그래프의 표현을 사용자가 지정한 표식으로 나타낸 것이다. 여기서는 점의 표현기호 1과 4를 지정하였다.

```
> ggplot(Data, aes(x = X, y = Y, color = Part)) + geom_point(shape = 1)
> ggplot(Data, aes(x = X, y = Y, color = Part)) + geom_point(shape = 1) +
+      scale_colour_hue(l = 50) + geom_smooth(method = lm, se = FALSE)
> ggplot(Data, aes(x = X, y = Y, color = Part)) + geom_point(shape = 1) +
+      scale_colour_hue(l = 50) + geom_smooth(method = lm,  se = FALSE,  fullrange = T)
> ggplot(Data, aes(x = X, y = Y, shape = Part)) + geom_point() +
+      scale_shape_manual(values = c(1,4))
```

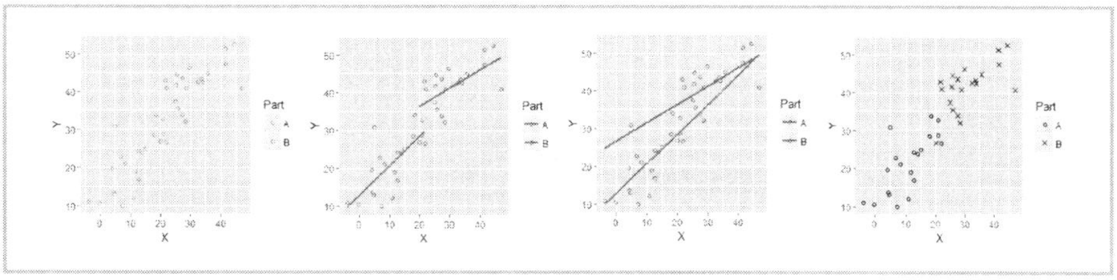

⑧ 부분도(Facets)

다음은 패키지 "ggplots"에 있는 "diamonds"는 다이아몬드의 가격(price), 크기(carat), 절단품질(cut), 색상(color), 선명도(clarity) 등의 약 54,000여 개로 구성된 자료에서 변수 크기(carat)와 변수 가격(price)에 대한 산점도이다. 우측의 그래프는 옵션 **alpha = 1/30**을 이용하여 명암을 조정한 그래프로서 보다 더 시각적 효과를 볼 수 있다.

```
> ggplot(diamonds, aes(x = carat, y = price)) + geom_point(shape = 1)
```

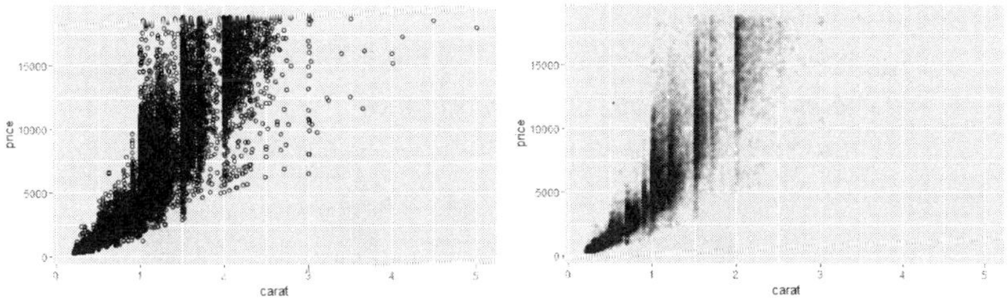

```
> ggplot(diamonds, aes(carat, price)) + geom_point(alpha = 1/30)
```

전체적인 자료의 산점도가 아닌 특정한 변수들의 그룹화된 자료들만의 산점도는 자료 구성을 이해하는 데 상당히 중요하다. 함수 **"facet_grid()"**를 이용하여 부분도를 그리게 된다. 옵션은 **"수직 ~ 수평"**의 규칙을 따른다. 먼저 절단 품질(cut)의 5단계(Fair, Good, Very Good, Premium 및 Ideal)에 따른 크기(carat)와 가격(price)의 부분도를 그려본 것이다. 옵션 **cut ~ .** 을 사용하였으므로 수직적으로 부분도를 그려준다.

```
> ggplot(diamonds, aes(x = carat, y = price)) +
+    geom_point(shape = 1) + facet_grid(cut ~ . )
```

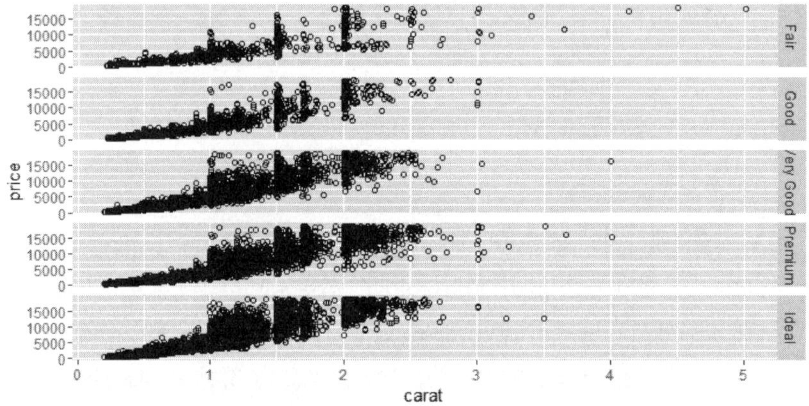

옵션 . ~ cut을 사용하면 수평적인 부분도를 나타낸다.

```
> ggplot(diamonds, aes(x = carat, y = price)) +
+    geom_point(shape = 1) + facet_grid( . ~ cut)
```

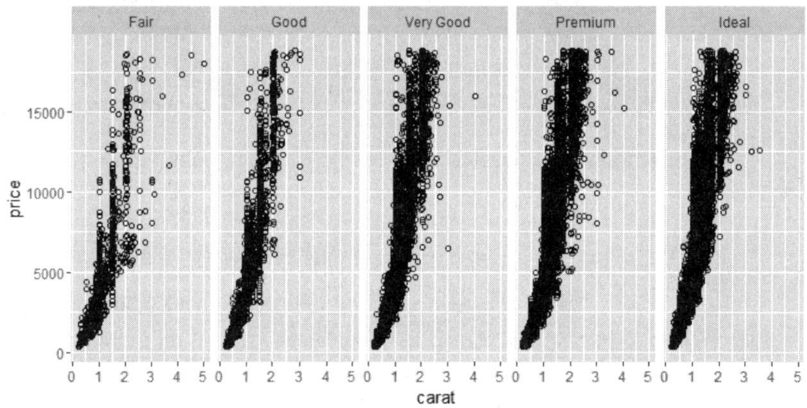

색상과 절단품질의 부분도를 그리고자 하면 옵션 color ~ cut을 사용한다.

```
> ggplot(diamonds, aes(x = carat, y = price)) +
+   geom_point(shape = 1) + facet_grid(color ~ cut)
```

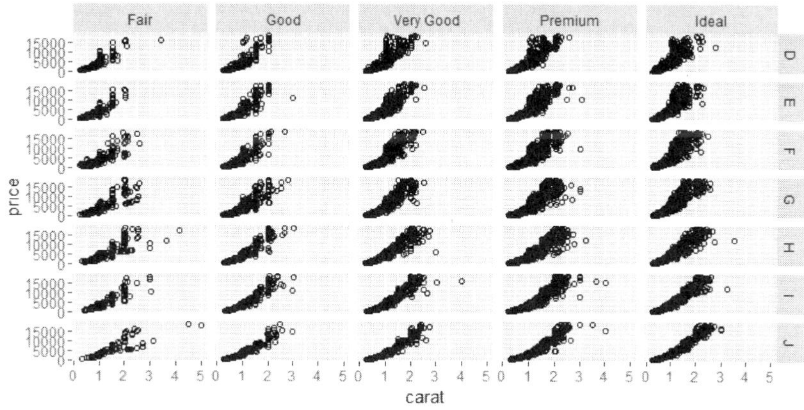

함수 "facet_wrap()"는 부분도를 사용자가 원하는 행 또는 열의 수로 정하여 그릴 수 있다.

```
> ggplot(diamonds, aes(x = carat, y = price)) +
+   geom_point(shape = 1) + facet_wrap( ~ clarity, ncol = 2)
```

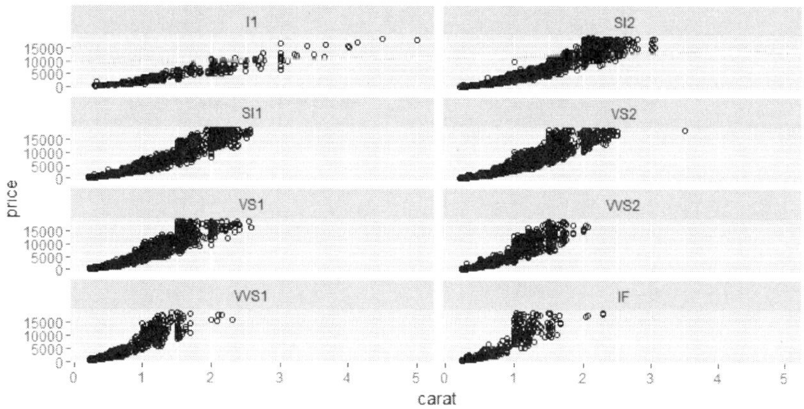

4장

자료 구성 및 정리

통계처리를 위한 자료는 다양한 유형을 가지고 있지만, 일반적으로 다음의 표와 같이 행과 열을 갖는 2차원적 행렬구조를 가지고 있다. 각 열은 첫 줄에 그 열의 이름을 부여(물론 생략할 수 있다)하고, 그 이름 아래 측정된 자료를 갖는 벡터 형식을 갖는다. 열벡터의 요소인 "자료$_{ji}$"는 스칼라로서 숫자(R에서 복소수도 가능하지만 통계처리 과정에서 사용할 기회는 없다) 또는 문자(명목형, 순위형, 논리형, 인자형 등등) 및 NA(Not Available; 또는 빈칸)들로 이루어져 있다. 자료들은 통계처리 또는 전산처리를 위한 자료로 사용하기 위해서는 몇 가지 전제되어 있는 규칙들에 따라 구성되어 있어야 한다. 더 복잡한 자료이거나 자료 표현의 적절성을 위하여 2차원이 아닌 3차원 또는 그 이상의 차원 행렬(즉, 이를 배열이라 한다)의 형식으로 할 수도 있다. 물론, 배열의 자료구조를 2차원 행렬로 변환하여 사용할 수도 있다. 이와 같은 자료구조를 데이터 프레임(data frame)이라고 한다. 데이터 프레임은 벡터들의 결합체이므로 결국 자료구조의 기본은 벡터로 볼 수 있다. 데이터 프레임보다 조금 더 복잡한 구조인 리스트도 자료의 유형으로 사용된다.

표 4-1 일반적인 자료구조

변수명(1)	변수명(2)	…	변수명(j)	…	변수명(m)
자료$_{11}$	자료$_{21}$	…	자료$_{j1}$	…	자료$_{m1}$
자료$_{12}$	자료$_{22}$	…	자료$_{j2}$	…	자료$_{m2}$
⋮	⋮	⋮	⋮	⋮	⋮
자료$_{1i}$	자료$_{2i}$	…	자료$_{ji}$	…	자료$_{mi}$
⋮	⋮	⋮	⋮	⋮	⋮
자료$_{1n}$	자료$_{2n}$	…	자료$_{jn}$	…	자료$_{mn}$

4.1 변수이름

자료들의 집합체인 벡터, 행렬, 배열, 데이터 프레임, 리스트 등과 스칼라(길이가 1인 벡터로 간주할 수 있다)에 이름을 부여할 수 있다. 물론 이름 없이 자료를 구성할 수도 있으나 이름이 부여되면 자료를 사용할 때마다 매번 자료를 언급할 필요 없이 변수이름만으로 자료 전체 또는 일부를 관리하는 데 편리한 면이 있다. 변수이름에는 아주 간단한 제약 또는 규칙이 있다. 알파벳, 숫자, "_"와 "."로 구성되며, 변수이름의 첫 번째 자리에는 문자 또는 "."으로 시작하여야 한다. 만일 "."으로 시작하였다면 "." 뒤에는 바로 숫자가 올 수 없다. 당연히 숫자만으로 변수이름으로 할 수 없다. 그 밖의 특수문자들은 사용처가 따로 있기 때문에 사용하게 되면 오류로 판단한다.

4.2 자료의 구성

4.2.1 벡터, 행렬 및 배열

일반적 정의에 따른 벡터, 행렬 및 배열은 그 구성체의 속성이 일치하여야 한다. 특히 수리적 연산을 위해서는 요소들 전체가 숫자로 구성되어 있어야 가능하다. 그러나 표현이 반드시 숫자로 되어 있어야 하는 것은 아니다. 스칼라 숫자의 값을 문자로 대치하여 저장시킨 후 사용할 수도 있다.

4.2.1.1 스칼라

R은 숫자 스칼라에 대하여 일반적인 사칙연산이 가능하다.

```
> a <- 3                  # 정수 3을 a에 저장
> b <- 7.5                # 소수 7.5를 b에 저장
> c <- sqrt(2)            # √2 의 값인 1.414214를 c에 저장
> d <- 3 + 4i             # 복소수 3+4i를 d에 저장
> a+b                     # 두 상수 a와 b의 "+" 연산 결과를 화면에 출력
[1] 10.5
> print(b*c)              # 7.5× √2 의 계산 결과를 출력
[1] 10.6066
> print(b/a)              # 두 상수 b/a이 결과를 출력
[1] 2.5
> Conj_z = Conj(z)        # 복소수의 켤레복소수[ 명령어: Conj() ]
> Conj_z                  # 결과 출력
[1] 3-4i
> z*Conj(z)               # zz̄=|z|^2
[1] 25+0i
```

문자열도 숫자와 같이 이름을 부여하여 사용할 수 있으며 숫자와 구별하여 따옴표 ' ' 또는 " "를 사용한다.

> a <- '자료처리' > a [1] "자료처리"	> a <- "자료처리" > a [1] "자료처리"

진리값의 사용은 문자이지만 따옴표를 사용하지 않는다. 인자의 값은 TRUE, FALSE 또는 T, F 중 어떠한 것을 사용해도 된다.

〉a 〈- TRUE 〉a [1] TRUE 〉b 〈- FALSE 〉b [1] FALSE	〉a & b [1] FALSE 〉a | b [1] TRUE 〉!a [1] FALSE	〉a 〈- T 〉a [1] TRUE 〉b 〈- F 〉b [1] FALSE	〉a & b [1] FALSE 〉a | b [1] TRUE 〉!a [1] FALSE

4.2.1.2 벡터의 생성

벡터의 요소는 숫자 또는 문자가 혼용될 수 없다. 숫자열 또는 문자열들로만 구성되어 있어야 하며, 만일 혼용되어 입력되면 한 가지 유형으로 자동 변환된다.

a) 숫자열 벡터 생성 및 연산

아래의 예와 같이 일반적으로 입력하여 벡터를 생성하는 방법은 함수 "c()" 또는 함수 "scan()"을 사용한다.

〉x = c(1,2,3,4,5) 〉x [1] 1 2 3 4 5	〉x = scan() 1: 1 2 3 4 5 6: Read 5 items	〉x [1] 1 2 3 4 5

만일 처음 시작 숫자부터 마지막 숫자까지의 연속적인 숫자의 열을 생성하고자 할 때는 "첫째 수 : 마지막 수"의 형식을 사용하고, 규칙성을 갖는 숫자의 열을 생성하고자 할 때는 함수 "sequence()", "**seq(첫째 수, 마지막 수, 증감 수)**" 또는 함수 "rep()"를 사용한다. 함수 "sequence()"의 인자는 숫자열의 벡터이며, 1부터 인자형 벡터의 요소값만큼 반복수를 생성한다. 반면 함수 "seq()"는 시작과 끝의 범위를 지정하고 규칙적인 증가 또는 감소하는 수들의 열을 생성할 수 있다. 증감수가 양수이면 첫째 수가 마지막 수보다 커야 하며, 증감수가 음수인 경우는 그 반대가 되어야 한다. 아래의 수들은 실수의 값이 모두 가능하다. 즉, 정수값들의 나열뿐 아니라 실수들의 나열도 생성할 수 있다.

```
> x <- 3:10
> x
[1]  3  4  5  6  7  8  9 10
> x <- sequence(c(2, 3, 2))
> x
[1] 1 2 1 2 3 1 2
```

```
> x <- seq(3, 20, 3)
> x
[1]  3  6  9 12 15 18
> x <- seq(20, 3, -3)
> x
[1] 20 17 14 11  8  5
```

Note

① "3:10"은 3부터 10까지 1씩 증가하는 수들의 열을 생성한다.
② 함수 **"sequence(c(2, 3, 2))"**는 세 가지의 연속수를 생성하는 것으로 1부터 2까지, 1부터 3까지 및 1부터 2까지의 7개의 숫자열을 생성한다.
③ 함수 **"seq(3, 20, 3)"**은 3부터 시작하여 3씩 증가하는 수들 중 20 이하인 숫자들의 나열을 생성한다.
④ 함수 **"seq(20, 3, −3)"**은 증감수가 −3으로 음수인 경우로서 20부터 시작하여 3씩 감소하는 수들 중 −3 이상인 숫자열을 생성한다.

그 밖에 함수 "seq_along()", "seq_len()" 등 다양한 방법들이 있다.

```
> seq_along(1:5)
[1] 1 2 3 4 5
```

```
> seq_len(5)
[1] 1 2 3 4 5
```

함수 "rep()"는 반복적인 수들의 열을 생성하기에 편리하다.

```
> rep(1:4, 2)                    # 1에서 4까지 2번 반복 생성
[1] 1 2 3 4 1 2 3 4
> rep(1:4, each = 2)             # 1에서 4까지 각 수를 2번 먼저 반복 후 증가
[1] 1 1 2 2 3 3 4 4
```

```
> rep(1:4, c(2,2,2,2))           # 1에서 4까지 반복수를 결정, 위의 예와 같다
[1] 1 1 2 2 3 3 4 4
> rep(1:4, c(2,1,2,1))           # 1에서 4까지 반복수를 2번, 1번, 2번 및 1번
[1] 1 1 2 3 3 4
> rep(1:4, each = 2, len = 4)    # 반복수 중 처음부터 4개만 생성
[1] 1 1 2 2
> rep(1:4, each = 2, len = 10)   # 약속된 8개 외에 2개 추가(총길이 = 10)
[1] 1 1 2 2 3 3 4 4 1 1
> rep(1:4, each = 2, times = 3)  # 8개의 반복수를 3회(총길이 = 24)
[1] 1 1 2 2 3 3 4 4 1 1 2 2 3 3 4 4 1 1 2 2 3 3 4 4
> rep(1, 40*(1-.8))              # 식의 값 8보다 작은 수만큼 반복
[1] 1 1 1 1 1 1 1
```

```
> rep(1, 40*(1-.8)+1e-7)          # 보다 안정적인 방법
[1] 1 1 1 1 1 1 1 1
> rep(1, 8)                       # 상수 8을 사용하면 1을 8번 이하 반복 생성
[1] 1 1 1 1 1 1 1 1
```

숫자열의 벡터는 일반적인 벡터연산을 할 수 있다.

```
> x = c(1,2,3,4,5);  y = c(6,7,8,9,10)
> x+y                             # 벡터 요소별 합
[1]  7  9 11 13 15
> x-y                             # 벡터 요소별 차
[1] -5 -5 -5 -5 -5
> x*y                             # 벡터 요소별 곱
[1]  6 14 24 36 50
> x/y                             # 벡터 요소별 나눗셈
[1] 0.1666667 0.2857143 0.3750000 0.4444444 0.5000000
> 3*x                             # 벡터 요소 전체에 상수배
[1]  3  6  9 12 15
> x%*%y                           # 벡터의 내적
     [,1]
[1,]  130
```

R에 내장된 벡터들의 연산 함수들을 이용하여 원하는 값을 계산할 수도 있다.

```
> sum(x)                          # 벡터 x의 요소 전체의 합
[1] 15
> sum(x,y)                        # 두 벡터 x, y의 요소 전체의 합
[1] 55
> cumsum(x)                       # 벡터 x의 요소별 누적합
[1]  1  3  6 10 15
> prod(x)                         # 벡터 x의 요소 전체의 곱
[1] 120
> prod(x,y)                       # 두 벡터 x, y의 요소 전체의 곱
[1] 3628800
> cumprod(x)                      # 벡터 x의 요소별 누적곱
[1]   1   2   6  24 120
```

b) 문자열 벡터 생성

문자열 벡터는 " " 또는 ' '로 묶어서 한 요소임을 나타낸다. 그 문자열의 길이에는 제한이 없다.

```
> x <- c( "a", "b", "c")
> x
[1] "a" "b" "c"
```

```
> x <- c( 'a', 'b', 'c')
> x
[1] "a" "b" "c"
```

문자와 숫자가 혼용되어 있으면 다음과 같이 숫자형이 문자형으로 자동 변환되어 문자열의 벡터가 된다.

```
> x <- c( "a", "b", "c", 1, 2)
> x
[1] "a" "b" "c" "1" "2"
```

c) 인자형 벡터 생성

함수 "**factor()**"를 이용하여 생성된 인자형 벡터는 기본적으로 명목형 변수이다. 인자의 가지 수인 수준(level)의 수, 즉 범주의 수를 알고 싶을 때는 함수 "**nlevels()**"를 사용하고, 수준의 종류인 범주 목록을 알고 싶을 때는 함수 "**levels()**"를 사용한다.

```
> Blood <- factor( c( "A", "B", "AB", "O"))
> Blood
[1] A  B  AB O
Levels: A AB B O
> nlevels(Blood)              # 범주 수
[1] 4
> levels(Blood)               # 범주 목록
[1] "A"  "AB" "B"  "O"
```

만일 순위형 변수로서 인자형 벡터가 필요할 때는 함수 "**ordered()**" 또는 함수 "**factor(, , ordered = TRUE)**"에서 인자를 조정하여 생성한다. 위의 명목형 인자의 벡터에서의 "Levels: A AB B O"이었지만, 순위형에서는 "Levels: A < AB < B < O"로서 순위가 의미 있음을 표현해 주고 있다.

```
> Blood <- ordered(c( "A", "B", "AB", "O"))
> Blood
[1] A  B  AB O
Levels: A < AB < B < O
> Blood <- factor( c( "A", "B", "AB", "O"), ordered = TRUE)
> Blood
[1] A  B  AB O
Levels: A < AB < B < O
```

함수 "gl()"는 규칙성 있는 반복적인 인자형 벡터를 생성한다.

〉 x 〈- gl(2, 1, 10) 〉 x [1] 1 2 1 2 1 2 1 2 1 2 Levels: 1 2	〉 x 〈- gl(2, 2, 10) 〉 x [1] 1 1 2 2 1 1 2 2 1 1 Levels: 1 2

4.2.1.3 벡터의 활용

생성된 벡터는 벡터 그 자체만이 아닌 각각의 요소들도 이름을 부여할 수 있다. 이때 함수 "names()"를 사용한다. 벡터는 [ ] 안에 인덱스를 활용하여 벡터의 일부를 사용할 수 있다. 이때 인덱스가 음수인 경우는 그 해당 값을 제외한 나머지의 값으로 이루어진 벡터를 생성하여 준다.

아래의 예에서 "Num"에 "NA"를 고의적으로 입력하였다. 이는 결측치를 의미하는 Not Available의 예약어이다. 혈액형 "AB"형의 관측값이 없는 경우를 가정한 것이다. [ ]에 인덱스, 즉 숫자를 사용하는 것이 일반적이다. 그러나 "문자"의 사용도 가능하다. 이때 음수는 사용 가능하지만, -"문자"는 사용할 수 없다.

〉 Num 〈- c(2,3,NA,5) 〉 names(Num) 〈- c("A","B","AB","O") 〉 Num A B AB O 2 3 NA 5 〉 Num[3] AB NA	〉 Num["AB"] AB NA 〉 Num[c("A","AB")] A AB 2 NA 〉 names(Num)[2] [1] "B" 〉 names(Num)[-2] [1] "A" "AB" "O"

생성된 벡터의 길이를 파악하고자 할 때, 함수 "length()" 또는 함수 "NROW()"을 이용한다. 여기서 주의할 것은 R에서 예약어는 기본적으로 소문자를 사용하는 것이 일반적인데, 벡터의 길이를 구하는 함수는 특이하게 대문자를 사용하고 있다. 이미 소문자로 이루어진 함수 "nrow()"는 행렬에서 행의 수를 구하는 함수로 사용되고 있다.

〉 length(Num) [1] 4	〉 NROW(Num) [1] 4

다음 벡터 x는 3개의 요소를 가지고 있으며, 그 값은 문자열인 -.1, 2.7 그리고 B이다. 문자형을 숫자형으로 또는 그 반대로 요소의 형식을 변환하는 함수 "as.numeric()"과 함수 "as.character()"가 있다. -.1과 2.7은 숫자로 변환되었지만, B는 문자로서 숫자로 변환될 수 없기에 이때 숫자로 변환된 벡터의 3번째 요소는 "NA"로 표현되는 것이다. 인자형으로의 변환을 위한 함수 "as.factor()"도 있다.

```
> x <- c("-.1", "2.7","B")
> Num_x <- as.numeric(x)
경고메시지(들):
강제형변환에 의해 생성된 NA 입니다
> Num_x
[1] -0.1  2.7   NA
> f <- factor(1:5)
> Num_f <- as.numeric(as.character(f))
```

```
> Num_f
[1] 1 2 3 4 5
> as.numeric(levels(f))
[1] 1 2 3 4 5
> as.numeric(levels(f))[f]
[1] 1 2 3 4 5
> as.numeric(levels(f))[3]
[1] 3
```

벡터를 집합으로 간주하여 집합에 대한 연산(합집합, 교집합, 차집합 및 비교 등)을 시행할 수 있다.

```
> union(c( "A", "B", "AB"), c( "A", "O"))          # 합집합
[1] "A"  "B"  "AB" "O"
> intersect( c( "A", "B", "AB"), c( "A", "O"))     # 교집합
[1] "A"
> setdiff(c( "A", "B", "AB"), c( "A", "O"))        # 차집합
[1] "B"  "AB"
> setequal(c( "A", "B", "AB"), c( "A", "O"))       # 두 집합의 동일성 체크
[1] FALSE
> setequal(c( "A", "O", "O"), c( "A", "O"))        # 두 집합의 동일성 체크
[1] TRUE
```

4.2.1.4 행렬과 연산

벡터와 같이 행렬도 한 가지 유형의 스칼라로 이루어져야 한다. 함수 "matrix()"를 이용하여 생성할 수 있다. 1부터 12까지의 12개의 요소를 갖는 3×4(옵션 nrow=3를 사용)와 4×3(옵션 nrow=4를 사용)의 행렬을 다음과 같이 생성할 수 있다.

```
> A = matrix(c(1:12), nrow = 3)
> A
     [,1] [,2] [,3] [,4]
[1,]    1    4    7   10
[2,]    2    5    8   11
[3,]    3    6    9   12
```

```
> A = matrix(c(1:12), nrow = 4)
> A
     [,1] [,2] [,3]
[1,]    1    5    9
[2,]    2    6   10
[3,]    3    7   11
[4,]    4    8   12
```

일반적 규칙은 수의 나열을 정해진 행의 수나 열의 수에 맞추어 좌측열부터 차례대로 생성한다. 열이 아닌 위의 행부터 채우고자 할 때는 옵션 byrow = T를 사용하면 된다.

```
> A = matrix(c(1:12), nrow = 3, byrow = T)
> A
     [,1] [,2] [,3] [,4]
[1,]    1    2    3    4
[2,]    5    6    7    8
[3,]    9   10   11   12
```

벡터에서와 같이 [ ]에 인덱스를 이용하여 행렬의 일부를 사용할 수 있다.

```
> A[1,1]
[1] 1
> A[1:2, 2]
[1] 2 6
> A[-1,-2]
     [,1] [,2] [,3]
[1,]    5    7    8
[2,]    9   11   12
```

```
> A[-1, ]
     [,1] [,2] [,3] [,4]
[1,]    5    6    7    8
[2,]    9   10   11   12
> A[ , -c(1,2)]
     [,1] [,2]
[1,]    3    4
[2,]    7    8
[3,]   11   12
```

숫자형으로 이루어진 행렬은 연산이 가능하다. "+", "−", "*" 및 "/"은 모두 행렬의 요소별로 계산한다. 두 행렬의 연산은 기본적으로 두 행렬의 크기가 같아야 한다.

```
> A <- matrix(c(1:12), nrow = 3);     B <- matrix(c(-1:-12), nrow = 3)
```

```
> A
     [,1] [,2] [,3] [,4]
[1,]    1    4    7   10
[2,]    2    5    8   11
[3,]    3    6    9   12
```

```
> B
     [,1] [,2] [,3] [,4]
[1,]   -1   -4   -7  -10
[2,]   -2   -5   -8  -11
[3,]   -3   -6   -9  -12
```

```
> A+B
     [,1] [,2] [,3] [,4]
[1,]    0    0    0    0
[2,]    0    0    0    0
[3,]    0    0    0    0
```

```
> A-B
     [,1] [,2] [,3] [,4]
[1,]    2    8   14   20
[2,]    4   10   16   22
[3,]    6   12   18   24
```

```
> 2*A
     [,1] [,2] [,3] [,4]
[1,]    2    8   14   20
[2,]    4   10   16   22
[3,]    6   12   18   24
```

```
> A*B
     [,1] [,2] [,3] [,4]
[1,]   -1  -16  -49 -100
[2,]   -4  -25  -64 -121
[3,]   -9  -36  -81 -144
```

일반적인 행렬의 곱은 앞의 행렬의 열의 수와 뒤의 행렬의 행의 수가 같을 때 계산이 가능하다. 이것이 일치되지 않으면 다음과 같이 오류문장을 보여 준다. 행렬의 행과 열을 바꾼 전치 행렬은 함수 "t()"를 이용한다. 행렬 곱의 연산 기호는 "%*%"를 사용한다.

```
> A%*%B
Error in A %*% B : 적합한 인자들이 아닙니다
> Bt <- t(B)
```

```
> A%*%Bt
     [,1] [,2] [,3]
[1,] -166 -188 -210
[2,] -188 -214 -240
[3,] -210 -240 -270
```

행렬의 행의 수, 열의 수 및 행과 열의 수를 알고 싶을 때 함수들 "nrow()", "ncol()" 및 "dim()"을 사용한다.

```
> ncol(A)
[1] 4
> nrow(A)
[1] 3
> dim(A)
[1] 3 4
```

```
> ncol(B)
[1] 4
> nrow(B)
[1] 3
> dim(B)
[1] 3 4
```

```
> ncol(Bt)
[1] 3
> nrow(Bt)
[1] 4
> dim(Bt)
[1] 4 3
```

정방행렬은 특별한 경우에 역행렬을 갖는다. 이때 역행렬은 함수 "solve()"를 이용하여 구할 수 있다. 행렬 A와 역행렬의 곱이 단위행렬임을 확인할 수 있다.

``
> A <- matrix(c(1:4), nrow = 2)
> A
     [,1] [,2]
[1,]   1   3
[2,]   2   4
``
	``
	> solve(A)
	     [,1] [,2]
	[1,] -2 1.5
	[2,] 1 -0.5
	
	> A%*%solve(A)
	     [,1] [,2]
	[1,] 1 0
	[2,] 0 1
	``

4.2.1.5 배열

배열(array)은 $n(n \geqq 2)$차원 행렬을 의미한다. 즉, $n = 2$이면 바로 배열은 행렬이 된다. 예를 들어 2×3행렬은 함수 "matrix()"뿐 아니라 함수 "array()"로도 표현이 가능하다.

```
> A <- matrix(c(1:6), nrow = 2)
> A
     [,1] [,2] [,3]
[1,]    1    3    5
[2,]    2    4    6
```

```
> A <- array(1:6, dim = c(2,3))
> A
     [,1] [,2] [,3]
[1,]    1    3    5
[2,]    2    4    6
```

배열의 생성과 사용은 행렬의 사용과 유사하게 [ ]에 인덱스를 활용하여 일부 또는 제외 부분을 생성할 수 있다.

```
> A <- array( c(1:24),
+ dim = c(4,3,2))
> A
, , 1

     [,1] [,2] [,3]
[1,]    1    5    9
[2,]    2    6   10
[3,]    3    7   11
[4,]    4    8   12

, , 2

     [,1] [,2] [,3]
[1,]   13   17   21
[2,]   14   18   22
[3,]   15   19   23
[4,]   16   20   24

> A[1,1,1]
[1] 1
```

```
> A[ , ,1]
     [,1] [,2] [,3]
[1,]    1    5    9
[2,]    2    6   10
[3,]    3    7   11
[4,]    4    8   12
> A[ , c(1:2), 1]
     [,1] [,2]
[1,]    1    5
[2,]    2    6
[3,]    3    7
[4,]    4    8
> A[ ,1,1]
[1] 1 2 3 4
> dim(A)
[1] 4 3 2
```

4.2.1.6 데이터 프레임(data frame)

행렬과 같은 2차원적 구조를 가지고 있으나, 각 열들의 요소가 같은 유형일 필요가 없는 것이 행렬과 구별되는 것이다. 즉, 첫째 열은 문자열의 벡터, 둘째 열은 숫자형 벡터 등으로 혼용될 수 있다. 즉, 데이터 프레임은 숫자열(이산형 및 연속형 등 다양한 유형 가능), 문자열, 인자열 및 논리열 등의 벡터들로 구성되어 있을 수 있다. 데이터 프레임은 통계처리를 위한 자연스러운 자료의 구조이다. 함수 "data.frame()"을 사용하여 자료를 생성할 수 있다.

```
> Df <- data.frame( Name = c("김", "이", "박"), Sex = c("F", "M", "F"),
+                   Region = c("A", "B", "C"), Score1 = c(1,2,3),
+                   Score2 = c(2,3,1) )
> Df
  Name Sex Region Score1 Score2
1   김   F      A      1      2
2   이   M      B      2      3
3   박   F      C      3      1
```

Df에 새로운 변수명 Score3을 가진 자료 2,2,2를 추가한다.

```
> Df$Score3 = c(2,2,2)
> Df
  Name Sex Region Score1 Score2 Score3
1   김   F      A      1      2      2
2   이   M      B      2      3      2
3   박   F      C      3      1      2
```

자료 중 일부만을 사용하기 위한 여러 가지 방법들이 있다. 한 열만, 한 행만 또는 일부 행과 열들만을 나타내거나 인덱스 앞에 "-"를 삽입하여 그 부분을 제외한 자료들만 사용할 수 있다.

```
> Df[1]
  Name
1   김
2   이
3   박
> Df[1, ]
  Name Sex Region Score1 Score2 Score3
1   김   F      A      1      2      2
> Df[ ,1]
[1] 김 이 박
Levels: 김 박 이
```

```
> Df$Name
[1] 김 이 박
Levels: 김 박 이
> Df[1, c(2,3)]
  Sex Region
1   F      A
> Df[-1, -c(2,3)]
  Name Score1 Score2 Score3
2   이      2      3      2
3   박      3      1      2
```

자료 중 일부를 보기 위한 함수 "head()"는 자료의 첫째 행부터 일부를 나타내는 방법이고, 함수 "tail()"은 자료의 마지막 행을 포함한 일부를 보기 위한 방법이다.

```
> head(Df)
> head(Df$Name)
> head(Df, 2L)
> head(Df, -1L)
```

```
> tail(Df)
> tail(Df$Name)
> tail(Df, 2L)
> tail(Df, -1L)
```

함수 "str()"은 인자인 Df의 변수들과 저장된 자료의 유형을 볼 수 있다. 현재 Df는 6개의 변수와 각각 3개의 관찰치가 있는 데이터 프레임이다. 6개의 변수는 각각 Name, Sex, Region, Score1, Score2, Score3이고, Name, Sex, Region은 인자형이고, Score1, Score2, Score3는 숫자형 자료로 구성되어 있음을 보여 주고 있다.

```
> str(Df)
'data.frame':	3 obs. of  6 variables:
 $ Name  : Factor w/ 3 levels "김","박","이": 1 3 2
 $ Sex   : Factor w/ 2 levels "F","M": 1 2 1
 $ Region: Factor w/ 3 levels "A","B","C": 1 2 3
 $ Score1: num  1 2 3
 $ Score2: num  2 3 1
 $ Score3: num  2 2 2
```

함수 "class()"로 자료의 유형을 확인할 수 있다. 자료 전체 또는 일부 변수들의 유형을 모두 확인할 수 있다.

```
> class(Df)
[1] "data.frame"
> class(Df$Name)
[1] "factor"
> class(Df$Sex)
[1] "factor"
> class(Df$Region)
[1] "factor"
```

```
> class(Df$Score1)
[1] "numeric"
> Df[, c(4,5,6)]
  Score1 Score2 Score3
1      1      2      2
2      2      3      2
3      3      1      2
> class(Df[, c(4,5,6)])
[1] "data.frame"
```

함수 "is.***()"를 이용하여 자료에 대한 판단 여부를 확인할 수도 있다.

```
> is.data.frame(Df)
[1] TRUE
> is(Df)
[1] "data.frame" "list"
[3] "oldClass"   "vector"
> is.character(Df$Sex)
[1] FALSE
> is(Df$Sex)
[1] "factor"
[2] "integer"
[3] "oldClass"
[4] "numeric"
[5] "vector"
[6] "data.frameRowLabels"
```

```
> is.factor(Df$Sex)
[1] TRUE
> is.integer(Df$Sex)
[1] FALSE
> is.vector(Df$Sex)
[1] FALSE
> is.numeric(Df$Score1)
[1] TRUE
> is(Df$Score1)
[1] "numeric" "vector"
> is.vector(Df$Score1)
[1] TRUE
```

함수 "as.***()"를 이용하면 자료의 유형을 변경하여 사용할 수도 있다.

```
> is.factor(Df$Name)
[1] TRUE
> Name.a <- as.character(Df$Name)
> is.character(Name.a)
[1] TRUE
> is.factor(Df$Name)
[1] TRUE
> is.character(Df$Name)
[1] FALSE
```

```
> is(Name.a)
[1] "character"
[2] "vector"
[3] "data.frameRowLabels"
[4] "SuperClassMethod"
> Score1.a <- as.factor(Df$Score1)
> is.factor(Score1.a)
[1] TRUE
```

4.2.1.7 리스트(list)

리스트(list)라는 것은 컴포넌트(components)라고 불리는 일정한 순서로 정렬된 여러 객체들의 집합이다. 각각의 컴포넌트는 반드시 같은 유형일 필요는 없다. 예를 들어, 하나의 리스트는 수치형 벡터, 논리형 벡터, 행렬, 복소수 벡터, 문자형 벡터, 함수 이외의 어떤 형태라도 컴포넌트로 포함할 수 있다.

〉List 〈- list(Name = "철수", + Wife = "영희", + No.children = 4, + Ages.child = c(2,4,7,9))	〉List $Name [1] "철수" $Wife [1] "영희" $No.children [1] 4 $Ages.child [1] 2 4 7 9

리스트도 인덱스를 이용하여 리스트의 일부 또는 일부를 제외한 나머지를 생성할 수 있다. 그러나 인덱스를 사용하는 기호가 "[ ]"가 아닌 "[[ ]]"를 사용함에 주의하여야 한다. 리스트의 컴포넌트가 벡터이면 인덱스 기호 "[[ ]][ ]"를 사용하여 일부를 생성할 수 있다.

〉List[[1]] [1] "철수" 〉List[[2]] [1] "영희"	〉List[[3]] [1] 4 〉List[[4]] [1] 2 4 7 9	〉List[[4]][1] [1] 2 〉List[[4]][-1] [1] 4 7 9

함수 "length()"를 사용하면 최상위(top level) 컴포넌트의 개수를 구할 수 있다. 리스트의 컴포넌트의 개수도 이름 또는 "[[ ]]"에 인덱스를 사용하여 구할 수 있다.

〉length(List) [1] 4	〉length(List[[4]]) [1] 4 〉length(List$Ages.child) [1] 4

리스트에 포함된 컴포넌트는 이름으로 불러낼 수도 있다.

〉List$Name [1] "철수" 〉List$Wife [1] "영희"	〉List$No.children [1] 4 〉List$Ages.child [1] 2 4 7 9

List$Name과 List[[1]]와 동일하다. 또한, 리스트의 컴포넌트 이름을 이중대괄호 안에 사용하는 것도 가능하며, 따라서 List[["Name"]]과 List$Name도 같다. 리스트

를 사용하는 데 있어 List[[1]]과 List[1]을 구분하는 것은 매우 중요하다. "[[ ]]"은 리스트 안의 한 개의 컴포넌트를 선택하기 위하여 사용하는 연산자인 반면, "[ ]"은 일반적인 첨자로 사용되는 연산자이다. 따라서 전자는 리스트의 첫 번째 컴포넌트를 나타내므로, 만약 그 컴포넌트에 이름이 있어도 이름과 상관없이 해당 컴포넌트만 생성하지만 후자는 리스트의 첫 번째 구성요소만을 갖는 서브리스트(sublist)이므로, 이 구성요소에 이름이 있다면, 이름과 해당 서브리스트를 함께 생성한다.

```
> List[[1]]
[1] "철수"
> List[1]
$Name
[1] "철수"
```

```
> List[[4]]
[1] 2 4 7 9
> List[4]
$Ages.child
[1] 2 4 7 9
```

이미 만들어 놓은 여러 개의 객체를 함수 "list()"를 사용하여 새로운 리스트로 생성할 수 있고, 여러 개의 리스트를 함수 "c()"를 이용하여 하나로 묶어 새로운 리스트를 생성할 수 있다.

```
> List.A = list(A = c(1,2))
> List.B = list(B = c(1,2,3))
> List.C = list(C = c(1,2,3,4))
> List.Tot = c(List.A, List.B, List.C)
> List.Tot
```

```
$A
[1] 1 2

$B
[1] 1 2 3

$C
[1] 1 2 3 4
```

```
> List.Tot <- list(
+     List.A = list(A = c(1,2)),
+     List.B = list(B = c(1,2,3)),
+     List.C = list(C = c(1,2,3,4)))
```

```
> List.Tot
$List.A
$List.A$A
[1] 1 2


$List.B
$List.B$B
[1] 1 2 3


$List.C
$List.C$C
[1] 1 2 3 4
```

4.3 자료 읽기와 정비

4.3.1 자료 불러오기

자료의 양이 많은 경우 자료를 일일이 직접 입력하여 자료를 생성하는 것은 한계가 있다. 이미 자료가 파일로 존재하는 경우라면 R 시스템 안으로 끌어들이는 방법이 필요한 것이다.

4.3.1.1 R 시스템 내부자료 읽기

첫 번째로 이미 R 시스템에 저장되어 있는 여러 유형의 자료들을 사용하는 방법을 소개한다. 명령어 "**data()**"를 사용하면 기본적으로 패키지 "datasets"에서 사용할 수 있는 자료의 목록을 보여 준다.

```
> data()
```

```
R data sets

Data sets in package 'datasets':

AirPassengers              Monthly Airline Passenger Numbers 1949-1960
BJsales                    Sales Data with Leading Indicator
BJsales.lead (BJsales)     Sales Data with Leading Indicator
BOD                        Biochemical Oxygen Demand
CO2                        Carbon Dioxide Uptake in Grass Plants
```

시스템에 설치된 모든 가능한 자료의 목록을 보고자 할 때는 다음과 같은 명령어를 사용하면 된다. 이때는 사용자가 설치한 패키지에 따라 사용자마다 다르게 나타난다.

```
> data(package = .packages(all.available = TRUE))
```

```
R data sets

Data sets in package 'UsingR':

BushApproval               U.S. President George Bush approval ratings
HUMMER                     Deliveries of new HUMMER vehicles
KSI                        Data set on automobile deaths and injuries in Great
                           Britain
MLBattend                  Major league baseball attendance data
Medicare                   Sample from "Medicare Provider Charge Data"
```

패키지 "datasets"에 있는 자료 "mtcars"를 사용하여 시행하기로 한다. 자료 전체를 모두 보고 싶을 때는 자료명 "**mtcars**"를 입력하면 된다.

```
> mtcars
                   mpg cyl  disp  hp drat    wt  qsec vs am gear carb
Mazda RX4         21.0   6 160.0 110 3.90 2.620 16.46  0  1    4    4
Mazda RX4 Wag     21.0   6 160.0 110 3.90 2.875 17.02  0  1    4    4
Datsun 710        22.8   4 108.0  93 3.85 2.320 18.61  1  1    4    1
Hornet 4 Drive    21.4   6 258.0 110 3.08 3.215 19.44  1  0    3    1
Hornet Sportabout 18.7   8 360.0 175 3.15 3.440 17.02  0  0    3    2
Valiant           18.1   6 225.0 105 2.76 3.460 20.22  1  0    3    1
```

함수 "head()"를 사용하면 자료의 상위 일부만 나타낼 수 있다. 옵션을 "5L"로 하면 5째 줄까지만 나타난다.

```
> head(mtcars, 5L)
                   mpg cyl disp  hp drat    wt  qsec vs am gear carb
Mazda RX4         21.0   6  160 110 3.90 2.620 16.46  0  1    4    4
Mazda RX4 Wag     21.0   6  160 110 3.90 2.875 17.02  0  1    4    4
Datsun 710        22.8   4  108  93 3.85 2.320 18.61  1  1    4    1
Hornet 4 Drive    21.4   6  258 110 3.08 3.215 19.44  1  0    3    1
Hornet Sportabout 18.7   8  360 175 3.15 3.440 17.02  0  0    3    2
```

"?mtcars"를 입력하면 해당 자료 "mtcars"에 대한 자세한 설명을 볼 수 있다.

```
> ?mtcars
```

자료 "mtcars"는 11개의 변수와 32개의 관측치들로 구성되어 있으며, 각 변수의 이름에 대한 설명은 다음과 같다.

표 4-2 자료 "mtcars"의 변수들

순번	변수명	설명	
1	mpg	Miles/(US) gallon	1갤런당 주행거리
2	cyl	Number of cylinders	실린더 수
3	disp	Displacement (cu.in.)	배기량
4	hp	Gross horsepower	마력
5	drat	Rear axle ratio	후방축 비율
6	wt	Weight (1000 lbs)	무게
7	qsec	1/4 mile time	1/4마일 도달 시간
8	vs	V/S	
9	am	Transmission(0 = automatic, 1 = manual)	자동/수동 여부

순번	변수명	설명	
10	gear	Number of forward gears	전진 기어 수
11	carb	Number of carburetors	기화기 수

다음은 함수 "str()"를 이용하여 자료 및 변수들의 유형을 살펴본 것이다.

```
> str(mtcars)
'data.frame':   32 obs. of  11 variables:
 $ mpg : num  21 21 22.8 21.4 18.7 18.1 14.3 24.4 22.8 19.2 ...
 $ cyl : num  6 6 4 6 8 6 8 4 4 6 ...
 $ disp: num  160 160 108 258 360 ...
 $ hp  : num  110 110 93 110 175 105 245 62 95 123 ...
 $ drat: num  3.9 3.9 3.85 3.08 3.15 2.76 3.21 3.69 3.92 3.92 ...
 $ wt  : num  2.62 2.88 2.32 3.21 3.44 ...
 $ qsec: num  16.5 17 18.6 19.4 17 ...
 $ vs  : num  0 0 1 1 0 1 0 1 1 1 ...
 $ am  : num  1 1 1 0 0 0 0 0 0 0 ...
 $ gear: num  4 4 4 3 3 3 3 4 4 4 ...
 $ carb: num  4 4 1 1 2 1 4 2 2 4 ...
```

4.3.1.2 자료 외부로 저장하기

R에서 사용 중인 자료를 사용자가 원하는 위치에 저장할 수 있다. SAS, SPSS 등 다양한 형식으로의 저장이 가능하다. 그러나 "csv" 형식은 모든 통계패키지들의 입출력에서 사용 가능하므로 "csv" 형식으로 저장하기로 한다. 함수 "**write.csv()**"를 사용하며, 옵션의 기본으로는 변수명(header)과 행의 이름을 저장하게 되어 있다.

```
> write.csv(mtcars, file = "mtcars_test.csv")
```

그림 4-1은 사용자가 지정한 위치에 저장된 파일 "mtcars_test.csv"의 자료 일부이다. "A" 열에 행의 이름이었던 자동차 모델 이름이 입력된 것을 볼 수 있다. 또한 변수명에 해당하는 header인 "mpg", "cyl" 등이 첫 번째 행에 기록된 것을 볼 수 있다. 셀 "A1"은 행의 이름(row.names)이었으므로 변수명(header)이 빈칸으로 나타난다.

	A	B	C	D	E	F	G	H	I	J	K	L
1		mpg	cyl	disp	hp	drat	wt	qsec	vs	am	gear	carb
2	Mazda RX4	21	6	160	110	3.9	2.62	16.46	0	1	4	4
3	Mazda RX4 Wag	21	6	160	110	3.9	2.875	17.02	0	1	4	4
4	Datsun 710	22.8	4	108	93	3.85	2.32	18.61	1	1	4	1
5	Hornet 4 Drive	21.4	6	258	110	3.08	3.215	19.44	1	0	3	1
6	Hornet Sportabout	18.7	8	360	175	3.15	3.44	17.02	0	0	3	2

그림 4-1 mtcars_test.csv 파일 구조

4.3.1.3 외부 자료 읽기

추후 자료의 변환 등 여러 가지 작업을 위하여, 위에서 "csv" 형식으로 저장한 자료인 "mtcars_test.csv" 파일을 다음과 같이 일부 변경하여 사용하기로 한다. 셀 "A1"에는 차량들의 이름이므로 이를 "model"이라는 이름을 부여하였다. 셀 "B3"은 숫자가 아닌 문자열 "RX4"로, 셀 "D2"와 "E2"는 빈칸(결측치)으로, 그리고 셀 "J5"는 정수가 아닌 문자열 "auto"로 변환하여 저장하였다.

	A	B	C	D	E	F	G	H	I	J	K	L
1	model	mpg	cyl	disp	hp	drat	wt	qsec	vs	am	gear	carb
2	Mazda RX4	21	6			3.9	2.62	16.46	0	1	4	4
3	Mazda RX4 Wag	RX4	6	160	110	3.9	2.875	17.02	0	1	4	4
4	Datsun 710	22.8	4	108	93	3.85	2.32	18.61	1	1	4	1
5	Hornet 4 Drive	21.4	6	258	110	3.08	3.215	19.44	1	auto	3	1
6	Hornet Sportabout	18.7	8	360	175	3.15	3.44	17.02	0	0	3	2
7	Valiant	18.1	6	225	105	2.76	3.46	20.22	1	0	3	1

그림 4-2 자료 mtcars test.csv의 일부를 변형한 새로운 자료

위와 같이 변수명, 즉 헤더(header)가 있는 경우와 없는 경우에 불러오는 옵션이 다르다. "csv" 형식의 자료 파일을 불러오는 데 사용되는 함수는 "**read.csv()**"이다. 기본 옵션은 변수명이 있는 것으로 되어 있다. 즉 위의 파일을 불러들이기 위해서는 다음과 같이 하면 된다.

```
> Data <- read.csv("mtcars_test.csv")
> Data
              model  mpg cyl  disp  hp drat    wt  qsec vs   am gear carb
1         Mazda RX4   21   6    NA  NA 3.90 2.620 16.46  0    1    4    4
2     Mazda RX4 Wag  RX4   6 160.0 110 3.90 2.875 17.02  0    1    4    4
3        Datsun 710 22.8   4 108.0  93 3.85 2.320 18.61  1    1    4    1
4    Hornet 4 Drive 21.4   6 258.0 110 3.08 3.215 19.44  1 auto    3    1
5 Hornet Sportabout 18.7   8 360.0 175 3.15 3.440 17.02  0    0    3    2
```

반면, 옵션 내용 중 "**header = FALSE**"로 하게 되면, 다음과 같이 첫째 줄도 자료로 인식하고, 변수명이 없으므로 자동적으로 "v1", "v2" 등과 같이 변수명을 부여한다. 추후에 별도로 변수명을 부여하여 사용할 수 있다.

```
> Data1 <- read.csv("mtcars_test.csv", header = FALSE)
> Data1
                  V1   V2  V3   V4  V5   V6    V7    V8 V9  V10  V11  V12
1              model  mpg cyl disp  hp drat    wt  qsec vs   am gear carb
2          Mazda RX4   21   6           3.9  2.62 16.46  0    1    4    4
3      Mazda RX4 Wag  RX4   6  160 110  3.9 2.875 17.02  0    1    4    4
4         Datsun 710 22.8   4  108  93 3.85  2.32 18.61  1    1    4    1
5     Hornet 4 Drive 21.4   6  258 110 3.08 3.215 19.44  1 auto    3    1
```

Note

자료를 불러들이는 더 일반적인 함수는 **"read.table()"**이다. 함수 **"read.csv()"**에 비하여 다양한 형식의 자료를 불러들일 수 있고, 여러 가지 상황에 맞게 사용할 수 있는 옵션을 지원한다.

```
> class(Data)
[1] "data.frame"
> str(Data)
'data.frame':   32 obs. of  12 variables:
 $ model: Factor w/ 32 levels "AMC Javelin",..: 18 19 5 13 14 31 7 21 20 22 ...
 $ mpg  : Factor w/ 26 levels "10.4","13.3",..: 16 26 19 17 13 12 3 20 19 14 ...
 $ cyl  : int  6 6 4 6 8 6 8 4 4 6 ...
 $ disp : num  NA 160 108 258 360 ...
 $ hp   : int  NA 110 93 110 175 105 245 62 95 123 ...
 $ drat : num  3.9 3.9 3.85 3.08 3.15 2.76 3.21 3.69 3.92 3.92 ...
 $ wt   : num  2.62 2.88 2.32 3.21 3.44 ...
 $ qsec : num  16.5 17 18.6 19.4 17 ...
 $ vs   : int  0 0 1 1 0 1 0 1 1 1 ...
 $ am   : Factor w/ 3 levels "0","1","auto": 2 2 2 3 1 1 1 1 1 1 ...
 $ gear : int  4 4 4 3 3 3 3 4 4 4 ...
 $ carb : int  4 4 1 1 2 1 4 2 2 4 ...
```

Note

(1) "csv" 형식의 자료를 불러들인 파일의 결과는 데이터 프레임이 된 것을 볼 수 있다.

(2) 또한 원래의 자료인 "mtcars"의 구조인 "str(mtcars)"의 결과와 변조한 자료 "mtcars_test.csv"의 구조인 "str(Data)"의 결과가 서로 다른 것을 볼 수 있다.

(a) 변수의 개수가 11개에서 12개로 1개가 증가하였다. 이는 "mtcars" 자료에서 행의 이름을 "Data"에서는 문자열 벡터로 간주하고 변수명을 "model"로 부여한 결과이다.

(b) "mtcars" 자료에서는 모든 변수명의 유형이 "num"이지만, "Data"에서는 추가된 "model", "mpg" 및 "am"들은 인자형인 "Factor"로, 그리고, "cyl", "vs", "gear" 및 "carb"는 "num"이 아닌 정수형인 "int"로 되어 있음을 볼 수 있다.

(c) 숫자형에서의 결측치는 "NA(Not available)"로 표현되어 있음을 볼 수 있다. 반면 문자형에서의 결측치는 그대로 공란으로 표현되어 있음을 "Data1"에서 볼 수 있다.

(3) R에서 숫자형과 문자형이 혼재되어 있으면 이를 문자형으로 인식되며, 문자형은 기본적으로 인자형으로 인식된다.

"csv" 형식을 불러들이면 기본적으로 문자열들은 인자형으로 인식된다. 문자열들을 문자형로 인식하도록 하기 위해서는 옵션을 "stringsAsFactors = FALSE"로 지정하면 된다. 그러나 모든 문자열들이 문자형으로 인식되는 단점이 있다. 자료들을 개별적으로 변환하려면 함수 "as.numeric()", "as.factor()", "as.character()" 등을 사용한다.

```
> Data2 <- read.csv("mtcars_test.csv", stringsAsFactors = FALSE)
> str(Data2)
'data.frame':   32 obs. of  12 variables:
 $ model: chr  "Mazda RX4" "Mazda RX4 Wag" "Datsun 710" "Hornet 4 Drive" ...
 $ mpg  : chr  "21" "RX4" "22.8" "21.4" ...
 $ cyl  : int  6 6 4 6 8 6 8 4 4 6 ...
 $ disp : num  NA 160 108 258 360 ...
 $ hp   : int  NA 110 93 110 175 105 245 62 95 123 ...
 $ drat : num  3.9 3.9 3.85 3.08 3.15 2.76 3.21 3.69 3.92 3.92 ...
 $ wt   : num  2.62 2.88 2.32 3.21 3.44 ...
 $ qsec : num  16.5 17 18.6 19.4 17 ...
 $ vs   : int  0 0 1 1 0 1 0 1 1 1 ...
 $ am   : chr  "1" "1" "1" "auto" ...
 $ gear : int  4 4 4 3 3 3 3 4 4 4 ...
 $ carb : int  4 4 1 1 2 1 4 2 2 4 ...
```

자료 "Data2"의 속성을 볼 때, "model"은 문자형, "am"은 인자형, "mpg"는 숫자형(실수) 그리고 "disp" 및 "hp"는 숫자형(정수)이 적절할 것이다. 그러나 "mpg"에는 2번째 자료의 값에 문자열 "RX4"가 잘못 입력되었고, "am"에는 4번째 자료에 0이 아닌 문자열 "auto"가 잘못 입력되어 있다. 이것으로 인해 해당 자료들이 숫자형으로 인식되지 못하고 인자형으로 인식되고 있다.

한 가지 간단한 처리 방법은 다음과 같이 옵션 "stringsAsFactors = FALSE"을 사용하여 모든 문자열을 인자형이 아닌 문자형으로 불러들인 후 자료값을 수정하고, 최종적인 유형으로 개별적인 변환을 하는 것이다.

```
> Data2 <- read.csv("mtcars_test.csv", stringsAsFactors = FALSE)
> Data2$mpg[2] <- c("16")
> Data2$am[4] <- c("0")
> Data2$mpg <- as.numeric(Data2$mpg)
> Data2$am <- as.factor(Data2$am)
> str(Data2)
'data.frame':   32 obs. of  12 variables:
 $ model: chr  "Mazda RX4" "Mazda RX4 Wag" "Datsun 710" "Hornet 4 Drive" ...
 $ mpg  : num  21 16 22.8 21.4 18.7 18.1 14.3 24.4 22.8 19.2 ...
 $ cyl  : int  6 6 4 6 8 6 8 4 4 6 ...
 $ disp : num  NA 160 108 258 360 ...
 $ hp   : int  NA 110 93 110 175 105 245 62 95 123 ...
 $ drat : num  3.9 3.9 3.85 3.08 3.15 2.76 3.21 3.69 3.92 3.92 ...
 $ wt   : num  2.62 2.88 2.32 3.21 3.44 ...
 $ qsec : num  16.5 17 18.6 19.4 17 ...
 $ vs   : int  0 0 1 1 0 1 0 1 1 1 ...
 $ am   : Factor w/ 2 levels "0","1": 2 2 2 1 1 1 1 1 1 1 ...
 $ gear : int  4 4 4 3 3 3 3 4 4 4 ...
 $ carb : int  4 4 1 1 2 1 4 2 2 4 ...
```

숫자형인 두 변수 “disp”와 “hp”에서 발생한 결측값의 수정은 다음과 같이 할 수 있다.

```
> Data2$disp[1] <- c(160.0)
> Data2$hp[1] <- c(110)
```

4.3.2 자료 정비

통계처리과정에서 여러 개의 자료 파일을 복합적으로 관리하는 경우가 종종 발생한다. 이때 여러 개의 자료 파일을 한 개의 파일로 병합하거나 또는 한 개의 파일 중에서 필요한 부분만 사용하고자 하여 분리하는 것은 자료처리과정에서 중요한 부분이다.

4.3.2.1 쪼개기(split)

위의 자료 “Data2”를 변수 “am”을 기준으로 “0”일 때와 “1”일 때의 자료로 각각 분리하고자 한다. 이때 함수 **“split(자료, 조건)”**를 사용하여 원하는 결과를 얻을 수 있다. 자료 “Data”를 변수 “am”에 따라 쪼갠 새 자료를 “DataS”로 하였다. 현재 변수 “am”이 “0”, “1” 및 “auto”이므로 3개의 행렬구조인 배열처럼 보인다. 첫 번째 배열인 변수 “am”이 “0”인 자료 “DataS[1]”을 새로운 이름 “DataS1”으로 지정하여 구성 자료를 열거한 것이다.

```
> DataS <- split(Data, Data$am)
> DataS1 <- DataS[1]
> DataS1
$`0`
              model  mpg cyl  disp  hp drat    wt  qsec vs am gear carb
5  Hornet Sportabout 18.7   8 360.0 175 3.15 3.440 17.02  0  0    3    2
6            Valiant 18.1   6 225.0 105 2.76 3.460 20.22  1  0    3    1
7         Duster 360 14.3   8 360.0 245 3.21 3.570 15.84  0  0    3    4
8          Merc 240D 24.4   4 146.7  62 3.69 3.190 20.00  1  0    4    2
9           Merc 230 22.8   4 140.8  95 3.92 3.150 22.90  1  0    4    2
```

두 번째 배열인 변수 “am”이 “1”인 자료 “DataS[2]”을 새 이름 “DataS2”으로 지정하여 구성 자료를 열거한 것이다.

```
> DataS2 <- DataS[2]
> DataS2
$`1`
           model  mpg cyl  disp  hp drat    wt  qsec vs am gear carb
1      Mazda RX4   21   6    NA  NA 3.90 2.620 16.46  0  1    4    4
2  Mazda RX4 Wag  RX4   6 160.0 110 3.90 2.875 17.02  0  1    4    4
3     Datsun 710 22.8   4 108.0  93 3.85 2.320 18.61  1  1    4    1
18      Fiat 128 32.4   4  78.7  66 4.08 2.200 19.47  1  1    4    1
```

다음은 자료 쪼개기의 간단한 예제들이다. 아래는 1부터 10까지의 자료를 순서대로 1번 조와 2번 조로 분리한 것이다.

```
> split(1:10, 1:2)
$`1`
[1] 1 3 5 7 9

$`2`
[1]  2  4  6  8 10
```

```
> split(1:10, 1:2)[1]
$`1`
[1] 1 3 5 7 9
```

아래의 예는 1부터 10까지의 자료를 순서대로 1번 조, 2번 조, 3번 조로 분리한 것이다. 10은 3으로 나누어떨어지지 않으므로 경고문을 보여 준다. 자료를 지정된 순서대로 쪼개는 과정이 진행됨을 알 수 있다.

```
> split(1:10, 1:3)
$`1`
[1]  1  4  7 10

$`2`
[1] 2 5 8

$`3`
[1] 3 6 9

경고메시지(들):
In split.default(1:10, 1:3) :
  data length is not a multiple of split variable
```

4.3.2.2 자료 묶기

행 또는 열로 이루어진 벡터들을 합쳐서 행렬 또는 데이터 프레임으로 자료를 재구성하거나 데이터 프레임에 행 또는 열벡터를 추가하고자 할 때, 함수 "cbind()"와 함수 "rbind()"를 사용한다.

다음에서 자료 m은 "1"과 "1:7"을 열벡터로 인식하고 "1:7"을 기준으로 묶고 있다. 결과적으로 자료 m은 크기가 7×2인 행렬이 된다. 크기가 7×2인 행렬 m과 새로운 열벡터 8:14를 합하여 그 열의 순서를 "c(1,3,2)"로 지정한 결과는 크기가 7×3인 행렬이 된다.

```
> m <- cbind(1, 1:7)
> m
     [,1] [,2]
[1,]    1    1
[2,]    1    2
[3,]    1    3
[4,]    1    4
[5,]    1    5
[6,]    1    6
[7,]    1    7
```

```
> m1 <- cbind(m, 8:14)[ , c(1, 3, 2)]
> m1
     [,1] [,2] [,3]
[1,]    1    8    1
[2,]    1    9    2
[3,]    1   10    3
[4,]    1   11    4
[5,]    1   12    5
[6,]    1   13    6
[7,]    1   14    7
```

다음은 “1:3”, “4:6”, “7:9” 및 크기가 3×3인 항등행렬을 합하여 크기가 3×6인 행렬을 구성한 예이다.

```
> cbind(1:3, 4:6, 7:9, diag(3))
     [,1] [,2] [,3] [,4] [,5] [,6]
[1,]    1    4    7    1    0    0
[2,]    2    5    8    0    1    0
[3,]    3    6    9    0    0    1
```

다음은 먼저 “1”과 “1:3”을 행을 기준으로 합하여 크기가 2×3인 행렬을 만들고, “0”과 기존 행렬을 열을 기준으로 합하여 크기가 2×4인 행렬을 구성한 예이다. 오른쪽은 먼저 “1(a로 명명)”과 “1:3(b로 명명)”을 행을 기준으로 합하여 크기가 2×3인 행렬을 만들어 “X”로 명명하고, “0(I로 명명)”과 기존 행렬을 열을 기준으로 합하여 크기가 2×4인 행렬을 구성한 예이다.

```
> cbind(0, rbind(1, 1:3))
     [,1] [,2] [,3] [,4]
[1,]    0    1    1    1
[2,]    0    1    2    3
```

```
> cbind(I = 0, X = rbind(a = 1, b = 1:3))
  I
a 0 1 1 1
b 0 1 2 3
```

다음은 “0”을 2번 반복한 결과를 “I”인 데이터 프레임 “xx”로 하고, “1(a로 명명)”과 “1:3(b로 명명)”을 행을 기준으로 합하여 크기가 2×3인 행렬을 만들어 “X”로 명명하고, “xx”와 “X”를 열을 기준으로 합하여 크기가 2×4인 행렬을 구성한 예이다. 각 자료의 위치에 해당하는 이름이 부여된 것을 확인할 수 있다.

```
> xx <- data.frame(I = rep(0,2))
> cbind(xx, X = rbind(a = 1, b = 1:3))
  I X.1 X.2 X.3
a 0   1   1   1
b 0   1   2   3
```

다음은 "1:8"의 8개의 일련의 수를 이용하여 행의 수가 2, 열의 수가 4인 크기 2×4인 행렬을 생성하고, 이것을 "7"과 열을 기준으로 합한 크기 2×5인 행렬을 구성한 예이다. 함수 "dim()"은 행렬의 크기를 알려준다.

```
> cbind(7, matrix(1:8, nrow = 2, ncol = 4))
     [,1] [,2] [,3] [,4] [,5]
[1,]    7    1    3    5    7
[2,]    7    2    4    6    8
> dim(cbind(7, matrix(1:8, nrow = 2, ncol = 4)))
[1] 2 5
```

옵션 deparse.level = 0은 기본값으로서, 함수 "rbind()" 속에 있는 지정된 행이름을 표현해 주고 있다.

```
> dd <- 10; dd2 =  15
> rbind(1:5, c = 2, "a++" = 10, dd, dd2, deparse.level = 0)
    [,1] [,2] [,3] [,4] [,5]
       1    2    3    4    5
c      2    2    2    2    2
a++   10   10   10   10   10
      10   10   10   10   10
      15   15   15   15   15
```

옵션 deparse.level = 1은 함수 "rbind()" 속에 있는 지정된 행이름과 함께 사전에 지정된 행이름도 같이 표현해 주고 있다.

```
> rbind(1:5, c = 2, "a++" = 10, dd, dd2, deparse.level = 1)
    [,1] [,2] [,3] [,4] [,5]
       1    2    3    4    5
c      2    2    2    2    2
a++   10   10   10   10   10
dd    10   10   10   10   10
dd2   15   15   15   15   15
```

옵션 deparse.level = 2는 합하는 행이름들 모두와 행이름이 지정되어 있지 않은 "1:5"의 경우는 그것을 이름으로 하여 같이 표현해 주고 있다.

```
> rbind(1:5, c = 2, "a++" = 10, dd, dd2, deparse.level = 2)
    [,1] [,2] [,3] [,4] [,5]
1:5    1    2    3    4    5
c      2    2    2    2    2
a++   10   10   10   10   10
dd    10   10   10   10   10
dd2   15   15   15   15   15
```

함수 "gl()"은 문자를 반복 생성하는 함수이다. 생성 결과는 기본적으로 인자형이다. 다음은 1부터 3까지의 3개를 2번씩 반복 생성하며, 이들의 라벨을 문자 a, b, c로 한 예이다.

```
> b0 <- gl(3, 2, labels = letters[1:3])
> b0
[1] a a b b c c
Levels: a b c
```

함수 "setNames()"는 자료 b0의 이름을 부여하는 데 사용한다. 문자 "o"에 자료 "b0"의 각각의 순서를 붙이기로 한다.

```
> bf <- setNames(b0, paste0("o", seq_along(b0)))
> bf
o1 o2 o3 o4 o5 o6
 a  a  b  b  c  c
Levels: a b c
```

다음은 "a", "B" 및 "f"를 합하여 데이터 프레임 "df"를 생성하는 예제로 두 가지 모두 같은 결과이다.

```
> df <- data.frame(a = 1, B = b0, f =  gl(3,2))
> df
  a B f
1 1 a 1
2 1 a 1
3 1 b 2
4 1 b 2
5 1 c 3
6 1 c 3
```

```
> df. <- data.frame(a = 1, B = bf, f = gl(3,2))
> df.
   a B f
o1 1 a 1
o2 1 a 1
o3 1 b 2
o4 1 b 2
o5 1 c 3
o6 1 c 3
```

전에 생성한 “df”에 새롭게 구성한 “new”를 행을 기준으로 합한 결과가 “df1”이고, 전에 생성한 “df.”에 새롭게 구성한 “new”를 행을 기준으로 합한 결과가 “df.1”이다.

```
> new <- data.frame(a = 8, B = "B", f = "1")
> new
  a B f
1 8 B 1
```

```
> df1  <- rbind(df , new)
> df1
  a B f
1 1 a 1
2 1 a 1
3 1 b 2
4 1 b 2
5 1 c 3
6 1 c 3
7 8 B 1
```

```
> df.1 <- rbind(df., new)
> df.1
   a B f
o1 1 a 1
o2 1 a 1
o3 1 b 2
o4 1 b 2
o5 1 c 3
o6 1 c 3
1  8 B 1
```

4.3.2.3 병합(merge)

자료분석 과정에서 한 개의 파일만으로 분석을 진행할 수 없는 경우가 많다. 자료의 크기나 구성상 여러 개의 파일로 이루어진 경우가 많다. 이때 분석 과정에서 필요에 따라서 자료들의 병합 과정은 아주 중요한 절차이다. 다음은 간단한 두 개의 자료를 병합하는 과정의 예이다.

우선 첫 번째 자료인 “authors”의 데이터 프레임을 구성하자. 변수는 “surname”, “nationality” 및 “deceased”의 3개로 각 자료는 5개씩으로 이루어져 있다.

```
> authors <- data.frame(
+       surname = I(c("Tukey", "Venables", "Tierney", "Ripley", "McNeil")),
+       nationality = c("US", "Australia", "US", "UK", "Australia"),
+       deceased = c("yes", rep("no", 4)))
> authors
   surname nationality deceased
1    Tukey          US      yes
2 Venables   Australia       no
3  Tierney          US       no
4   Ripley          UK       no
5   McNeil   Australia       no
```

두 번째 자료 "books"인 데이터 프레임을 구성하자. 변수는 "name", "title", "other.author"의 3개로 각 자료는 7개씩으로 구성되어 있다.

```
> books <- data.frame(
+       name = I(c("Tukey", "Venables", "Tierney",
+                "Ripley", "Ripley", "McNeil", "R Core")),
+       title = c("Exploratory Data Analysis", "Modern Applied Statistics ...",
+                 "LISP-STAT", "Spatial Statistics", "Stochastic Simulation",
+                 "Interactive Data Analysis", "An Introduction to R"),
+       other.author = c(NA, "Ripley", NA, NA, NA, NA,
+                        "Venables & Smith"))
```

```
> books
      name                         title     other.author
1    Tukey     Exploratory Data Analysis             <NA>
2 Venables Modern Applied Statistics ...           Ripley
3  Tierney                     LISP-STAT             <NA>
4   Ripley            Spatial Statistics             <NA>
5   Ripley         Stochastic Simulation             <NA>
6   McNeil     Interactive Data Analysis             <NA>
7   R Core          An Introduction to R Venables & Smith
```

다음 "m1"은 자료 "author"와 "books"를 병합한 것으로 함수 "**merge()**"를 사용한다. 기준은 자료 "authors"의 변수 "surname"과 자료 "books"의 변수 "name"를 기준으로 한다. 이때 두 자료에 모두 있는 자료인 5명으로 총 6건이 되며, 병합 자료 "m1"의 변수들의 순서는 "surname", "nationality", "deceased"와 "title" 및 "other.author"이다. 두 번째 자료의 변수 "name"이 나타나지 않는 것은, "surname"과 "name"을 같은 자료로 간주하기 때문이다.

```
> m1 <- merge(authors, books, by.x = "surname", by.y = "name")
> m1
   surname nationality deceased                         title other.author
1   McNeil   Australia       no     Interactive Data Analysis         <NA>
2   Ripley          UK       no            Spatial Statistics         <NA>
3   Ripley          UK       no         Stochastic Simulation         <NA>
4  Tierney          US       no                     LISP-STAT         <NA>
5    Tukey          US      yes     Exploratory Data Analysis         <NA>
6 Venables   Australia       no Modern Applied Statistics ...       Ripley
```

다음의 "m2"는 자료 "books"와 "author"를 병합한 것으로 기준은 자료 "books"의 변수 "name"와 자료 "authors"의 변수 "surname"을 기준으로 한다. 이때 두 자료에 모두 있는 자료인 5명으로 총 6건이 되며, 병합 자료 "m2"의 변수들의 순서는 "name", "title", "other.author"와 "nationality" 및 "deceased"이다. 첫 번째

자료의 변수 "surname"이 나타나지 않는 것은, "name"과 "surname"을 같은 자료로 간주하기 때문이다.

```
> m2 <- merge(books, authors, by.x = "name", by.y = "surname")
> m2
      name                      title other.author nationality deceased
1   McNeil  Interactive Data Analysis         <NA>   Australia       no
2   Ripley         Spatial Statistics         <NA>          UK       no
3   Ripley      Stochastic Simulation         <NA>          UK       no
4  Tierney                  LISP-STAT         <NA>          US       no
5    Tukey  Exploratory Data Analysis         <NA>          US      yes
6 Venables Modern Applied Statistics ...    Ripley   Australia       no
```

위의 두 예제에서 두 번째 자료에만 있는 변수 "name"의 자료 "R core"는 병합 과정에서 사라지고 있다. 즉, 함수 "merge()"의 기본값은 병합하고자 하는 데이터 프레임에 모두 존재하는 자료들만을 포함시키는 것이다. 그러나 상황에 따라서는 한 곳에만 있더라도 분석 자료로 포함시킬 필요가 있는 경우가 있다. 이때는 아래와 같이 옵션 all = TRUF를 사용하면 된다.

```
>   merge(authors,   books,   by.x = "surname",   by.y = "name",   all = TRUE)
   surname nationality deceased                         title     other.author
1   McNeil   Australia       no     Interactive Data Analysis             <NA>
2   R Core        <NA>     <NA>          An Introduction to R Venables & Smith
3   Ripley          UK       no            Spatial Statistics             <NA>
4   Ripley          UK       no         Stochastic Simulation             <NA>
5  Tierney          US       no                     LISP-STAT             <NA>
6    Tukey          US      yes     Exploratory Data Analysis             <NA>
7 Venables   Australia       no Modern Applied Statistics ...           Ripley
```

다음은 두 데이터 프레임 "x"와 "y"를 병합한 간단한 예이다. "x"와 "y" 모두 변수 3개를 갖고 있으며, 변수명이 모두 같다. 다만 자료의 구성이 다소 다를 뿐이다.

```
> x <- data.frame(
+ k1 = c(NA,NA,3,4,5),
+ k2 = c(1,NA,NA,4,5),
+ data = 1:5)
> x
  k1 k2 data
1 NA  1    1
2 NA NA    2
3  3 NA    3
4  4  4    4
5  5  5    5
```

```
> y <- data.frame(
+ k1 = c(NA,2,NA,4,5),
+ k2 = c(NA,NA,3,4,5),
+ data = 1:5)
> y
  k1 k2 data
1 NA NA    1
2  2 NA    2
3 NA  3    3
4  4  4    4
5  5  5    5
```

옵션 by = c("k1","k2")을 사용한 예로 "x"와 "y"에 "k1"과 "k2"가 모두 일치하는

값들인 “x”의 2, 4, 5번째 자료와 “y”의 1, 4, 5번째 자료만이 병합 결과에 나타난다. 배열의 순서는 자료가 정상적인 각각의 4, 5번째 자료를 먼저 열거하고 마지막에 각각 “NA”인 값들이 열거되고 있다. 변수들의 순서는 두 개 모두 일치하는 “k1”과 “k2” 그리고 변수명이 같으므로 자동으로 “data.x”와 “data.y”로 변수명이 표현되고 있다.

```
> merge(x, y, by = c("k1","k2"))
  k1 k2 data.x data.y
1  4  4      4      4
2  5  5      5      5
3 NA NA      2      1
```

반면 옵션 by = "k1"을 사용하면, “x”와 “y”에 모두 있는 4, 5와 NA, NA의 총 4가지의 값이 출력되며, NA의 경우 “x”에는 1인 경우에는 “y”에는 NA와 3이 있으므로 2번 나타나고, NA인 경우에는 “y”에는 NA와 3이 있으므로 마찬가지로 2번 나타난다. 그리하여 총 6가지의 자료로 구성되는 것이다. 변수명은 k1을 처음으로 하고, 순서대로 k2.x, data.x, k2.y, data.y로 나타난다.

```
> merge(x, y, by = "k1")
  k1 k2.x data.x k2.y data.y
1  4    4      4    4      4
2  5    5      5    5      5
3 NA    1      1   NA      1
4 NA    1      1    3      3
5 NA   NA      2   NA      1
6 NA   NA      2    3      3
```

한편, 병합 기준값(현재는 k1) 중 NA를 대상에서 제외하고자 할 때 옵션 incomparables = NA를 사용한다.

```
> merge(x, y, by = "k1", incomparables = NA)
  k1 k2.x data.x k2.y data.y
1  4    4      4    4      4
2  5    5      5    5      5
```

4.3.3 사용자 정의 함수

일반적인 통계처리를 위한 계산은 거의 대부분 이미 R 시스템에서 사용할 수 있도록 만들어져 있다. 그러나 사용자가 별도로 만들어 추가적으로 사용할 수 있다.

Note

표본평균 및 표본분산의 점화식

자료가 시간에 따라 측정되는 경우 기존의 평균과 분산의 일반적인 계산식에서는 자료가 추가될 때마다 자료를 처음부터 다시 읽어 계산해야 하는 반면, 점화식은 기존의 평균과 분산의 값 그리고 새롭게 측정된 자료의 값을 이용하여 구할 수 있는 매우 효율적인 방법이다. 표본평균과 표본분산의 점화식은 다음과 같다.

(평균): $\bar{x}_{j+1} = \bar{x}_j + \frac{x_{j+1} - \bar{x}_j}{j+1}$

(분산): $S_{j+1}^2 = (1 - \frac{1}{j})S_j^2 + (j+1)(\bar{x}_{j+1} - \bar{x}_j)^2$

현재의 자료수(j), 현재까지의 평균($\bar{x}_j$ = Avg_j)과 분산(S_j^2 = Var_j)의 정보가 있고, 새롭게 추가된 자료(x_{j+1} = AddX)를 인자로 하는 사용자 정의 함수를 다음과 같이 함수 "function(...){...}"를 이용하여 만들어 사용할 수 있다.

```
> recurAvg <- function(j, Avg_j, AddX) {
+                Avg_j + (AddX - Avg_j )/(j+1) }
> recurVar <- function(j, Avg_j, Var_j, AddX) {
+               (1-1/j)*Var_j + (j+1)*(recurAvg(j, Avg_j, AddX)-Avg_j)^2 }
```

다음은 1부터 8까지의 수의 평균 4.5와 분산 6에 대하여, 새로운 변수 9가 추가되었을 때, 사용자 정의 함수 "recurAvg()"와 "recurVar()"에 의하여 계산된 평균과 분산의 결과이다.

```
> recurAvg(8, 4.5, 9)
[1] 5
```

```
> recurVar(8, 4.5, 6, 9)
[1] 7.5
```

다음은 시뮬레이션에 의하여 원주율을 계산하는 사용자 정의 함수의 예이다.

```
> SimPi <- function(n) { Count <- 0
+               for (i in 1:n) { XY <- runif(2, min=-1, max=1)
+               if (sqrt(XY[1]^2 + XY[2]^2) < 1)
+                 {Count <- Count + 1}}
+               return(4 * Count / n) }
```

위의 사용자 정의 함수에서 사용한 기능들을 간단히 설명한다. 추후 관련된 함수들에 대하여 자세하게 다루게 될 것이다.

- "for": 반복문이다. 1부터 주어진 n까지 { }안의 명령어를 실행한다.
- "if (...) {...}": 판단문으로서 (...)의 내용을 만족하면, {...}의 내용을 실행한다.
- "runif(2, min = −1, max = 1)": 주어진 구간 [−1,1]에서의 균등분포에서의 난수를 2개 추출한다.
- 반지름이 1인 원 안에 들어온 자료의 수를 세어서, 최종적으로 시행 횟수(n)으로 나누고 그 값에 4를 곱한 값을 결과값으로 한다.

다음은 1,000번과 100,000번의 시행을 한 결과 원주율의 추정값들이다. 위의 사용자 정의 함수는 난수를 생성하여 사용하기 때문에 사용자마다 또는 사용할 때마다 다른 결과값을 보일 것이다.

```
> SimPi(1000)
[1] 3.132
```

```
> SimPi(100000)
[1] 3.14956
```

4.3.4 유용한 함수 "apply()"류

데이터 구조(벡터, 행렬, 배열 또는 리스트 등)에 통계 함수를 적용함으로써 편리하게 각종 통계량을 구할 수 있는 함수들이다. 함수 "apropos()"를 이용하여 apply와 관련된 함수들의 목록을 살펴본 것이다. 이들 중 일부 함수들의 예를 보기로 한다.

```
> apropos("apply")
 [1] ".mapply"     "apply"       "dendrapply" "eapply"      "kernapply"
 [6] "lapply"      "mapply"      "rapply"     "sapply"      "tapply"
[11] "vapply"
```

4.3.4.1 함수 "apply()"

처리할 자료인 행렬(벡터 및 배열도 가능함)의 행 또는 열방향으로 통계적 연산("FUN")한 결과를 벡터, 행렬, 배열 및 리스트 중 적당한 것으로 나타낸다.

- 패키지: base
- 함수: "apply(X, MARGIN, FUN, ...)"
- 옵션:
  - "X": 처리할 자료이다.
  - "MARGIN": 처리 방향을 결정하는 인자이다. "1"이면 행(row)을, "2"이면 열(column)을 의미하고, 만일 "c(1,2)"이면 행과 열을 모두 뜻한다.
  - "FUN": 처리 목표가 되는 예약어 또는 기호들이다. 예를 들면, "sum",

"max", "+", "%*%" 등등

2개의 벡터를 열로 묶은 8×2이 행렬에 대하여, 함수 "apply(x, 1, mean)"는 각 행의 자료들의 평균을, 함수 "apply(x, 2, mean)"는 각 열의 자료들의 평균을 구한다.

```
> x <- cbind(x1 = 3,
+          x2 = c(4:1, 2:5))
> x
     x1 x2
[1,]  3  4
[2,]  3  3
[3,]  3  2
[4,]  3  1
[5,]  3  2
[6,]  3  3
[7,]  3  4
[8,]  3  5
```

```
> apply(x, 1, mean)
[1] 3.5 3.0 2.5 2.0 2.5 3.0 3.5 4.0
> apply(x, 2, mean)
x1 x2
 3  3
```

다음과 같이 열과 행의 합을 구하여, 열결합과 행결합을 이용하여 행렬 자료와 합들을 같이 표현할 수 있다.

```
> col.sums <- apply(x, 2, sum)
> row.sums <- apply(x, 1, sum)
> rbind(cbind(x, Rtot = row.sums),
+ Ctot = c(col.sums, sum(col.sums)))
     x1 x2 Rtot
      3  4    7
      3  3    6
      3  2    5
      3  1    4
      3  2    5
      3  3    6
      3  4    7
      3  5    8
Ctot 24 24   48
```

인자 "x, c1, c2"를 갖는 사용자 정의 함수 "Cave()"는 자료 "x"의 "x[c1]"과 "x[c2]"의 평균을 구하는 함수이다. 함수 "apply()"에서 인자 "1"을 지정하였으므로 "x"의 각 행에 대하여, "mean(x1)"와 "mean(x1,x2)"를 구한다.

```
> Cave <- function(x, c1, c2) c(mean(x[c1]), mean(x[c2]))
> apply(x, 1, Cave, c1 = "x1", c2 = c("x1","x2"))
     [,1] [,2] [,3] [,4] [,5] [,6] [,7] [,8]
[1,]  3.0    3  3.0    3  3.0    3  3.0    3
[2,]  3.5    3  2.5    2  2.5    3  3.5    4
```

행렬의 각 행에 대한 자료의 분포표를 구하고, 100분위수(quantile)를 구할 수 있다. "stats::quantile"는 패키지 "stats"에 있는 함수 "quantile"을 사용하는 것이다.

```
> ma <- matrix(c(1:4, 1, 6:8), nrow = 2)
> ma
     [,1] [,2] [,3] [,4]
[1,]    1    3    1    7
[2,]    2    4    6    8
```

```
> apply(ma, 1, table)
[[1]]

1 3 7
2 1 1

[[2]]

2 4 6 8
1 1 1 1
```

```
> apply(ma, 1, stats::quantile)
     [,1] [,2]
0%      1  2.0
25%     1  3.5
50%     2  5.0
75%     4  6.5
100%    7  8.0

> apply(ma, 1, quantile)   # 동일함
```

4.3.4.2 함수 "lapply()", "sapply()"와 "vapply()"

함수 "lapply()"는 처리할 자료인 벡터 또는 리스트의 통계적 연산("FUN") 결과를 리스트로 나타내고, 함수 "sapply()"는 리스트 대신 행렬 또는 벡터로 결과값을 나타낸다. 그리고 함수 "vapply()"는 함수 "sapply()"와 유사하지만, 결과값을 사용자가 미리 지정한 형식으로 나타내게 할 수 있어 보다 더 편리한 함수이다.

- 패키지: base
- 함수: "lapply(X, FUN, ...)"
  "sapply(X, FUN, ..., simplify = TRUE, USE.NAMES = TRUE)"
  "vapply(X, FUN, FUN.VALUE, ..., USE.NAMES = TRUE)"
- 옵션:
  - "X": 처리할 자료로 행렬(벡터 및 배열도 가능함)이다.
  - "FUN": 함수 "apply()" 참조.

다음의 자료 X는 객체 a, beta 및 logic으로 이루어진 리스트이다.

```
> x <- list(a = 1:10, beta = exp(-3:3), logic = c(TRUE,FALSE,FALSE,TRUE))
> x
$a
 [1]  1  2  3  4  5  6  7  8  9 10

$beta
[1]  0.04978707  0.13533528  0.36787944  1.00000000  2.71828183  7.38905610
[7] 20.08553692

$logic
[1]  TRUE FALSE FALSE  TRUE
```

다음은 함수 “lapply()”는 리스트 x의 각 객체의 평균을 구하는 예이다. 결과의 유형도 리스트이다. 벡터의 결과가 필요한 경우 함수 “unlist()”를 이용한다.

```
> lapply(x, mean)
$a
[1] 5.5

$beta
[1] 4.535125

$logic
[1] 0.5
```

```
> unlist(lapply(x, mean))
       a     beta    logic
5.500000 4.535125 0.500000
```

x의 백분위수 결과 함수 “lapply()”는 리스트 형식이고, 힘수 “sapply()”는 벡터 형식이다.

```
> lapply(x, quantile)
$a
   0%   25%   50%   75%  100%
 1.00  3.25  5.50  7.75 10.00

$beta
         0%         25%         50%         75%        100%
 0.04978707  0.25160736  1.00000000  5.05366896 20.08553692

$logic
  0%  25%  50%  75% 100%
 0.0  0.0  0.5  1.0  1.0
```

```
> sapply(x, quantile)
         a        beta logic
0%    1.00  0.04978707   0.0
25%   3.25  0.25160736   0.0
50%   5.50  1.00000000   0.5
75%   7.75  5.05366896   1.0
100% 10.00 20.08553692   1.0
```

함수 "sapply()"와 함수 "vapply()"의 결과는 유사하지만, 함수 "vapply()"에서는 사용자가 행의 이름을 지정하여 사용할 수 있다.

```
> i39 <- sapply(3:9, seq)
> sapply(i39, fivenum)
     [,1] [,2] [,3] [,4] [,5] [,6] [,7]
[1,]  1.0  1.0    1  1.0  1.0  1.0    1
[2,]  1.5  1.5    2  2.0  2.5  2.5    3
[3,]  2.0  2.5    3  3.5  4.0  4.5    5
[4,]  2.5  3.5    4  5.0  5.5  6.5    7
[5,]  3.0  4.0    5  6.0  7.0  8.0    9
```

```
> vapply(i39, fivenum,
+   c(Min. = 0, "1st Qu." = 0,
+   Median = 0, "3rd Qu." = 0,
+   Max. = 0))
        [,1] [,2] [,3] [,4] [,5] [,6] [,7]
Min.     1.0  1.0    1  1.0  1.0  1.0    1
1st Qu.  1.5  1.5    2  2.0  2.5  2.5    3
Median   2.0  2.5    3  3.5  4.0  4.5    5
3rd Qu.  2.5  3.5    4  5.0  5.5  6.5    7
Max.     3.0  4.0    5  6.0  7.0  8.0    9
```

4.3.4.3 함수 "mapply()"

함수 "sapply()"와 유사하며, 다변량 처리가 가능한 함수이다. 결과는 리스트 형식이다.

- 패키지: base
- 함수: "mapply(FUN,..., MoreArgs = NULL, SIMPLIFY = TRUE, USE.NAMES = TRUE)"

함수 "mapply(rep,1:4,4:1)"의 결과는 함수 "rep(1:4,4:1)"를 사용한 벡터가 아닌 리스트 형식이다. 두 번째로 함수 "mapply(rep,times = 1:4,4:1)"의 결과는 함수 "rep(times = 1:4,4:1)"를 사용한 벡터가 아닌 리스트 형식이다. 마지막은 자료의 값을 모두 42로 대체시킨 결과이다.

```
> mapply(rep,1:4,4:1)

[[1]]
[1] 1 1 1 1

[[2]]
[1] 2 2 2

[[3]]
[1] 3 3

[[4]]
[1] 4
```

```
> mapply(rep,
+ times = 1:4, x = 4:1)

[[1]]
[1] 4

[[2]]
[1] 3 3

[[3]]
[1] 2 2 2

[[4]]
[1] 1 1 1 1
```

```
> mapply(rep,
+ times = 1:4,
+     MoreArgs = list(x =
42))
[[1]]
[1] 42

[[2]]
[1] 42 42

[[3]]
[1] 42 42 42

[[4]]
[1] 42 42 42 42
```

다음과 같이 함수 “mapply()”의 인자로 (사용자 정의)함수를 사용할 수 있다.

```
> mapply(function(x, y) seq_len(x) + y,
+          c(a =  1, b = 2, c = 3),
+          c(A = 10, B = 0, C = -10))
$a
[1] 11

$b
[1] 1 2

$c
[1] -9 -8 -7
```

4.3.4.4 함수 “tapply()”

그룹별 처리가 가능한 함수이다.

- 패키지: base
- 함수: “tapply(X, INDEX, FUN = NULL, ..., simplify = TRUE)”

변수 “groups”는 시행 횟수가 32, 확률이 0.4인 이항분포를 따르는 난수 5개를 생성하여 이를 인자(factor)로 전환한 값이다.

```
> groups <- as.factor(rbinom(32, n = 5, prob = 0.4))
> groups
[1] 14 16 14 9  10
Levels: 9 10 14 16
```

변수 “groups”의 분포표를 함수 “tapply()”를 이용하여 구할 수 있다.

```
> tapply(groups, groups, length)              # > table(groups)     동일함
 9 10 14 16
 1  1  2  1
```

패키지 “datasets”에 있는 자료 “warpbreaks”는 인장강도(L, M, H)와 양모의 종류(A, B)에 따른 직조기기의 멈춤 횟수를 측정한 자료 54개로 이루어져 있다. 6개의 유형별(AL, AM, AH, BL, BM, BH)로 9개씩 측정된 자료이다. 함수 “tapply()”를 이용하여 각 유형별 멈춤 횟수의 합을 구할 수 있다.

```
> tapply(warpbreaks$breaks, warpbreaks[,-1], sum)
    tension
wool   L   M   H
   A 401 216 221
   B 254 259 169
```

인장 강도의 유형만 구별하여 합을 구할 수도 있다.

```
> tapply(warpbreaks$breaks, warpbreaks[, 3], sum)
  L   M   H
655 475 390
```

패키지 "datasets"에 있는 자료 "presidents"는 1945년부터 1974년까지 분기별 대통령 국정운영 지지도 조사 자료이다. 함수 "tapply()"를 이용하여 분기별로 결측치를 제외(옵션 na.rm = TRUE 사용)한 나머지 자료들의 평균을 구한 것이다.

```
> tapply(presidents, cycle(presidents), mean, na.rm = TRUE)
       1        2        3        4
58.44828 56.43333 57.22222 53.07143
```

4.4 자료 정리에 유용한 패키지

R에는 자료를 정리할 수 있는 기본적인 함수들이 있다. 기본적인 함수들의 기능을 포함하면서 사용자가 더 편리하고 빠른 처리를 할 수 있도록 다양한 패키지와 함수들이 개발되어 있다. 이들 중 유용한 패키지들을 간단하게 살펴보자.

4.4.1 패키지 "data.table"

"R"의 자료 유형의 기본인 데이터 프레임(Data Frame)을 대체하여 사용할 수 있는 자료 유형으로서 연산처리 속도가 빠르며, 편리하다. 자료의 생성 및 처리는 데이터 프레임과 유사하다. 가장 큰 특징은 색인(key)을 만들어 자료를 처리하는 것이다.

함수 "as.data.table()"을 이용하여 기존의 데이터 프레임을 데이터 테이블(Data Table)로 변환할 수 있다. 패키지 "datasets"에 있는 데이터 프레임인 자료 "mtcars"를 데이터 테이블로 전환하는 예이다. 함수 "class()"를 이용하여 속성을 파악한 결과 새롭게 만든 자료인 "MtcarTable"은 데이터 프레임이기도 하고, 데이터 테이블이기도 하다.

```
> MtcarTable <- as.data.table(mtcars)
> class(MtcarTable)
[1] "data.table" "data.frame"
> identical(MtcarTable,mtcars)
[1] FALSE
```

또는 다음과 같이 함수 “data.table()”을 이용하여 생성할 수도 있다.

```
> DT = data.table(
+        x = rep(c("a","b","c"),each = 3),
+        y = c(1,3,6),
+        v = 1:9)
   x y v
1: a 1 1
2: a 3 2
3: a 6 3
4: b 1 4
5: b 3 5
6: b 6 6
7: c 1 7
8: c 3 8
9: c 6 9

> DT
> class(DT)
[1] "data.table" "data.frame"
```

함수 “tables()”는 현재 세션에 있는 데이터 테이블의 이름, 행의 수, 열의 수, 크기, 변수명(열의 명칭) 및 색인(KEY) 목록 등의 일반적인 정보를 제공한다.

```
> tables()
     NAME        NROW NCOL MB COLS                                          KEY
[1,] DT             9    3  1 x,y,v
[2,] MtcarTable    32   11  1 mpg,cyl,disp,hp,drat,wt,qsec,vs,am,gear,carb
Total: 2MB
```

데이터 프레임과 유사하게 [ ]를 이용하지만 형식은 [행, 열, FUN, 옵션]을 사용한다. FUN은 사용 가능한 산술식을 의미한다. DT[2]는 데이터 테이블 “DT”의 2행의 자료값들을 나타낸다.

```
> DT[2]
   x y v
1: a 3 2
```

다음은 모두 세 번째 변수인 "v"열의 값을 나타내는 것으로 DT[, v]는 벡터 형식으로, DT[,list(v)]와 DT[,3,with = FALSE]는 리스트 형식으로 나타낸다.

```
> DT[, v]
[1] 1 2 3 4 5 6 7 8 9

> DT[,list(v)]
> DT[,3,with = FALSE]
   v
1: 1
2: 2
3: 3
4: 4
5: 5
6: 6
7: 7
8: 8
9: 9
```

DT[c(TRUE,FALSE)]는 데이터 테이블 DT의 홀수 행들을, DT[c(FALSE,TRUE)]는 짝수 행들을 나타낸다.

```
> DT[c(TRUE,FALSE)]
   x y v
1: a 1 1
2: a 6 3
3: b 3 5
4: c 1 7
5: c 6 9
```

```
> DT[c(FALSE,TRUE)]
   x y v
1: a 3 2
2: b 1 4
3: b 6 6
4: c 3 8
```

DT[, sum(v)]는 전체 행에 대한 변수 "v"의 합을 구하고, DT[2:3,sum(v)]는 2행부터 3행까지에 대해서만 변수 "v"의 합을 구한 예이다.

```
> DT[ , sum(v)]   [1] 45
```

```
> DT[2:3,sum(v)]   [1] 5
```

다음은 색인(Key)을 지정하는 방법이다. 색인 지정 후 함수 "tables()"로 확인하면, KEY 부분에 변수 "x"가 있는 것을 볼 수 있다.

```
> setkey(DT,x)                    # > setkey(DT,"x")  동일함
> tables()
     NAME NROW NCOL MB COLS  KEY
[1,] DT      9    3  1 x,y,v x
Total: 1MB
```

색인(Key)이 지정된 후에는 색인에 의한 탐색이 가능하다. DT["a"]는 Key인 x의 값이 a인 자료를 반환하게 된다. DT[x=="a"]는 Key가 지정되기 전에도 사용 가능하다.

```
> DT["a"]                                    # DT[x == "a"] 동일함
   x y v
1: a 1 1
2: a 3 2
3: a 6 3
```

DT[,sum(v),by = x]는 변수 x의 값인 a, b, c에 따른 변수 v의 합을 각각 구하는 것이다. 마찬가지로 DT[,sum(v),by = y]는 변수 y의 값인 1, 3, 6에 따른 변수 v의 합을 각각 구하는 것이다.

```
> DT[,sum(v),by = x]
   x V1
1: a  6
2: b 15
3: c 24
```

```
> DT[,sum(v),by = y]
   y V1
1: 1 12
2: 3 15
3: 6 18
```

DT["a",sum(v)]는 Key인 x의 값이 a일 때의 변수 v의 합을 구하는 것이다. DT[c("a","b"),sum(v)]는 Key인 x의 값이 a와 b일 때의 변수 v의 합을 구하는 것이다. 한편, DT[c("a","b"),sum(v),by = .EACHI]는 Key인 x의 값이 a와 b일 때의 변수 v의 합을 각각 구하는 것이다.

```
> DT["a",sum(v)]   [1] 6

> DT[c("a","b"),sum(v)]   [1] 21
```

```
> DT[c("a","b"),sum(v),by = .EACHI]
   x V1
1: a  6
2: b 15
```

새로운 데이터 테이블 X를 아래와 같이 생성한다. 첫 번째 변수는 사용자가 변수명을 사용하지 않았기 때문에 R에서 자동으로 "V1"으로 지정한다.

```
> X = data.table(c("b","c"),foo = c(4,2))
> X
   V1 foo
1:  b   4
2:  c   2
```

원래의 데이터 테이블 DT와 위에서 새롭게 생성한 데이터 테이블 X를 결합하는 예이다. 현재 Key가 변수 "x"이고, X에 있는 변수 "x"의 값이 b와 c이므로, 결합된 DT[X]는 변수 "x"의 값 b와 c만 나타나고, 이때 변수 "y", "v", "foo"의 값들이 나타나게 된다. 변수 "foo"의 값은 반복적으로 나타나게 된다.

- DT[X,sum(v),by=.EACHI]는 DT[X]에서 Key인 x의 값 b와 c에 대하여 변수 v의 합을 각각 구하는 것이다.
- DT[X,mult="first"]는 Key인 x의 값 b와 c의 각 첫 번째 행의 값을,
- DT[X,mult="last"]는 마지막 행의 값을 반환하게 된다.
- T[X,sum(v)*foo,by=.EACHI]는 변수 v의 합과 foo의 값의 곱(15×4, 24×2)을 나타낸다.

```
> DT[X]
   x y v foo
1: b 1 4   4
2: b 3 5   4
3: b 6 6   4
4: c 1 7   2
5: c 3 8   2
6: c 6 9   2

> DT[X,sum(v),by=.EACHI]
   x V1
1: b 15
2: c 24
```

```
> DT[X,mult="first"]
   x y v foo
1: b 1 4   4
2: c 1 7   2
> DT[X,mult="last"]
   x y v foo
1: b 6 6   4
2: c 6 9   2
> DT[X,sum(v)*foo,by=.EACHI]
   x V1
1: b 60
2: c 48
```

아래와 같이 Key는 2개 이상도 가능하다. setkeyv(DT,c("x","y"))도 같은 결과이다.

```
> setkey(DT,x,y)                          # setkeyv(DT,c("x","y"))    동일함
> tables()
     NAME NROW NCOL MB COLS    KEY
[1,] DT      9    3  1 x,y,v  x,y
[2,] X       2    2  1 V1,foo
Total: 2MB
```

DT["a"]는 Key인 x가 "a"인 자료를 나타낸다. 반면, DT[.("a",3)]는 Key인 x가 "a", y가 3인 값을 나타낸다.

```
> DT["a"]
> DT[.("a")]
> DT[list("a")]
   x y v
1: a 1 1
2: a 3 2
3: a 6 3
```

```
> DT[.("a",3)]
   x y v
1: a 3 2
```

DT[.("a",3:6)]는 Key인 x가 "a", y가 3부터 6까지의 자료를 나타낸다. 옵션 nomatch = 0는 "NA"를 제외하는 것이고, 옵션 roll = TRUE는 "NA"를 바로 전의 값으로 대체하는 것이다.

```
> DT[.("a",3:6)]
   x y  v
1: a 3  2
2: a 4 NA
3: a 5 NA
4: a 6  3
```

```
> DT[.("a",3:6),nomatch = 0]
   x y v
1: a 3 2
2: a 6 3
```

```
> DT[.("a",3:6),roll = TRUE]
   x y v
1: a 3 2
2: a 4 2
3: a 5 2
4: a 6 3
```

DT[,sum(v),by = .(y%%2)]는 변수 "v"의 합을, 변수 "y"의 값을 2로 나눈 나머지의 분류(0 또는 1)에 따라 구하는 것이다. DT[,.SD[2],by = x]는 변수 "x"에 의한 각 그룹별(a, b, c) 두 번째 행을 나타낸다.

```
> DT[,sum(v),by = .(y%%2)]
   y V1
1: 1 27
2: 0 18
```

```
> DT[,.SD[2],by = x]
   x y v
1: a 3 2
2: b 3 5
3: c 3 8
```

DT[,tail(.SD,2),by = x]는 변수 "x"에 의한 각 그룹별(a, b, c) 마지막 두 개의 행을 나타낸다. DT[,lapply(.SD,sum),by = x]는 변수 "x"에 의한 각 그룹별(a, b, c) 합을 나타낸다.

```
> DT[,tail(.SD,2),by = x]
   x y v
1: a 3 2
2: a 6 3
3: b 3 5
4: b 6 6
5: c 3 8
6: c 6 9
```

```
> DT[,lapply(.SD,sum),by = x]
   x  y  v
1: a 10  6
2: b 10 15
3: c 10 24
```

옵션 by = .(x,y%%2)는 변수 "x"의 값과 "y"의 값에 대하여 2로 나눈 나머지인 0, 1을 그룹으로 한 6가지의 그룹에 의한 분류를 의미한다. 각 그룹별 합, 최솟값 및 최댓값을 새로운 변수이름으로 하여 나타낸 것이다.

```
> DT[,list(MySum = sum(v), MyMin = min(v), MyMax = max(v)), by = .(x,y%%2)]
   x y MySum MyMin MyMax
1: a 1     3     1     2
2: a 0     3     3     3
3: b 1     9     4     5
4: b 0     6     6     6
5: c 1    15     7     8
6: c 0     9     9     9
```

조건을 만족하는 값들만 추출할 수도 있다. 좌측은 변수 "v"의 합의 값이 20보다 작은 경우에만 추출한 것이다. 우측은 변수 "v"의 합의 크기를 내림차순으로 재정렬하여 나타낸 것이다.

```
> DT[, sum(v), x][V1<20]
   x V1
1: a  6
2: b 15
```

```
> DT[, sum(v), x][order(-V1)]
   x V1
1: c 24
2: b 15
3: a  6
```

DT[, z: = 42L][ ]는 데이터 테이블 DT에 새로운 변수 "z"를 42의 값을 부여하여 새로운 데이터 테이블을 생성한 것이다. "print(DT[,z: = 42L])"와 같은 결과이다. DT[, z: = NULL][ ]는 변수 "z"를 제외시키는 예이다.

```
> DT[, z: = 42L][ ]
   x y v  z
1: a 1 1 42
2: a 3 2 42
3: a 6 3 42
4: b 1 4 42
5: b 3 5 42
6: b 6 6 42
7: c 1 7 42
8: c 3 8 42
9: c 6 9 42
```

```
> DT[, z: = NULL][ ]
   x y v
1: a 1 1
2: a 3 2
3: a 6 3
4: b 1 4
5: b 3 5
6: b 6 6
7: c 1 7
8: c 3 8
9: c 6 9
```

DT["a",v: = 42L][ ]는 Key인 변수 "x"의 값이 "a"인 경우 변수 "v"의 값을 42로 대체하는 예이고, DT["b",v2: = 84L][ ]는 Key인 변수 "x"의 값이 "b"인 경우 새로운 변수 "v2"의 값을 84로 대체하는 예이다. 그러므로 변수 "x"의 값이 "b"가 아닌 "a" 또는 "c"인 경우는 새 변수 "v2"의 값이 "NA"가 된다.

```
> DT["a",v:=42L][ ]
   x y  v
1: a 1 42
2: a 3 42
3: a 6 42
4: b 1  4
5: b 3  5
6: b 6  6
7: c 1  7
8: c 3  8
9: c 6  9
```

```
> DT["b",v2:=84L][ ]
   x y  v v2
1: a 1 42 NA
2: a 3 42 NA
3: a 6 42 NA
4: b 1  4 84
5: b 3  5 84
6: b 6  6 84
7: c 1  7 NA
8: c 3  8 NA
9: c 6  9 NA
```

DT[, m:=mean(v),by=x][ ]는 변수 "x"에 의한 그룹별(a, b c) 변수 "v"의 합을 새로운 변수 "m"으로 하는 예로 각 행이 모두 나타나고 있으며, 각 그룹별로 한 개의 행으로만 나타내고자 할 때는 옵션 .SD[which.min(v)]을 이용하면 된다.

```
> DT[,m:=mean(v),by=x][ ]
   x y  v v2  m
1: a 1 42 NA 42
2: a 3 42 NA 42
3: a 6 42 NA 42
4: b 1  4 84  5
5: b 3  5 84  5
6: b 6  6 84  5
7: c 1  7 NA  8
8: c 3  8 NA  8
9: c 6  9 NA  8
```

```
> DT[,.SD[which.min(v)],by=x][ ]
   x y  v v2  m
1: a 1 42 NA 42
2: b 1  4 84  5
3: c 1  7 NA  8
```

"!"는 역(반대)을 의미하는 기호로 사용된다. DT[!.("a")]는 Key인 변수 "x"의 값이 "a"가 아닌 나머지 전체를 나타내는 것이고, DT[!2:4]는 Key인 변수 "y"의 값이 2부터 4까지가 아닌, 즉 이 경우는 1, 3, 6인 전체 행을 나타내는 것이다. DT[x!="b" | y!=3]는 변수 "x"가 b가 아니고, 변수 "y"가 3이 아닌 모든 행을 표현하는 것이다.

```
> DT[!.("a")]
   x y v v2 m
1: b 1 4 84 5
2: b 3 5 84 5
3: b 6 6 84 5
4: c 1 7 NA 8
5: c 3 8 NA 8
6: c 6 9 NA 8
> DT[!"a"]        # 동일함
```

```
> DT[!2:4]
   x y  v v2  m
1: a 1 42 NA 42
2: b 3  5 84  5
3: b 6  6 84  5
4: c 1  7 NA  8
5: c 3  8 NA  8
6: c 6  9 NA  8
```

```
> DT[x!="b" | y!=3]
   x y  v v2  m
1: a 1 42 NA 42
2: a 3 42 NA 42
3: a 6 42 NA 42
4: b 1  4 84  5
5: b 6  6 84  5
6: c 1  7 NA  8
7: c 3  8 NA  8
8: c 6  9 NA  8
> DT[!.("b",3)]    #동일함
```

다음과 같이 두 개의 데이터 테이블 "DT1"과 "DT2"를 생성한다.

```
> DT1 = data.table(
+ x = c("c", "a", "b", "a", "b"), a = 1:5)
> DT1
   x a
1: c 1
2: a 2
3: b 3
4: a 4
5: b 5
```

```
> DT2 = data.table(
+ x = c("d", "c", "b"), mul = 6:8)
> DT2
   x mul
1: d   6
2: c   7
3: b   8
```

DT2의 인자 변수 "x"를 기준으로 하여 DT1과 결합한 결과이다.

```
> DT1[DT2, on = c(x = "x")]
> DT1[DT2, on = "x"]                    # 동일함
   x  a mul
1: d NA   6
2: c  1   7
3: b  3   8
4: b  5   8
```

옵션 by = .EACHI은 변수 "x" 각각의 값에 대하여, 산술식 sum(a) * mul(변수 "a"와 변수 "mul"의 곱)을 진행한 결과이다.

```
> DT1[DT2, .(sum(a) * mul), by = .EACHI, on = "x"]
   x V1
1: d NA
2: c  7
3: b 64
```

옵션 nomatch = 0L은 "NA"를 제외시키는 것이다.

```
> DT1[DT2, .(sum(a) * mul), by = .EACHI, on = "x", nomatch = 0L]
   x V1
1: c  7
2: b 64
```

새로운 데이터 테이블 DT에서, **b %between% c(7,9)**는 변수 "b"의 값 중 7에서 9 사이에 있는 행들만 나타내고자 할 때 사용한다.

```
> DT = data.table(a = 1:5, b = 6:10)
> DT
   a  b
1: 1  6
2: 2  7
3: 3  8
4: 4  9
5: 5 10
```

```
> DT[b %between% c(7,9)]
   a b
1: 2 7
2: 3 8
3: 4 9
```

다음은 옵션 **key = "A,B"**를 지정한 경우, 함수 "**unique(DT)**"는 데이터 테이블 DT에서 색인(Key) 값이 유일한 행들만 추출하여 나타낸다. 그리고 함수 "**duplicated(DT)**"는 바로 전행과 비교하여 색인의 일치 여부를 반환한다. 첫 번째 행은 0번째 행과의 비교이므로 항상 "FALSE"이다.

```
> DT <- data.table(
+          A = rep(1:3, each = 4),
+          B = rep(1:4, each = 3),
+          C = rep(1:2, 6),
+          key = "A,B")
> DT
    A B C
 1: 1 1 1
 2: 1 1 2
 3: 1 1 1
 4: 1 2 2
 5: 2 2 1
 6: 2 2 2
 7: 2 3 1
 8: 2 3 2
 9: 3 3 1
10: 3 4 2
11: 3 4 1
12: 3 4 2
```

```
> unique(DT)
   A B C
1: 1 1 1
2: 1 2 2
3: 2 2 1
4: 2 3 1
5: 3 3 1
6: 3 4 2
```

```
> duplicated(DT)
[1] FALSE  TRUE  TRUE FALSE FALSE  TRUE FALSE  TRUE FALSE FALSE  TRUE  TRUE
```

일반적인 병합(merge)과 유사하지만 주요한 차이점은 같은 변수명에 의한 병합만이 아닌 색인(Key)에 의한 병합을 할 수 있는 것이다. 색인에 의한 병합은 자료들의 연산 처리 시간을 단축시켜 준다. 다음은 Key를 변수 "A"로 지정한 다음 자료 DT1과 DT2에 대하여 자료를 병합하는 예이다.

```
> DT1 <- data.table(
+          A = letters[1:10],
+          X = 1:10, key = "A")
> DT1
    A  X
 1: a  1
 2: b  2
 3: c  3
 4: d  4
 5: e  5
 6: f  6
 7: g  7
 8: h  8
 9: i  9
10: j 10
```

```
> DT2 <- data.table(
+          A = letters[5:14],
+          Y = 1:10, key = "A")
> DT2
    A  Y
 1: e  1
 2: f  2
 3: g  3
 4: h  4
 5: i  5
 6: j  6
 7: k  7
 8: l  8
 9: m  9
10: n 10
```

좌측은 옵션이 없는 일반적 병합으로 두 자료에 공동으로 있는 변수 “A”의 값인 e, f, g, h, i, j가 있는 6개의 행을 가진 자료를 반환한다. 반면 우측의 경우와 같이 옵션을 all = TRUE로 하면 두 자료에 있는 모든 값들에 대하여 다른 변수들의 값이 존재하면 그 값을 주고, 존재하지 않으면 “NA”로 반환한다.

```
> merge(DT1, DT2)
   A  X Y
1: e  5 1
2: f  6 2
3: g  7 3
4: h  8 4
5: i  9 5
6: j 10 6
```

```
> merge(DT1, DT2, all = TRUE)
    A  X  Y
 1: a  1 NA
 2: b  2 NA
 3: c  3 NA
 4: d  4 NA
 5: e  5  1
 6: f  6  2
 7: g  7  3
 8: h  8  4
 9: i  9  5
10: j 10  6
11: k NA  7
12: l NA  8
13: m NA  9
14: n NA 10
```

Key를 변수 “A”로 지정한 다음 자료 DT1과 DT2에 대하여 자료를 병합하는 다른 예이다.

```
> DT1 <- data.table(
+         A = letters[rep(1:3, 2)],
+         X = 1:6, key = "A")
> DT1
   A X
1: a 1
2: a 4
3: b 2
4: b 5
5: c 3
6: c 6
```

```
> DT2 <- data.table(
+         A = letters[rep(2:4, 2)],
+         Y = 6:1, key = "A")
> DT2
   A Y
1: b 6
2: b 3
3: c 5
4: c 2
5: d 4
6: d 1
```

좌측은 옵션이 없는 일반적 병합으로 두 자료에 공동으로 있는 변수 “A”의 값인 b, c가 있는 자료 DT1의 4개의 행에 대하여, 자료 DT2의 4개의 행의 값이 서로 교차된 8개의 행을 가진 자료를 반환한다. 옵션을 allow.cartesian = TRUE로 지정한 2번째와 결과가 같음을 볼 수 있다. 반면 우측의 경우와 같이 옵션을 all = TRUE로 하면 두 자료에 있는 모든 값들에 대하여 다른 변수들의 값이 존재하면 그 값을 주고, 존재하지 않으면 “NA”로 반환하는 12개의 행을 가진 자료를 반환하게 된다.

```
> merge(DT1, DT2)
   A X Y
1: b 2 6
2: b 2 3
3: b 5 6
4: b 5 3
5: c 3 5
6: c 3 2
7: c 6 5
8: c 6 2
```

```
> merge(DT1, DT2,
+         allow.cartesian =
TRUE)
   A X Y
1: b 2 6
2: b 2 3
3: b 5 6
4: b 5 3
5: c 3 5
6: c 3 2
7: c 6 5
8: c 6 2
```

```
> merge(DT1, DT2,
+         all = TRUE)
    A  X  Y
 1: a  1 NA
 2: a  4 NA
 3: b  2  6
 4: b  2  3
 5: b  5  6
 6: b  5  3
 7: c  3  5
 8: c  3  2
 9: c  6  5
10: c  6  2
11: d NA  4
12: d NA  1
```

Key를 변수 "A"와 변수 "B"로 지정한 다음 자료 DT1과 DT2에 대하여 자료를 병합하는 다른 예이다.

```
> DT1 <- data.table(
+             A = c(rep(1L, 5), 2L),
+             B = letters[rep(1:3, 2)],
+             X = 1:6, key = "A,B")
> DT1
   A B X
1: 1 a 1
2: 1 a 4
3: 1 b 2
4: 1 b 5
5: 1 c 3
6: 2 c 6
```

```
> DT2 <- data.table(
+             A = c(rep(1L, 5), 2L),
+             B = letters[rep(2:4, 2)],
+             Y = 6:1, key = "A,B")
> DT2
   A B Y
1: 1 b 6
2: 1 b 3
3: 1 c 5
4: 1 c 2
5: 1 d 4
6: 2 d 1
```

두 자료에 Key인 A와 B가 공동으로 있는 자료는 변수 "A"는 1, 변수 "B"는 b와 c이다. 따라서 변수 "A", "B", "X", "Y"를 가진 병합된 새로운 자료는 자료 DT1에 있는 3~5행의 자료에 대하여, 자료 DT2의 1~4행까지의 자료들과의 결과인 6개의 행을 가지게 된다. 오른쪽은 옵션 by = "B"와 allow.cartesian = TRUE를 사용한 결과이다. 변수 "A"가 두 자료에 모두 있으므로 이를 구분하기 위하여 자동으로 자료 DT1은 "A.x"로 자료 DT2는 "A.y"로 지정한 것을 볼 수 있다.

```
> merge(DT1, DT2)
   A B X Y
1: 1 b 2 6
2: 1 b 2 3
3: 1 b 5 6
4: 1 b 5 3
5: 1 c 3 5
6: 1 c 3 2
```

```
> merge(DT1, DT2, by = "B",
+            allow.cartesian = TRUE)
   B A.x X A.y Y
1: b   1 2   1 6
2: b   1 2   1 3
3: b   1 5   1 6
4: b   1 5   1 3
5: c   1 3   1 5
6: c   1 3   1 2
7: c   2 6   1 5
8: c   2 6   1 2
```

다음은 함수 “transpose()”의 예이다. 결과는 리스트 형식으로 반환하게 된다. 함수 “setDT()”는 데이터 테이블로 변환해준다. 옵션 fill = 0는 NA를 “0”으로 채우게 한다.

```
> LL = list(1:5, 6:8)
> LL
[[1]]
[1] 1 2 3 4 5

[[2]]
[1] 6 7 8
```

```
> transpose(LL)
[[1]]
[1] 1 6

[[2]]
[1] 2 7

[[3]]
[1] 3 8

[[4]]
[1]  4 NA

[[5]]
[1]  5 NA
```

```
> setDT(transpose(LL, fill = 0))[]
   V1 V2 V3 V4 V5
1:  1  2  3  4  5
2:  6  7  8  0  0
```

함수 “subset()”를 이용하여 조건에 부합하는 자료의 일부를 추출할 수 있다. 현재의 옵션 a=='a'는 변수 “a”의 값이 a를 만족하는 행들만을 추출하게 된다. 함수 “all.equal()”는 두 인자의 동일성 여부에 따른 진리값을 반환한다. 추출된 자료 SUB의 Key는 변화가 없으므로 원래의 자료 DT의 Key와 동일하다. 따라서 진리값은 TRUE가 된다. 반면 자료 DT와 자료 SUB의 동일성 판단에서는 일치되지 않는 개체들을 나열하고, 불일치 내용을 알려 준다.

```
> DT <- data.table(
+ a = sample(c('a', 'b', 'c'),
+        10, replace = TRUE),
+ b = sample(c('a', 'b', 'c'),
+        10, replace = TRUE),
+ c = sample(10),
+ key = c('a', 'b'))
> DT
    a b  c
 1: a a  3
 2: a a  5
 3: a b  8
 4: a b  9
 5: a c  1
 6: a c  4
 7: b a  2
 8: b c  7
 9: c c  6
10: c c 10
```

```
> SUB <- subset(DT,
+           a == 'a')
> SUB
   a b c
1: a a 3
2: a a 5
3: a b 8
4: a b 9
5: a c 1
6: a c 4
```

```
> all.equal(key(SUB), key(DT))   [1] TRUE
```

```
> all.equal(DT, SUB)
[1] "Component "a": Lengths (10, 6) differ (string compare on first 6)"
[2] "Component "b": Lengths (10, 6) differ (string compare on first 6)"
[3] "Component "c": Numeric: lengths (10, 6) differ"
```

4.4.2 패키지 “plyr”

Hadley Wickham이 개발한 패키지로 자료를 사용자가 지정한 기준에 따라 분리하여 특정 산술함수를 적용한 결과들을 재정리하는 데 적합한 함수들을 제공한다. 앞에서 언급한 apply 함수들과 유사하다.

아래의 표에 대표적인 함수들을 정리하였다. 함수명은 “ⒾⓄply”의 형식이다. 여기서, Ⓘ는 처리해야 할 자료의 유형을, Ⓞ는 처리한 결과의 유형을 의미한다. R에서 사용하는 거의 모든 유형의 자료를 처리할 수 있다. 처리 결과 중 “_”은 결과를 출력하지 않고자 할 때 사용한다. 자료의 유형에 따라 함수 “ⒾⓄ**ply()**”의 인자들이 다르게 된다.

표 4-3 자료 형태에 따른 함수 종류

입력 \ 출력	배열(Array)	데이터 프레임 (Data Fame)	리스트 (List)	(Discarded)
배열(Array)	aaply	adply	alply	a_ply
데이터 프레임(Data Frame)	daply	ddply	dlply	d_ply
리스트(List)	laply	ldply	llply	l_ply
복합적(Multi)	maply	mdply	mlply	m_ply
반복(Replicate)	rsply	rdply	rlply	r_ply

위의 함수 중 자주 사용하게 되는 함수 “ddply( )”의 예를 살펴보기로 한다. 다음은 변수 “group”, “sex”, “age”를 갖는 29개로 이루어진 자료를 구성한 예이다. 변수 “group”은 함수 “**rep()**”를 이용하여 A가 8개, B가 15개, C가 6개로 이루어져 있다. 변수 “sex”는 함수 “**sample()**”를 이용하여 M과 F 중에서 중복을 허락하여 29를 임의 추출한 결과값이다. 마지막으로 변수 “age”는 [18, 54]의 범위 내에서 균등분포를 따르는 난수 29개를 추출한 것이다.

```
> Dfx <- data.frame(
+    group = c(rep('A', 8), rep('B', 15), rep('C', 6)),
+    sex = sample(c("M", "F"), size = 29, replace = TRUE),
+    age = runif(n = 29, min = 18, max = 54) )
```

자료를 모두 출력하기보다는 함수 “**head()**”와 “**tail()**”를 이용하여 처음 5개와 마지막 5개씩만 일부 출력하였다.

```
> head(Dfx, 5L)
  group sex      age
1     A   F 33.23643
2     A   F 38.47547
3     A   F 53.73818
4     A   M 42.47063
5     A   F 40.76653
```

```
> tail(Dfx, 5L)
   group sex      age
25     C   M 21.45552
26     C   M 50.08453
27     C   F 29.38210
28     C   M 38.12622
29     C   M 48.05293
```

함수 "ddply()"를 이용하여 데이터 프레임 Dfx에서, 변수 "group"과 "sex"를 기준으로 변수 "age"의 평균과 표준편차를 계산하여 그 결과를 데이터 프레임으로 나타낸 것이다. 함수 "round()"를 이용하여 계산 값의 반올림 위치를 결정할 수 있다.

```
> ddply(Dfx, .(group, sex), summarize,
+   mean = round(mean(age), 2),
+   sd = round(sd(age), 2))
  group sex  mean    sd
1     A   F 36.46 10.89
2     A   M 39.05  4.84
3     B   F 35.90  9.65
4     B   M 37.96 14.89
5     C   F 39.19 13.87
6     C   M 39.43 13.07
```

다음은 패키지 "plyr"에 있는 자료 baseball(22개의 변수와 21,699행으로 구성)에 대하여, 좌측은 처음 100개의 자료에 대해서만 변수 "year"에 대한 행의 수를 추출한 것이다. 결과값을 나타낼 이름을 명명하지 않아 자동으로 "V1"을 할당한다. 우측은 자료 전체에 대하여 변수 "lg"에 대한 행의 수 및 열의 수를 추출한 것이다. 이때는 변수명을 "nrow"과 "ncol"로 지정하였기 때문에 결과에서 열의 이름에 지정된 문자열이 나타난다.

```
> ddply(baseball[1:100,],
+         ~ year, nrow)
  year V1
1 1871  7
2 1872 13
3 1873 13
4 1874 15
5 1875 17
6 1876 15
7 1877 17
8 1878  3
```

```
> ddply(baseball, .(lg),
+         c("nrow", "ncol"))
  lg  nrow ncol
1        65   22
2 AA    171   22
3 AL  10007   22
4 FL     37   22
5 NL  11378   22
6 PL     32   22
7 UA      9   22
```

옵션 Mean_rbi = mean(rbi, na.rm = TRUE)는 변수 "rbi"의 결측치를 제외한 평균을 구하여 "Mean_rbi"로 지정한 것이다. 변수 "year"에 따른 그룹별 변수 "rbi"의 평균을 구한 것이다. 자료는 총 137행으로 모든 자료를 보기보다는 일부만을 확인하기 위하여, 함수 "head()"와 "tail()"을 이용하여 각각 5행씩만 나타내었다. 함수 "plot()"를 이용하여 전체적인 자료를 시각화하였다.

```
> Rbi <- ddply(baseball, .(year), summarise,
+              Mean_rbi = mean(rbi, na.rm = TRUE))
```

```
> head(Rbi, 5L)
  year Mean_rbi
1 1871 22.28571
2 1872 20.53846
3 1873 30.92308
4 1874 29.00000
5 1875 31.58824
```

```
> tail(Rbi, 5L)
    year Mean_rbi
133 2003 24.43519
134 2004 24.88770
135 2005 21.33125
136 2006 18.07092
137 2007 18.82609
```

```
> plot(Mean_rbi ~ year,
+   type = "l", data = Rbi)
```

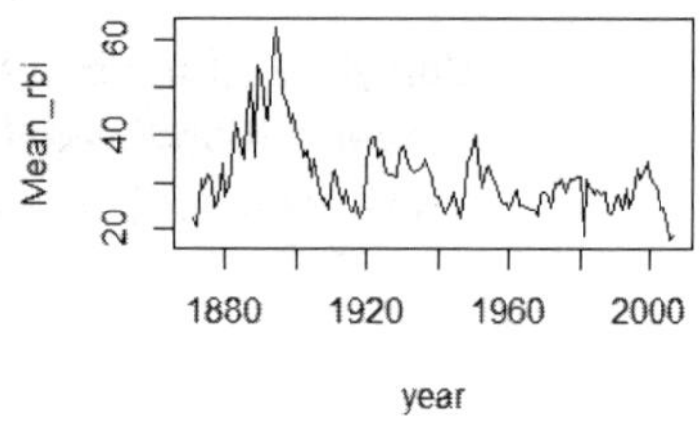

함수 "with()"와 함수 "order()"를 이용하여 자료 mtcars에 대하여, 변수 "cyl"와 "disp"에 의한 오름차순으로 정렬할 수 있다. 결과의 처음 5행만 보기 위하여 함수 "head()"를 이용하였다.

```
> head(mtcars[with(mtcars, order(cyl, disp)), ],5L)
                mpg cyl disp  hp drat    wt  qsec vs am gear carb
Toyota Corolla 33.9   4 71.1  65 4.22 1.835 19.90  1  1    4    1
Honda Civic    30.4   4 75.7  52 4.93 1.615 18.52  1  1    4    2
Fiat 128       32.4   4 78.7  66 4.08 2.200 19.47  1  1    4    1
Fiat X1-9      27.3   4 79.0  66 4.08 1.935 18.90  1  1    4    1
Lotus Europa   30.4   4 95.1 113 3.77 1.513 16.90  1  1    5    2
```

다음의 결과는 함수 "arrange()"를 이용하여 위와 같이 변수 "cyl"와 "disp"에 의한 오름차순으로 정렬한 것이다. 함수의 사용이 다소 간단해진 것을 볼 수 있다. 두 가지 방법에 의한 결과가 다소 다른 것을 볼 수 있다. 함수 "with()"와 함수 "order()"를 이용한 결과는 행이름(row name)이 나타난 반면, 함수 "arrange()"의 결과에서는 행이름이 나타나지 않는다. 옵션에 함수 "row.names()"를 사용하여 행이름을 변수 vehicle로 지정한다. 벡터와 원래의 자료를 열결합(cbind)한 것을 새로운 자료명 myCars로 명명한 후, 이 자료에 대하여 변수 "cyl"와 "disp"에 의한 오름차순으로 정렬하면 된다.

```
> head(arrange(mtcars, cyl, disp), 5L)
   mpg cyl disp  hp drat    wt  qsec vs am gear carb
1 33.9   4 71.1  65 4.22 1.835 19.90  1  1    4    1
2 30.4   4 75.7  52 4.93 1.615 18.52  1  1    4    2
3 32.4   4 78.7  66 4.08 2.200 19.47  1  1    4    1
4 27.3   4 79.0  66 4.08 1.935 18.90  1  1    4    1
5 30.4   4 95.1 113 3.77 1.513 16.90  1  1    5    2
```

```
> myCars = cbind(vehicle = row.names(mtcars), mtcars)
> head(arrange(myCars, cyl, disp), 5L)
        vehicle  mpg cyl disp  hp drat    wt  qsec vs am gear carb
1 Toyota Corolla 33.9   4 71.1  65 4.22 1.835 19.90  1  1    4    1
2    Honda Civic 30.4   4 75.7  52 4.93 1.615 18.52  1  1    4    2
3       Fiat 128 32.4   4 78.7  66 4.08 2.200 19.47  1  1    4    1
4      Fiat X1-9 27.3   4 79.0  66 4.08 1.935 18.90  1  1    4    1
5   Lotus Europa 30.4   4 95.1 113 3.77 1.513 16.90  1  1    5    2
```

오름차순이 아닌 내림차순으로 정렬하고자 할 때는 함수 "desc()"를 사용한다.

```
> head(arrange(myCars, cyl, desc(disp)), 5L)
        vehicle  mpg cyl  disp  hp drat    wt  qsec vs am gear carb
1     Merc 240D 24.4   4 146.7  62 3.69 3.190 20.00  1  0    4    2
2      Merc 230 22.8   4 140.8  95 3.92 3.150 22.90  1  0    4    2
3    Volvo 142E 21.4   4 121.0 109 4.11 2.780 18.60  1  1    4    2
4 Porsche 914-2 26.0   4 120.3  91 4.43 2.140 16.70  0  1    5    2
5 Toyota Corona 21.5   4 120.1  97 3.70 2.465 20.01  1  0    3    1
```

특정 변수에 대한 빈도수를 측정하는 데 함수 "count()"를 이용한다. 좌측은 처음 30개의 행 중에서 변수 "id"를 기준으로 빈도수를 구한 것이다. 두 번째의 옵션 wt_var = "g"는 변수 "g"의 값을 가중치로 한 것이다. 세 번째는 자료 전체에서 변수 "lg"의 빈도수를 구한 것이다.

```
> count(baseball[1:30,],
+       vars = "id")
          id freq
1  ansonca01    3
2  burdoja01    2
3  forceda01    4
4  gerhajo01    1
5  hinespa01    2
6  mathebo01    3
7  nelsoca01    3
8  orourji01    2
9  snydepo01    1
10 startjo01    3
11 suttoez01    2
12 whitede01    2
13  yorkto01    2
```

```
> count(baseball[1:30,],
+       vars = "id",
+       wt_var = "g")
          id freq
1  ansonca01  123
2  burdoja01   92
3  forceda01  125
4  gerhajo01   13
5  hinespa01   50
6  mathebo01  121
7  nelsoca01   58
8  orourji01   80
9  snydepo01   28
10 startjo01  141
11 suttoez01   51
12 whitede01   51
13  yorkto01   80
```

```
> count(baseball,"lg")
  lg  freq
1       65
2 AA   171
3 AL 10007
4 FL    37
5 NL 11378
6 PL    32
7 UA     9
```

함수 “mutate()”는 현재 자료의 열벡터 값을 대체하거나 또는 산술식 등에 의한 새로운 변수들 생성에 사용된다. 패키지 “datasets”에 있는 자료 airquality에서 변수 “Ozone”에 −1을 곱한 값을 변수 “Ozone”으로 지정한 것이다.

```
> head(mutate(airquality, Ozone = -Ozone),5L)
  Ozone Solar.R Wind Temp Month Day
1   -41     190  7.4   67     5   1
2   -36     118  8.0   72     5   2
3   -12     149 12.6   74     5   3
4   -18     313 11.5   62     5   4
5    NA      NA 14.3   56     5   5
```

다음은 함수 “mutate()”를 이용하여 “−Ozone”을 새로운 변수 “new”로 추가하고, 변수 “Temp”는 새로운 연산에(화씨(℉)에서 섭씨(℃)로 변환하는 식)의한 변환값으로 대체한 것이다.

```
> head(mutate(airquality, new = -Ozone, Temp = (Temp - 32) / 1.8),5L)
  Ozone Solar.R Wind     Temp Month Day new
1    41     190  7.4 19.44444     5   1 -41
2    36     118  8.0 22.22222     5   2 -36
3    12     149 12.6 23.33333     5   3 -12
4    18     313 11.5 16.66667     5   4 -18
5    NA      NA 14.3 13.33333     5   5  NA
```

다음은 함수 “mutate()”를 이용하여 변환된 변수 “Temp”를 이용하여 새로운 변수 “OzT”를 만들어 열에 추가한 것이다.

```
> head(mutate(airquality, Temp = (Temp-32)/1.8, OzT = Ozone/Temp), 5L)
  Ozone Solar.R Wind     Temp Month Day       OzT
1    41     190  7.4 19.44444     5   1 2.1085714
2    36     118  8.0 22.22222     5   2 1.6200000
3    12     149 12.6 23.33333     5   3 0.5142857
4    18     313 11.5 16.66667     5   4 1.0800000
5    NA      NA 14.3 13.33333     5   5        NA
```

자료의 변환에는 함수 “transform()”도 사용 가능하다. 그러나 다음의 결과를 보면 함수 “mutate()”에 의한 처리시간이 덜 소요됨을 볼 수 있다(그렇게 방대한 자료가 아니므로 측정된 사용시간이 0으로 표현되어 있다).

```
> system.time(transform(baseball, avg_ab = ab / g))
 사용자  시스템 elapsed
   0.00    0.02    0.01
> system.time(mutate(baseball, avg_ab = ab / g))
 사용자  시스템 elapsed
      0       0       0
```

함수 "summarise()"를 이용하여, 자료들에서 사용자가 필요로 하는 통계량들을 생성할 수 있다. 다음은 자료 "baseball"에서 변수 "year"의 범위값을 변수 "duration"으로, 변수 "team"의 수를 함수 "length()"와 "unique()"를 이용하여 구한 것을 변수 "nteams"로 명명한 요약 자료를 만든 것이다.

```
> summarise(baseball, duration = max(year) - min(year),
+                     nteams = length(unique(team)))
  duration nteams
1      136    132
```

다음은 함수 "ddply()"를 이용하여 변수 "id"에 따라 위에서 요약한 자료인 "duration"과 "nteams"를 추출한 것을 함수 "head()"를 이용하여 처음 5행을, 함수 "tail()"을 이용하여 마지막 5행은 나타낸 것이다.

```
> head(ddply(baseball, "id", summarise, duration = max(year) - min(year),
+            nteams = length(unique(team))), 5L)
         id duration nteams                 id duration nteams
1 aaronha01       22      3      1224 yountro01       19      1
2 abernte02       17      7      1225 zachato01       18      7
3 adairje01       12      4      1226  zaungr01       12      7
4 adamsba01       20      2      1227 zeileto01       15     11
5 adamsbo03       13      4      1228 zimmech01       19      7
```

4.4.3 패키지 "dplyr"

Hadley Wickham이 개발한 패키지로, 패키지 "plyr"의 새로운 버전이라고 할 수 있다. 모든 함수가 R로 작성되어서 처리 속도가 느리다는 단점이 있었던 패키지 "plyr"의 함수들을 C++로 작성하여 불필요한 함수를 불러오지 않도록 함으로써 패키지 "dplyr"에서는 자료처리를 위한 함수의 처리속도가 매우 향상되었다. 패키지 "plyr"의 함수들과 매우 유사한 부분이 많다. 추가된 함수들 몇 가지를 살펴보기로 한다.

함수 "filter()"는 지정한 조건식에 맞는 데이터 추출할 때 사용된다. 자료 mtcars

에서 다음은 각각 변수 "cyl"이 8인 자료, 6보다 작은 자료, 6보다 작거나 또는 변수 "vs"가 1인 자료, 그리고 마지막으로 6보다 작고 변수 "vs"가 1인 자료(조건 **cyl 〈 6 & vs==1**과 동일함)들을 추출하게 된다.

```
> filter(mtcars, cyl == 8)
> filter(mtcars, cyl < 6)
> filter(mtcars, cyl < 6 | vs == 1)
> filter(mtcars, cyl < 6 & vs == 1)
> filter(mtcars, cyl < 6, vs == 1)
```

함수 "**group_by()**"를 사용하면 특정한 변수에 의한 그룹별 처리가 가능하다. 다음은 함수 "**summarise()**"를 이용하여, 변수 "cyl"별 변수 "disp"와 변수 "hp"의 평균을 구한 예이다.

```
> by_cyl <- group_by(mtcars, cyl)
> summarise(by_cyl, mean(disp), mean(hp))
# A tibble: 3 x 3
    cyl mean(disp)  mean(hp)
  <dbl>      <dbl>     <dbl>
1     4   105.1364  82.63636
2     6   183.3143 122.28571
3     8   353.1000 209.21429
```

다음은 함수 "**filter()**"를 이용하여 변수 "cyl"의 그룹별 변수 "disp"가 최대가 되는 행을 추출하는 예이다.

```
> filter(by_cyl, disp == max(disp))
Source: local data frame [3 x 11]
Groups: cyl [3]

    mpg   cyl  disp    hp  drat    wt  qsec    vs    am  gear  carb
  <dbl> <dbl> <dbl> <dbl> <dbl> <dbl> <dbl> <dbl> <dbl> <dbl> <dbl>
1  21.4     6 258.0   110  3.08 3.215 19.44     1     0     3     1
2  24.4     4 146.7    62  3.69 3.190 20.00     1     0     4     2
3  10.4     8 472.0   205  2.93 5.250 17.98     0     0     3     4
```

다음은 자료 "mtcars"의 변수 "vs"와 변수 "am"에 의한 그룹별 빈도수를 구한 예이다.

```
> by_vs_am <- group_by(mtcars, vs, am)
> by_vs <- summarise(by_vs_am, n = n())
> by_vs
Source: local data frame [4 x 3]
Groups: vs [?]

     vs    am     n
  <dbl> <dbl> <int>
1     0     0    12
2     0     1     6
3     1     0     7
4     1     1     7
```

함수 "summarise()"에서 옵션 n = sum(n)은 빈도수 n의 합을 의미한다. 위에서 정의된 by_vs를 옵션으로 지정한 결과는 두 그룹핑 변수 중 첫 번째 변수인 "vs"를 기준으로 하여 합으로 구한다. ungroup(by_vs)에 의하여 그룹을 해제한 후 전체 빈도수를 구할 수 있다.

```
> summarise(by_vs, n = sum(n))
# A tibble: 2 x 2
     vs     n
  <dbl> <int>
1     0    18
2     1    14
```

```
> summarise(ungroup(by_vs), n = sum(n))
# A tibble: 1 x 1
      n
  <int>
1    32
```

자료의 열을 기준으로 추출하는 유용한 함수 "select()"가 있다. select(**자료, 옵션**)의 형식으로 사용한다. 다음의 결과들은 지면 관계상 생략하고 간단한 부연 설명으로 대체하기로 한다.

```
> iris <- tbl_df(iris)                   # 화면출력 크기가 적당하며 기초정보제공
> select(iris, starts_with("Petal"))     # 변수명 "Petal"로 시작하는 열 추출
> select(iris, ends_with("Width"))       # 변수명 "Width"로 끝나는 열 추출
> select(iris, contains("etal"))         # 변수명 "etal"을 포함하는 열 추출
> select(iris, matches(".t."))           # 변수명에 "t"와 일치하는 열 추출,
                                           변수명의 처음 또는 마지막을 제외한
                                           부분에서 탐색한다.
> select(iris, Petal.Length, Petal.Width) # 변수명이 "Petal.Length",
                                           "Petal.Width"인 열 추출
> vars <- c("Petal.Length", "Petal.Width")
> select(iris, one_of(vars))             # 변수명이 "Petal.Length" 또는
                                           "Petal.Width"인 열 추출
```

다음은 균일분포를 따르는 난수생성 함수 "runif()"를 이용하여 100개를 추출한 후, 크기가 10×10인 행렬로 수정된 데이터 프레임이다.

```
> df <- as.data.frame(matrix(runif(100), nrow = 10))
> df
           V1         V2          V3        V4         V5        V6        V7        V8         V9       V10
1  0.85030136 0.81314024 0.070764573 0.6637309 0.03589097 0.9791266 0.4025903 0.7489145 0.18176233 0.7196734
2  0.19106315 0.92896927 0.787540754 0.4697886 0.68908713 0.3999989 0.7608651 0.9100632 0.69146870 0.1380631
3  0.64187687 0.18422800 0.185963725 0.1190597 0.36704949 0.6124787 0.3442812 0.2623374 0.54975441 0.5575483
4  0.54314630 0.72434134 0.337899308 0.9163539 0.28699299 0.6445706 0.9721799 0.4316734 0.28653110 0.7798473
5  0.44611014 0.32076672 0.920462298 0.7738734 0.96145980 0.7467577 0.6145944 0.9176671 0.48394868 0.6487575
6  0.26894869 0.57605272 0.799910572 0.6313588 0.52225650 0.1023500 0.2682605 0.9116492 0.07517433 0.2546106
7  0.49572802 0.36103063 0.019640136 0.5643404 0.78698470 0.3576926 0.4273422 0.3108080 0.35503959 0.2019763
8  0.08167419 0.98086687 0.002405913 0.9548239 0.02036351 0.5611394 0.3694910 0.3736593 0.04744146 0.5057078
9  0.26493376 0.88757589 0.613164043 0.8107019 0.58842252 0.2450067 0.1574926 0.2428973 0.33800397 0.6546953
10 0.99338664 0.05646788 0.678988366 0.5210815 0.66631374 0.6867466 0.7763896 0.1940108 0.44849722 0.9137431
```

함수 "tbl_df()"에서 인자 **c(3, 4, 7, 1, 9, 8, 5, 2, 6, 10)**를 사용하여 열의 순서를 사용자가 원하는 순서대로 바꿀 수 있다.

```
> df <- tbl_df(df[c(3, 4, 7, 1, 9, 8, 5, 2, 6, 10)])
> df
# A tibble: 10 x 10
            V3        V4        V7         V1         V9        V8         V5         V2        V6       V10
         <dbl>     <dbl>     <dbl>      <dbl>      <dbl>     <dbl>      <dbl>      <dbl>     <dbl>     <dbl>
1  0.070764573 0.6637309 0.4025903 0.85030136 0.18176233 0.7489145 0.03589097 0.81314024 0.9791266 0.7196734
2  0.787540754 0.4697886 0.7608651 0.19106315 0.69146870 0.9100632 0.68908713 0.92896927 0.3999989 0.1380631
3  0.185963725 0.1190597 0.3442812 0.64187687 0.54975441 0.2623374 0.36704949 0.18422800 0.6124787 0.5575483
4  0.337899308 0.9163539 0.9721799 0.54314630 0.28653110 0.4316734 0.28699299 0.72434134 0.6445706 0.7798473
5  0.920462298 0.7738734 0.6145944 0.44611014 0.48394868 0.9176671 0.96145980 0.32076672 0.7467577 0.6487575
6  0.799910572 0.6313588 0.2682605 0.26894869 0.07517433 0.9116492 0.52225650 0.57605272 0.1023500 0.2546106
7  0.019640136 0.5643404 0.4273422 0.49572802 0.35503959 0.3108080 0.78698470 0.36103063 0.3576926 0.2019763
8  0.002405913 0.9548239 0.3694910 0.08167419 0.04744146 0.3736593 0.02036351 0.98086687 0.5611394 0.5057078
9  0.613164043 0.8107019 0.1574926 0.26493376 0.33800397 0.2428973 0.58842252 0.88757589 0.2450067 0.6546953
10 0.678988366 0.5210815 0.7763896 0.99338664 0.44849722 0.1940108 0.66631374 0.05646788 0.6867466 0.9137431
```

함수 "select()"를 이용하여 원하는 부분만 추출할 수 있다. 그러나 주의해야 할 것은 순서의 개념이 아닌 현재 지정된 변수들 사이의 값을 모두 추출한다는 것이다. 즉, **V4:V6**는 V4, V5, V6이 아닌 바로 위의 결과 자료에서 V4와 V6 사이에 있는 V4, V7, V1, V9, V8, V5, V2, V6의 8개의 열이 추출된다.

```
> select(df, V4:V6)
# A tibble: 10 x 8
          V4        V7         V1         V9        V8         V5         V2        V6
       <dbl>     <dbl>      <dbl>      <dbl>     <dbl>      <dbl>      <dbl>     <dbl>
1  0.6637309 0.4025903 0.85030136 0.18176233 0.7489145 0.03589097 0.81314024 0.9791266
2  0.4697886 0.7608651 0.19106315 0.69146870 0.9100632 0.68908713 0.92896927 0.3999989
3  0.1190597 0.3442812 0.64187687 0.54975441 0.2623374 0.36704949 0.18422800 0.6124787
4  0.9163539 0.9721799 0.54314630 0.28653110 0.4316734 0.28699299 0.72434134 0.6445706
5  0.7738734 0.6145944 0.44611014 0.48394868 0.9176671 0.96145980 0.32076672 0.7467577
6  0.6313588 0.2682605 0.26894869 0.07517433 0.9116492 0.52225650 0.57605272 0.1023500
7  0.5643404 0.4273422 0.49572802 0.35503959 0.3108080 0.78698470 0.36103063 0.3576926
8  0.9548239 0.3694910 0.08167419 0.04744146 0.3736593 0.02036351 0.98086687 0.5611394
9  0.8107019 0.1574926 0.26493376 0.33800397 0.2428973 0.58842252 0.88757589 0.2450067
10 0.5210815 0.7763896 0.99338664 0.44849722 0.1940108 0.66631374 0.05646788 0.6867466
```

이를 원래 자료에서 V4, V5, V6만을 추출하고자 한다면 다음과 같이 함수 "num_range()"를 이용하면 된다.

```
> select(df, num_range("V", 4:6))
# A tibble: 10 x 3
          V4         V5        V6
       <dbl>      <dbl>     <dbl>
1  0.6637309 0.03589097 0.9791266
2  0.4697886 0.68908713 0.3999989
3  0.1190597 0.36704949 0.6124787
4  0.9163539 0.28699299 0.6445706
5  0.7738734 0.96145980 0.7467577
6  0.6313588 0.52225650 0.1023500
7  0.5643404 0.78698470 0.3576926
8  0.9548239 0.02036351 0.5611394
9  0.8107019 0.58842252 0.2450067
10 0.5210815 0.66631374 0.6867466
```

열을 추가하는 것 외에 불필요한 변수 또는 열을 제거하는 작업도 필요하다. 이때에도 옵션에서 "−"를 이용하는 함수 "select()"를 사용하면 된다.

```
> select(iris, -starts_with("Petal"))      # 변수명이 "Petal"로 시작되는 열 제거
> select(iris, -ends_with("Width"))        # 변수명이 "Width"로 끝나는 열 제거
> select(iris, -contains("etal"))          # 변수명에 "etal"이 포함되는 열 제거
> select(iris, -matches(".t."))            # 변수명이 ".t."와 일치되는 열 제거
> select(iris, -Petal.Length, -Petal.Width)
                              # 변수명이 -Petal.Length, -Petal.Width인 열 제거
```

4.4.4 패키지 "reshape2"

Hadley Wickham이 개발한 패키지로, 자료 정리 및 변환에 유용하다. 대표적인 함수로는 함수 "melt()"와 함수 "cast()"가 있다. 함수 "melt()"는 자료를 간략하게 표현하는 데 사용되며, 함수 "cast()"는 결과를 얻고자 하는 자료의 형태에 따라 "dcast()" 또는 "acast()"를 사용한다. 함수 "dcast()"는 결과를 데이터 프레임으로, 함수 "acast()"는 결과를 벡터, 행렬 또는 배열로 나타낸다.

함수 "tbl_df()"를 이용하여 패키지 "datasets"에 있는 자료의 일부와 관련 정보를 볼 수 있다.

```
> tbl_df(airquality)
# A tibble: 153 x 6
   Ozone Solar.R  Wind  Temp Month   Day
   <int>    <int> <dbl> <int> <int> <int>
1     41      190   7.4    67     5     1
2     36      118   8.0    72     5     2
3     12      149  12.6    74     5     3
4     18      313  11.5    62     5     4
5     NA       NA  14.3    56     5     5
6     28       NA  14.9    66     5     6
7     23      299   8.6    65     5     7
8     19       99  13.8    59     5     8
9      8       19  20.1    61     5     9
10    NA      194   8.6    69     5    10
# ... with 143 more rows
```

변수 “month”와 변수 “day”를 기준으로 자료 airquality에 있는 변수명들과 그 변수의 값을 각 행으로 하는 자료가 생성된다. 옵션에 **na.rm = TRUE**이 있으므로 결측치를 제외한다. 그러므로 총 자료의 수는 $153 \times 4 = 612$가 아닌 총수에서 결측치의 수 44를 뺀 568개의 자료로 구성되어 있는 것이다. 함수 “**tolower()**”는 변수명들을 모두 소문자로 변환한다.

```
> names(airquality) <- tolower(names(airquality))
> aqm <- melt(airquality,
+             id = c("month", "day"),
+             na.rm = TRUE)
> tbl_df(aqm)
# A tibble: 568 x 4
   month   day variable value
*  <int> <int>   <fctr> <dbl>
1      5     1    ozone    41
2      5     2    ozone    36
3      5     3    ozone    12
4      5     4    ozone    18
5      5     6    ozone    28
6      5     7    ozone    23
7      5     8    ozone    19
8      5     9    ozone     8
9      5    11    ozone     7
10     5    12    ozone    16
# ... with 558 more rows
```

함수 “**dcast()**”를 이용하여, 변환된 자료 “aqm”에서 변수 “month”에 따른 나머지 변수들의 평균값을 구하고 각 행과 열의 끝에 변수 “month”와 전체 변수들에 대한 평균도 구한 예이다.

```
> dcast(aqm, month ~ variable, mean, margins = c("month", "variable"))
  month    ozone  solar.r      wind     temp    (all)
1     5 23.61538 181.2963 11.622581 65.54839 68.70696
2     6 29.44444 190.1667 10.266667 79.10000 87.38384
3     7 59.11538 216.4839  8.941935 83.90323 93.49748
4     8 59.96154 171.8571  8.793548 83.96774 79.71207
5     9 31.44828 167.4333 10.180000 76.90000 71.82689
6 (all) 42.12931 185.9315  9.957516 77.88235 80.05722
```

5장

확률분포 및 추출

5.1 확률분포함수

확률변수의 함수인 확률(질량 또는 밀도)함수의 값과 누적분포함수의 값 그리고 누적분포함수의 역함수(분위함수)의 값은 통계분석에서 자주 계산하는 것들이다. 다양한 분포함수들이 내장되어 있어 사용자들이 상황에 맞게 선택하여 사용할 수 있다.

정규분포의 예를 들면, 확률밀도함수, 누적분포함수, 누적분포함수의 역함수는 각각 다음과 같다.

표 5-1 정규분포의 확률밀도, 누적분포 및 분위 함수들

구분	함수 형태	R에서의 표현
확률밀도함수	$f(x;\mu,\sigma^2)=\frac{1}{\sqrt{2\pi}\,\sigma}e^{-\frac{(x-\mu)^2}{2\sigma^2}}$	dnorm(x,μ,σ^2)
누적분포함수	$F(x)=\int_{-\infty}^{x}\frac{1}{\sqrt{2\pi}\,\sigma}e^{-\frac{(t-\mu)^2}{2\sigma^2}}dt$	pnorm(x,μ,σ^2)
분위함수	$x=F^{-1}(y),(0\leq y=F(x)\leq 1)$	qnorm(y,μ,σ^2)

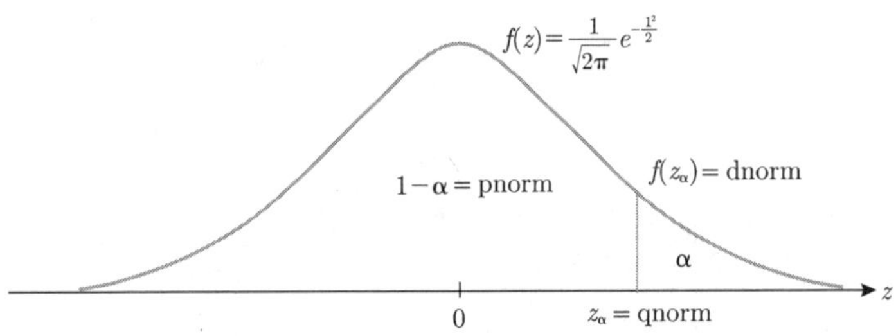

그림 5-1 표준정규분포에서의 함수들 값

R에서의 함수 사용은 다음과 같이 매우 간단하다. 특히 표준정규분포는 μ와 σ^2를 생략한 "dnorm(0)", "pnorm(0)", "qnorm(0)"으로도 사용 가능하다.

```
> dnorm(0, 0, 1)
[1] 0.3989423
```

```
> pnorm(0, 0, 1)
[1] 0.5
```

```
> qnorm(0.5, 0, 1)
[1] 0
```

표준정규확률밀도함수의 값을 R의 내장함수와 직접 계산한 값과의 동일성 여부를 다음과 같이 확인한 결과 일치함을 알 수 있다.

```
> dnorm(0) == 1/sqrt(2*pi)                [1] TRUE
> dnorm(1) == exp(-1/2)/sqrt(2*pi)        [1] TRUE
> dnorm(1) == 1/sqrt(2*pi*exp(1))         [1] TRUE
```

패키지 "stats"에 있는 확률함수들의 목록과 R에서의 함수들은 표 5-2와 같다. 확률함수들은 **"함수명(변수값, 파라미터_1,파리미터_2, … , 파리미터_k)"**의 형식으로 사용한다.

표 5-2 확률분포에 따른 확률함수, 분포함수, 분위함수 및 난수생성 함수들

분포 이름	함수			
	분포	분위	확률	난수생성
Beta	pbeta	qbeta	dbeta	rbeta
Binomial	pbinom	qbinom	dbinom	rbinom
Cauchy	pcauchy	qcauchy	dcauchy	rcauchy
Chi-Square	pchisq	qchisq	dchisq	rchisq
Exponential	pexp	qexp	dexp	rexp
F	pf	qf	df	rf
Gamma	pgamma	qgamma	dgamma	rgamma
Geometric	pgeom	qgeom	dgeom	rgeom
Hypergeometric	phyper	qhyper	dhyper	rhyper
Logistic	plogis	qlogis	dlogis	rlogis
Log Normal	plnorm	qlnorm	dlnorm	rlnorm
Negative Binomial	pnbinom	qnbinom	dnbinom	rnbinom
Normal	pnorm	qnorm	dnorm	rnorm
Poisson	ppois	qpois	dpois	rpois
Student t	pt	qt	dt	rt
Studentized Range	ptukey	qtukey	dtukey	rtukey
Uniform	punif	qunif	dunif	runif
Weibull	pweibull	qweibull	dweibull	rweibull
Wilcoxon Rank Sum Statistic	pwilcox	qwilcox	dwilcox	rwilcox
Wilcoxon Signed Rank Statistic	psignrank	qsignrank	dsignrank	rsignrank

5.2 난수생성

시뮬레이션 과정에서 특정한 확률분포를 따르는 난수들이 필요한 경우가 종종 발생한다. R에서는 다양한 확률분포를 따르는 난수생성 함수들을 제공하고 있다. 이들의 함수명은 확률분포를 의미하는 함수명 앞에 난수(random number)를 의미하는 "r"을 붙여서 사용한다. 함수의 형식은 "r_name(생성하고자 하는 난수의 개수, parameter들)"로 간단하다. 임의의 분포를 따르는 난수를 생성하여 분포도를 그려보면 원래의 분포도와 매우 유사함을 알 수 있다.

다음은 표준정규분포를 따르는 난수 1,000개를 생생한 후, 생성된 1,000개의 자료에 대한 분포를 이용하여 밀도함수로 나타낸 것이다. 원래의 표준정규분포와 매우 유사한 모양임을 알 수 있다.

```
> plot(density(rnorm(1000, 0, 1)))
```

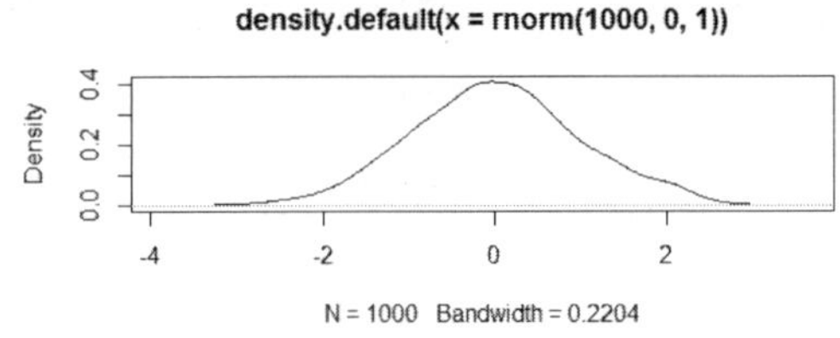

다음은 자유도가 5인 chi-square 분포를 따르는 난수 1,000개를 뽑아 분포를 그림으로 표현한 것이다.

```
> plot(density(rchisq(1000,5)))
```

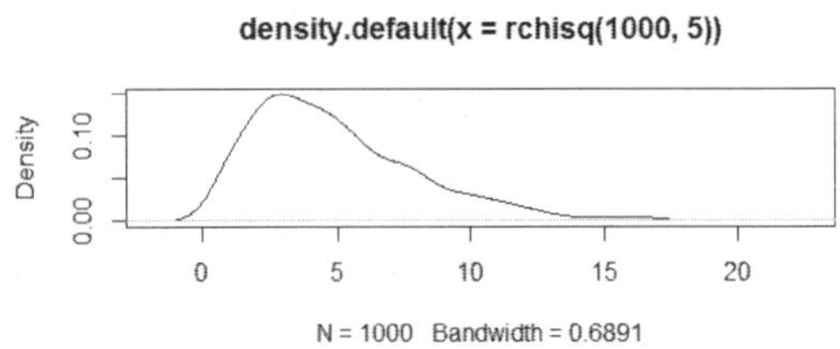

다음은 평균이 8인 포아송분포를 따르는 난수 1,000개와 $n = 8,000$이고 $p = 0.001$인 이항분포를 따르는 난수 1,000개를 뽑아 두 자료의 분포를 한 개의 그림에 나타낸 것이다. 그림과 같이 두 자료가 매우 유사함을 볼 수 있다. 이는 근사공식에 의해 이론적으로 두 분포가 유사하다는 사실과 일치한다.

```
> plot(density(rpois(1000,8)), lty = 1,
+    main = "이항분포와 포아송분포의 관계")
> lines(density(rbinom(1000,8000,0.001)), lty = 2)
```

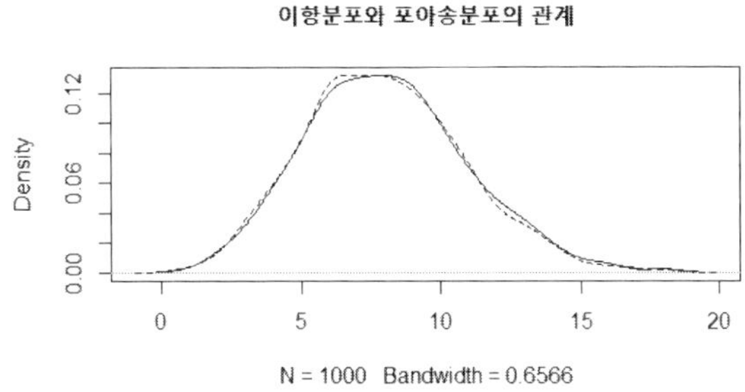

5.3 표본추출

표본추출 방법은 단순임의추출(simple random sampling), 계통추출(systematic sampling), 층화추출(stratified sampling), 집락추출(cluster sampling) 등이 있다. 추출될 확률이 동일한 것이 일반적이지만, 경우에 따라서는 모집단을 구성하는 각각의 조사단위가 표본으로 추출될 확률이 동일하지 않은 추출 방법도 필요할 수 있다. 이를 비확률 표본추출이라고 하며 편의(또는 임의)추출(biased sampling), 판단추출(purposive sampling or judgement sampling), 할당추출(quota sampling) 및 눈덩이 추출(snowball sampling) 등이 있다.

패키지 "sampling"에는 다양한 방법에 따른 표본추출함수들을 제공하고 있다. 이들을 사용하기 위해서는 패키지 "sampling"을 설치하여야 한다.

5.3.1 단순임의추출

단순임의추출은 패키지 "base"에 있는 기능으로서 함수 "**sample(x, size, replace = FALSE, prob = NULL)**"의 형식을 사용한다. 여기서 x는 추출할 자료(실수), size는 표본의 크기, replace = FALSE는 복원추출 여부로 기본 값은 비복원이다. prob = NULL은 가중치 여부를 확정하는 인자로 동일한 가중치가 기본 값이다.

```
> x <- 1:10                        # x는 1부터 10까지의 자연수이다.
> sample(x)                        # x의 순서를 임의로 한다(비복원추출).
[1]  1  7 10  2  3  9  5  8  6  4
> sample(x, replace = TRUE)        # 복원추출로 x에서 10개를 임의추출한다.
 [1] 6 5 5 1 8 7 8 9 8 8
> sample(x, 15)                    # 비복원추출으로 10개인 x에서 15개를 추출할
                                     수 없다.
Error in sample.int(length(x), size, replace, prob) :
  'replace = FALSE' 일때는 모집단보다 큰 샘플을 가질 수 없습니다
> sample(x, 5, replace = TRUE, prob = 1:10)    # 복원 및 가중치 부여, 5개 추출.
[1]  6  8 10  3 10
```

다음은 0과 1 중에서 100개를 임의복원추출한 예이다. 즉, 특정한 사건이 발생할 확률이 0.5인 베르누이 시행을 100번 시행한 결과, “0”이 60번 그리고 “1”이 40번 나타났다. 결과는 사용자마다 다를 수 있다.

```
> y <- sample(c(0,1), 100, replace = TRUE)     y
> addmargins(table(y))                           0   1 Sum
                                                60  40 100
```

다음은 1부터 10까지의 자연수 x에 대하여, 조건을 만족하는 임의의 수를 추출하는 과정이다. 두 번째 경우인 “sample(x[x > 9])”는 “10”만 추출되어야 하지만 “R”의 결과가 7 4 8 5 3 2 9 6 10 1 로 10개가 추출됨을 볼 수 있다.

```
> x <- 1:10
> sample(x[x > 8])         # 8보다 큰 9와 10에서의 추출이므로 2가지 추출
[1]  9 10
> sample(x[x > 9])         # 9보다 큰 10에서의 추출이므로 10만 되어야 한다.
                           # 함수 결과는 다음과 같이 10개가 추출된다.
[1]  7  4  8  5  3  2  9  6 10  1
> sample(x[x > 10])        # 10보다 큰 것은 없으므로 0개 추출
integer(0)
```

Note

임의의 n에 대하여, x <- 1:n ; **sample(x[x > n-1])**인 경우에 위와 같은 오류를 범하고 있는 것으로 나타났다(추후 버전에서 이와 같은 오류가 수정될 것으로 기대한다).
다음과 같이 “**resample**”로 명명된 사용자 정의 함수는 이와 같은 오류를 범하지 않는다.

```
> x <- 1:10
> resample <- function(x, ...) x[sample.int(length(x), ...)]
> resample(x[x > 8])                    # length 2
[1]  9 10
> resample(x[x > 9])                    # length 1
[1] 10
> resample(x[x > 10])                   # length 0
integer(0)
```

함수 "sample.int(n, size = n, replace = FALSE, prob = NULL)"이 함수 "sample()"과 다른 것은 n과 size = n이 모두 정수인 경우이다. 1부터 정수 n 사이의 값에서 크기 n인 임의의 수를 추출하는 것이다. R 3.x.y 이상에서 사용 가능하다.

```
> sample.int(10, 6, replace = TRUE)     # 복원추출
[1] 1 5 8 4 6 5
> sample.int(10, 6)                     # 비복원추출
[1] 4 1 3 6 9 2
```

5.3.2 계통추출

주어진 자료에 대하여 임의의 위치에서 시작하여 매 l번째 자료를 표본으로 추출하는 방법이다. 예를 들어, 자료가 $1, 2, \cdots, 100$까지의 수 100개에서 20개의 표본을 추출한다고 하면, $100/20 = 5(= l)$이므로 1과 5 사이의 임의의 난수 k가 선택되었고, 계통추출에 의한 표본은 $k,\ k+l,\ k+2l,\ k+3l, \cdots,\ k+19l$로 총 20개의 표본을 추출하는 방법이다. 이때 1과 5 사이의 난수를 균일한 가중치를 부여하여 선택할 수도 있고, 균일하지 않은 가중치를 부여하여 선택할 수도 있다. 또한 모집단의 순서가 랜덤일 수도 있고 아닐 수도 있다. 이를 구별하여 함수 "UPrandomsystematic()"와 함수 "UPsystematic()"를 사용한다. 두 함수 모두 균일하지 않은 가중치를 가지고 비복원추출을 기본값으로 하고 있다면, 함수 "inclusionprobabilities(a,n)"를 사용한다.

다음은 1부터 100까지의 자연수에 대하여 계통추출한 결과이다. 우선 "a"를 동일한 가중치 1을 갖는 벡터로 만들고, 함수 "inclusionprobabilities(a,20)"에서 가중치 벡터를 균일한 값인 벡터 a로 하고, 표본을 20개 추출하는 것으로 지정한다. 결과는 3에서 시작하여 5씩 증가하여 20개가 추출되었음을 알 수 있다.

```
> a <- rep(1:1,100)
> pik <- inclusionprobabilities(a,20)
> (1:length(pik))[UPsystematic(pik) == 1]
 [1]  3  8 13 18 23 28 33 38 43 48
[11] 53 58 63 68 73 78 83 88 93 98
```

1부터 10까지를 10번 반복하여 총 100개의 원소를 갖는 벡터 a를 생성한다. 함수 "inclusionprobabilities(a,20)"를 이용하여 표본이 추출될 확률을 벡터 a를 인자로 하고, 20개의 표본을 추출하고자 한다.

```
> a <- rep(1:10,10)
> pik <- inclusionprobabilities(a,20)
```

함수 "UPsystematic()"를 이용하여 표본추출한 것을 나타낸 것이다. 1부터 10까지의 수 중에서 가중치에 따른 표본이 5와 9로 2개가 추출된 후 각각 10씩 더한 수들이 최종적인 표본으로 20개가 추출된 것을 확인할 수 있다.

```
> (1:length(pik))[UPsystematic(pik) == 1]
 [1]  5  9 15 19 25 29 35 39 45 49
[11] 55 59 65 69 75 79 85 89 95 99
```

다음은 함수 "UPrandomsystematic()"를 이용한 결과이다. 이는 모집단의 자료를 무작위(random)화한 후 계속 표본을 추출하게 되는 결과이다.

```
> (1:length(pik))[UPrandomsystematic(pik) == 1]
 [1]  2 12 18 19 25 28 30 31 50 55
[11] 56 59 66 68 78 79 89 92 98 99
```

5.3.3 층화추출

함수 "strata(data, stratanames = NULL, size, method = c("srswor","srswr", "poisson", "systematic"), pik,description = FALSE)"를 사용한다. 추출 방법은 simple random sampling without replacement(srswor)을 기본으로 하고, simple random sampling with replacement(srswr), Poisson sampling (poisson), systematic sampling(systematic: unequal probability, without replacement) 등 4가지가 제공된다.

아래의 예제는 층화추출함수 “strata()”의 도움말 “?strata”에서 제공한 것을 변형하여 사용하기로 한다.

우선 변수명 “state”, “region” 및 “income”을 갖는 가상의 자료를 구성하기 위하여,

a) rep("nc",165), rep("sc",70)
: “nc”를 165개, “sc”를 70개 총 235개를 반복추출한다.

b) c(rep(1,100), rep(2,50), rep(3,15), rep(1,30), rep(2,40))
: 1을 100개, 2를 50개, 3을 15개, 1을 30개, 2를 40개 총 235개 반복추출한다.

c) 1000*runif(235)
: 균등분포에서 235개를 추출하여 1,000배한 값을 사용한다.

d) 자료 구성을 확인하기 위하여 분할표를 작성한다.

```
> data0 = rbind(matrix(rep("nc",165),165,1,byrow = TRUE),
+ matrix(rep("sc",70),70,1,byrow = TRUE))
> data = cbind.data.frame(data0,c(rep(1,100), rep(2,50), rep(3,15),
+ rep(1,30),rep(2,40)), 1000*runif(235))
> names(data) = c("state","region","income")
> table(data$region,data$state)
     nc  sc
  1 100  30
  2  50  40
  3  15   0
```

5개 층화 각각에 자료가, 층화 1(region = 1, state = nc)에는 100개, 층화 2(region = 2, state = nc)에는 50개, 층화 3(region = 3, state = nc)에는 15개, 층화 4(region = 1, state = sc)에는 30개, 층화 5(region = 2, state = sc)에는 40개로 총 235개 존재한다. 비복원 단순임의추출(srswor) 방법을 적용하여, 각 층화로부터 3개, 2개, 2개, 2개, 3개로 총 12개의 표본을 추출한다. 옵션 “description = TRUE”는 실행 결과에 대하여 각 층화에 대한 설명을 보여 준다.

```
> s = strata(data,c("region","state"),size = c(3,2,2,2,3),
+ method = "srswor",description = TRUE)
 Stratum 1

 Population total and number of selected units: 100 3
 Stratum 2

 Population total and number of selected units: 50 2
 Stratum 3

 Population total and number of selected units: 15 2
 Stratum 4

 Population total and number of selected units: 30 2
 Stratum 5

 Population total and number of selected units: 40 3
 Number of strata  5
 Total number of selected units 12
```

함수 "strata()"에 의하여 추출된 자료를 사용하기 위해서는 함수 "getdata()"를 사용하여야 한다. 결과는 다음과 같이 층화 1~5의 자료가 3, 2, 2, 2, 3개로 총 12개가 추출되었고, 각 층화에서의 추출될 가중치를 동일한 것으로 하였기 때문에 층화 1에서는 자료 100개 중 3개이므로 가중치는 0.03이고, 층화 2에서는 자료 50개 중 2개이므로 가중치는 0.04이고, 층화 3에서는 자료 15개 중 3개이므로 가중치는 0.13333333이고, 층화 4에서는 자료 30개 중 2개이므로 가중치는 0.06666667이고, 층화 5에서는 자료 40개 중 3개이므로 가중치는 0.075이다.

```
> getdata(data, s)
        income region state ID_unit       Prob Stratum
16   753.42596      1    nc      16 0.03000000       1
45   466.18827      1    nc      45 0.03000000       1
61   715.97516      1    nc      61 0.03000000       1
124  919.02436      2    nc     124 0.04000000       2
138  409.82114      2    nc     138 0.04000000       2
151  335.62492      3    nc     151 0.13333333       3
165  772.80572      3    nc     165 0.13333333       3
172  548.47073      1    sc     172 0.06666667       4
184   15.16377      1    sc     184 0.06666667       4
197  473.26421      2    sc     197 0.07500000       5
210  932.50428      2    sc     210 0.07500000       5
218  497.22432      2    sc     218 0.07500000       5
```

다음은 추출된 표본의 분할표이다.

```
> table(s$region,s$state)
   nc sc
1   3  2
2   2  3
3   2  0
```

이번에는 각 층화에서의 가중치가 동일하지 않은 방법인 "systematic"을 사용한 예이다. 옵션 pik = data$income는 "income"을 기반으로 한 가중치를 적용하여 층화추출하는 것이다. 이로서 나타난 결과에서 "Prob"열의 값을 보면 이전 예제와 달리 각 층화에서 값들이 다르게 나타나고 있음을 알 수 있다. 이들의 값은 "income"의 크기에 비례하는 것을 볼 수 있다. 이와 같이 다른 가중치를 여러 가지 사용자가 원하는 것을 기준으로 추출할 수 있다.

```
> s = strata(data,c("region","state"),size = c(3,2,2,2,3),
+ method = "systematic",pik = data$income)
> getdata(data,s)
      income region state ID_unit       Prob Stratum
16  614.4356      1    nc      16 0.04064168       1
52  483.1225      1    nc      52 0.03195601       1
83  946.3425      1    nc      83 0.06259557       1
111 376.5339      2    nc     111 0.03158253       2
135 913.5229      2    nc     135 0.07662357       2
153 867.7418      3    nc     153 0.27031826       3
158 716.2984      3    nc     158 0.22314073       3
177 492.7833      1    sc     177 0.06159020       4
190 994.1585      1    sc     190 0.12425425       4
199 254.0041      2    sc     199 0.03521711       5
211 429.3560      2    sc     211 0.05952926       5
223 797.1025      2    sc     223 0.11051651       5
```

5.3.4 집락추출

함수 "cluster(data, clustername, size, method = c("srswor", "srswr", "poisson", "systematic"), pik, description = FALSE)"을 사용하며, 층화추출함수의 옵션과 동일하다. 패키지 "sampling"에서 제공되는 자료 "swissmunicipalities"의 변수 "REG"의 도수분포표에 의하면 범주가 1부터 7까지 7개이다.

```
> data(swissmunicipalities)
> table(swissmunicipalities$REG)
  1   2   3   4   5   6   7
589 913 321 171 471 186 245
```

이를 군집으로 하여 이들 중 3개의 군집을 추출하고자 한다. 결과는 총 자료 2,896개 중 1,479개가 선택되었음을 알려주고 있다. 어느 군집이 선택되었는지는 보여 주지 않고 있다.

```
> cl = cluster(swissmunicipalities,clustername = c("REG"),size = 3,
+ method = "srswor",description = TRUE)
Number of selected clusters: 3
Population total and number of selected units 2896 1479
```

선택된 자료의 도수분포표 결과 2, 3, 7군이 추출되었음을 알 수 있다.

```
> table(cl$REG)
  2   3   7
913 321 245
```

이번에는 각 층화에서의 가중치가 동일하지 않은 방법인 “systematic”을 사용한 예이다. 옵션 중 pik = runif(7)는 균등분포 난수 7개를 선택하여 그 값에 따른 가중치를 적용하여 군집추출의 결과로 3, 6, 7군이 선택되어 추출 자료가 752개임을 보여 주고 있다. 이와 같이 가중치를 사용자가 원하는 것을 기준으로 다양하게 하여 추출할 수 있다.

```
> cl_sys = cluster(swissmunicipalities,clustername = c("REG"),size = 3,
+ method = "systematic", pik = runif(7),description = TRUE)
Number of selected clusters: 3
Population total and number of selected units 2896 752
> table(cl_sys$REG)
  3   6   7
321 186 245
```

6장

통계처리

6.1 추정 및 검정

6.1.1 단일 집단의 추정 및 검정

6.1.1.1 모평균의 추정 및 검정

a) 모집단의 분산을 아는 경우

주어진 표본으로부터 모집단의 평균인 모평균의 구간추정을 하거나, 모집단의 평균값(Num)에 대한 검정을 하고자 할 때, 한 특이한 상황으로서 어떠한 경로를 통하여 모집단의 분산값을 알고 있을 때 사용하는 방법이다.

- 패키지: TeachingDemos
- 함수: "z.test(x, mu = Num, alternative = c("two.sided", "less", "greater"), sd = stdev, conf.level = 0.95, ...)"
- 옵션:
  - "x": 추정 및 검정에 사용될 자료이다.
  - "mu = Num": 검정하고자 하는 모평균 값(μ_0)이다.
  - "alternative = c("two.sided", "less", "greater")": 대립가설(H_1)이 양측검정이면 "two.sided"를, 상단측검정이면 "greater"를, 하단측검정에서는 "less"를 사용한다. 기본값은 양측검정이다. 신뢰구간을 구하고자 할 때는 옵션 "alternative = c("two.sided", "less", "greater")" 부분을 생략하거나 또는 "alternative = c("two.sided")"를 사용하여야 한다.
  - "sd = Stdev": 기지인 모표준편차 값이다.
  - "conf.level = 0.95": 원하는 신뢰계수로서, 기본값은 0.95이다.

다음의 예는 평균이 70, 표준편차가 8인 정규분포를 따르는 난수 25개의 자료의 표본평균 $\overline{X}$가 73.35416이고, 표본분산 S_n^2이 40.63808(따라서 표본표준편차 s가 6.3748)이다(결과는 사용자마다 다를 수 있다). 모집단의 표준편차 σ가 5라고 알려졌다는 가정하에서, 모집단의 평균 μ에 대한 신뢰도 95%에서의 신뢰구간이 $[71.39419, 75.31412]$임을 보여 주고 있다. 귀무가설 $H_0 : \mu = 75$에 대한 대립가설 $H_1 : \mu \neq 75$에 대한 가설검정 결과는 $p-value$가 0.0998로 유의수준(α)이 0.05라면 $p-value > \alpha$이므로 귀무가설을 채택하게 된다. 또는 신뢰구간이 가정된 모평균의 값 $\mu_0 = 75$를 포함하고 있어 채택영역에 존재하므로 귀무가설을 채택하게 된다.

```
> x <- rnorm(25, 70, 8)
> mean(x)
[1] 73.35416
```

```
> var(x)
[1] 40.63808
```

```
> library(TeachingDemos)
> z.test(x, 75, sd = 5, alternative = c("two.sided"))
        One Sample z-test

data:  x
z = -1.6458, n = 25, Std. Dev. = 5, Std. Dev. of the sample mean = 1, p-value = 0.0998
alternative hypothesis: true mean is not equal to 75
95 percent confidence interval:
 71.39419 75.31412
sample estimates:
mean of x
 73.35416
```

z.test 결과 R이 반환한 값들에 대한 계산 값은 다음과 같다.

- z = −1.6458: H_0하에서, 검정통계량 값($= \dfrac{\overline{X}-\mu_0}{\sigma/\sqrt{n}} = \dfrac{73.35416-75}{5/\sqrt{25}} = Z_0$)이다.
- n = 25: 표본의 수이다.
- Std. Dev = 5.0: 기지의 모표준편차 값(σ_0)이다.
- Std. Dev. of the sample mean = 1: 표본평균의 표준편차이다.

$$var(\overline{X}) = \frac{\sigma}{\sqrt{n}} = \frac{5}{5} = 1 \text{이다.}$$

- p−value = 0.0998: $P(|Z| > |Z_0|) = 0.0998$이다.
- alternative hypothesis: true mean is not equal to 75
  : 대립가설이 $H_1 : \mu \neq 75$로서 양측검정이다.
- 95 percent confidence interval $[71.39419, 75.31412]$
  : $[\overline{X} - z_{0.05/2} \times \frac{\sigma}{\sqrt{n}}, \overline{X} + z_{0.05/2} \times \frac{\sigma}{\sqrt{n}}]$으로 H_0의 채택영역이기도 하다.
- sample estimates: mean of x = 73.35416: 추정값인 표본평균값($\overline{X}$)이다.

> **Note**
> 그러나 실제 자료분석 과정에서는 모분산의 정보를 알 수 없으므로 모분산이 알려진 경우에 대한 모평균의 추정 및 검정을 실시하지 않게 된다.

b) 모집단의 분산을 모르는 경우

실제 자료분석에서는 모집단의 분산을 모르는 것이 일반적이다. 이때 주어진 표본을 이용하여 모집단의 평균인 모평균에 대하여 구간추정을 구하거나, 가정된 모집단의 평균값(Num)에 대한 검정을 하고자 한다.

- 패키지: stats
- 함수: "t.test(x, alternative = c("two.sided", "less", "greater"), mu = Num, conf.level = 0.95, ...)"
- 옵션:
  - "x": 추정 및 검정에 사용될 자료
  - "alternative = c("two.sided", "less", "greater")": z.test 참조
  - "mu = Num": 검정하고자 하는 모평균 값(μ_0) 지정
  - "conf.level = 0.95": z.test 참조

다음의 예는 이전 자료인 평균이 70, 표준편차가 8인 정규분포를 따르는 난수 25개의 자료이다. 표본평균 $\overline{X}$가 73.35416이고, 표본분산 S_n^2이 40.63808(따라서 표본표준편차 s가 6.3748)이다. 이때 모집단의 평균(μ)에 대한 신뢰도 95%에서의 신뢰구간이 $[70.72277, 75.98554]$임을 보여 주고 있다. 귀무가설 $H_0 : \mu = 75$에 대한 대립가설 $H_1 : \mu \neq 75$에 대한 가설검정 결과는 $p-value$가 0.209로 유의수준(α)이 0.05라면 $p-value > \alpha$이므로 귀무가설을 채택하게 된다. 또는 신뢰구간이 가정된 모평균의 값 $\mu_0 = 75$를 포함하여 채택영역에 존재하므로 귀무가설을 채택한다. 옵션을 모두 생략하였으므로 기본값인 신뢰도 95%의 신뢰구간, 유의수준이 0.05인 양측검정을 진행하게 된다.

```
> t.test(x, mu = 75)
        One Sample t-test

data:  x
t = -1.2909, df = 24, p-value = 0.209
alternative hypothesis: true mean is not equal to 75
95 percent confidence interval:
 70.72277 75.98554
sample estimates:
mean of x
 73.35416
```

t.test 결과 R이 반환한 값들에 대한 계산값은 다음과 같다.

- t = −1.2909: H_0하에서, 검정통계량 값($= \frac{\overline{X} - \mu_0}{s/\sqrt{n}} = \frac{73.35416 - 75}{6.3748/\sqrt{25}} = T_0$)이다.
- df = 24: 자유도(= 표본의 수 − 1)가 24이다.
- p−value = 0.209: $P(|T| > |T_0|) = 0.209$이다.

- alternative hypothesis: true mean is not equal to 75
  : 대립가설이 $H_1 : \mu \neq 75$로서 양측검정이다.
- 95 percent confidence interval $[70.72277, 75.98554]$
  : $[\overline{X} - t_{0.05/2}(24) \times \frac{s}{\sqrt{n}}, \overline{X} + t_{0.05/2}(24) \times \frac{s}{\sqrt{n}}]$으로 귀무가설 H_0의 채택 영역이기도 하다.
- sample estimates: mean of x = 73.35416: 추정값인 표본평균값($\overline{X}$)이다.

다음은 옵션에서 양측검정을 추가한 경우로서, 양측검정을 생략하였던 이전과 같은 결과를 주고 있음을 볼 수 있다.

```
> t.test(x, mu = 75, alternative = c("two.sided"))
        One Sample t-test

data:  x
t = -1.2909, df = 24, p-value = 0.209
alternative hypothesis: true mean is not equal to 75
95 percent confidence interval:
 70.72277 75.98554
sample estimates:
mean of x
 73.35416
```

다음은 99% 신뢰도의 구간추정 및 유의수준 0.01로 검정하는 방법과 그 결과이다. 95%인 경우는 신뢰구간만 달라지는 것을 볼 수 있다.

```
> t.test(x, mu = 75, conf.level = 0.99)
        One Sample t-test

data:  x
t = -1.2909, df = 24, p-value = 0.209
alternative hypothesis: true mean is not equal to 75
99 percent confidence interval:
 69.78817 76.92014
sample estimates:
mean of x
 73.35416
```

- 99 percent confidence interval $[69.78817, 76.92014]$
  : 99% 신뢰구간이 $[\overline{X} - t_{0.01/2}(24) \times \frac{s}{\sqrt{n}}, \overline{X} + t_{0.01/2}(24) \times \frac{s}{\sqrt{n}}]$이다.
- 여전히 $p-value$가 0.209로 유의수준 0.01보다 크므로 귀무가설을 채택하게 된다. 추정값인 표본평균값이 신뢰구간에 포함되어 있음을 볼 수 있다.

다음은 좌측(하단측) 검정을 실시한 결과이다. 단측검정을 선택하여 진행하면 일반적인 신뢰구간의 의미가 아닌 귀무가설의 채택영역을 의미하게 된다. 즉, 귀무가설 $H_0 : \mu_0 = 75$의 값은 구간 $(-\infty, 75.53546)$에 있으므로 귀무가설(H_0)을 채택하게 된다. 또한 $p-value = 0.1045$로 유의수준 $\alpha = 0.05$보다 크므로 귀무가설을 기각하지 못한다.

```
> t.test(x, mu = 75, alternative = c("less"))
        One Sample t-test

data:  x
t = -1.2909, df = 24, p-value = 0.1045
alternative hypothesis: true mean is less than 75
95 percent confidence interval:
     -Inf 75.53546
sample estimates:
mean of x
 73.35416
```

t.test 결과 R이 반환한 값들에 대한 계산값은 다음과 같다.

- $t = -1.2909$: 귀무가설 H_0하에서, 검정통계량 값

$$\left(= \frac{\overline{X} - \mu_0}{s/\sqrt{n}} = \frac{73.35416 - 75}{6.3748/\sqrt{25}} = T_0\right)\text{이다.}$$

- p−value = 0.1045: $P(T < T_0) = 0.1045$이다.

6.1.1.2 모비율의 추정 및 검정

이항모집단으로부터 주어진 표본비율($\hat{p}$)을 이용하여 모비율(p)의 구간추정 또는 검정을 진행하고자 한다.

- 패키지: stats
- 함수: "prop.test(x, n, p = NULL, alternative = c("two.sided","less","greater"), conf.level = 0.95, correct = TRUE)"
- 옵션:
  - "x": 추정 및 검정에 사용될 자료로 시행 횟수 중 특정 사항의 출현값이다.
  - "n": 시행 횟수이다. 그러므로 추정값은 $\hat{p} = \frac{x}{n}$이다.
  - "p = NULL": 검정하고자 할 확률로서, 기본값은 0.5이다.
  - "alternative = c("two.sided","less","greater")": z.test 참조.
  - "conf.level = 0.95": z.test 참조.

– "correct = TRUE": 연속성의 수정(Yates' continuity correction) 여부로서, 기본값은 TRUE이다.

아래의 예는 100번의 시행 중 특정사항이 70회가 발생한 경우로서 표본비율이 0.7이다. 모집단의 비율(p)에 대한 신뢰도 95%에서의 신뢰구간이 [0.5989396, 0.7854574]임을 보여 주고 있다. 귀무가설 $H_0 : p = 0.6$에 대한 대립가설 $H_1 : p \neq 0.6$에 대한 가설검정 결과는 유의수준 α가 0.05인 경우이라면, $0.05248 = p - value > \alpha = 0.05$이므로 귀무가설을 채택하게 된다. 옵션에서 "correct = TRUE"이 생략되어 있으므로 이산형의 연속성 수정을 활용한 방법으로 진행된 결과이다.

```
> prop.test(70, 100, p = 0.6)
        1-sample proportions test with continuity correction

data:  70 out of 100, null probability 0.6
X-squared = 3.7604, df = 1, p-value = 0.05248
alternative hypothesis: true p is not equal to 0.6
95 percent confidence interval:
 0.5989396 0.7854574
sample estimates:
  p
0.7
```

prop.test 결과 R이 반환한 값들에 대한 계산 값은 다음과 같다.

- data: 70 out of 100: 100번의 시행 중 70번 나타난 결과이다.
- null probability 0.6: 귀무가설 $H_0 : p = 0.6$이다.
- X-squared = 3.7604: 연속성의 수정(Yates' continuity correction)값으로,

$$z_0 = \frac{\hat{p} - p_0 - 0.5/n}{\sqrt{p_0(1-p_0)/n}} = \frac{0.7 - 0.6 - 0.5/100}{\sqrt{0.6(1-0.6)/100}} = 1.939179 \text{이므로}$$

$$\chi_0^2 = z_0^2 = 3.7604 \text{이다. 또는 } \chi_0^2 = \frac{(|x - np| - 0.5)^2}{np(1-p)} = 3.7604 \text{이다.}$$

- df = 1: 자유도는 1이다.
- p-value = 0.05248: $P(X^2 > \chi_0^2 = 3.7604) = 0.05248$ 또는

$$P(|Z| > |z_0|) = P(|Z| > 1.939179) = 0.05248 \text{이다.}$$

- alternative hypothesis: true p is not equal to 0.6
  : 대립가설 $H_1 : p \neq 0.6$로 양측검정이다.
- 95 percent confidence interval: 0.5989396 0.7854574

: 신뢰도 95%의 신뢰구간이 [0.5989396, 0.7854574]이다. [Note] 참조!

- sample estimates: p 0.7

  : 100번 중 70번이 나온 것으로 추정량인 표본비율($\hat{p}$)이 0.7이다.

다음은 연속성의 수정을 진행하지 않은 결과이다.

```
> prop.test(70, 100, p = 0.6, correct = FALSE)
        1-sample proportions test without continuity correction

data:  70 out of 100, null probability 0.6
X-squared = 4.1667, df = 1, p-value = 0.04123
alternative hypothesis: true p is not equal to 0.6
95 percent confidence interval:
 0.6041515 0.7810511
sample estimates:
  p
0.7
```

prop.test 결과 R이 반환한 값들에 대한 계산 값은 다음과 같다.

- X-squared = 4.1667

  : $z_0 = \dfrac{\hat{p} - p_0}{\sqrt{p_0(1-p_0)/n}} = \dfrac{0.7-0.6}{\sqrt{0.6(1-0.6)/100}} = 2.041241$이므로

  $\chi_0^2 = z_0^2 = 4.1667$이다. 또는 $\chi_0^2 = \dfrac{(x-np)^2}{np(1-p)} = 4.1667$이다.

- p-value = 0.04123: $P(X^2 > \chi_0^2 = 4.1667) = 0.04123$이다. 또는

  $P(|Z| > |z_0|) = P(|Z| > 2.041241) = 0.04123$이다.

- 95 percent confidence interval: 0.6041515 0.7810511

  : 신뢰도 95%의 신뢰구간은 [0.6041515, 0.7810511]이다. [Note] 참조!

Note

함수 **"prop.test()"**의 신뢰구간 결과는 일반적으로 통계학 교재에서 언급된 간편성을 위하여 사용하였던 $\hat{p} \pm z_{\alpha/2}\sqrt{\dfrac{\hat{p}(1-\hat{p})}{n}}$ 또는 연속성 수정 시 $\hat{p} \pm \left(\dfrac{0.5}{n} + z_{\alpha/2}\sqrt{\dfrac{\hat{p}(1-\hat{p})}{n}}\right)$인 결과와는 다소 다르다. 즉 "R"의 내장함수 **"prop.test()"**에서는 Edwin Bidwell Wilson(1927)이 고안한 "Wilson score interval"라고 하는 다음의 신뢰구간을 사용한다.

1) 연속성 수정을 하지 않은 경우:

$$\frac{1}{1+\frac{1}{n}z_{\alpha/2}^2}\left[\hat{p} + \frac{1}{2n}z_{\alpha/2}^2 \pm z_{\alpha/2}\sqrt{\frac{1}{n}\hat{p}(1-\hat{p}) + \frac{1}{4n^2}z_{\alpha/2}^2}\,\right]$$

2) 연속성 수정을 한 경우: (ω^-, ω^+)

$$\omega^- = \max\{0, \frac{2n\hat{p}+z_{\alpha/2}^2 - \left[z_{\alpha/2}\sqrt{z_{\alpha/2}^2 - \frac{1}{n} + 4n\hat{p}(1-\hat{p})(4\hat{p}-2)+1}\right]}{2(n+z_{\alpha/2}^2)}$$

$$\omega^+ = \min\{1, \frac{2n\hat{p}+z_{\alpha/2}^2 + \left[z_{\alpha/2}\sqrt{z_{\alpha/2}^2 - \frac{1}{n} + 4n\hat{p}(1-\hat{p})(4\hat{p}-2)+1}\right]}{2(n+z_{\alpha/2}^2)}$$

Note 이항분포검정

모비율의 추정 및 검정에서 정규분포로의 근사를 이용하지 않고, 바로 이항분포를 이용하여 추정 및 검정을 할 수도 있다.

```
> binom.test(c(70, 30), p = 0.6)            # binom.test(70, 70+30, p = 0.6) 동일함.
        Exact binomial test

data:  c(70, 30)
number of successes = 70, number of trials = 100, p-value = 0.04154
alternative hypothesis: true probability of success is not equal to 0.6
95 percent confidence interval:
 0.6001853 0.7875936
sample estimates:
probability of success
                   0.7
```

binom.test 결과 R이 반환한 값들에 대한 계산 값은 다음과 같다.

- data: c(70, 30): 총 100번의 시행 중 70번 성공, 30번 실패인 자료이다.
- number of successes = 70: 성공 횟수가 70이다.
- number of trials = 100: 시행 횟수가 100회이다.
- p-value = 0.04154
  : "qbinom(0.975, 100, 0.6) = 69", "qbinom(0.025, 100, 0.6) = 50"이므로
  p-value $= P(X \geqq 70) + P(X < 50) = [1 - P(X \leqq 69)] + P(X \leqq 49)$
  $= (1 - 0.9752172) + 0.01676169 = 0.04154451$이다.
- alternative hypothesis: true probability of success is not equal to 0.6
  : 대립가설 $H_1 : p \neq 0.6$로 양측검정이다.
- 95 percent confidence interval: 0.6001853 0.7875936
  : "R"에서 Exact binomial test는 Clopper-Pearson method를 사용한 값을 제공한다. 신뢰상한 p_{ub}과 신뢰하한 p_{lb}은 다음을 만족하는 값이다.

$$\sum_{i=0}^{k}\binom{n}{i}p_{ub}^{i}(1-p_{ub})^{n-i}=\frac{\alpha}{2},\quad \sum_{i=k}^{n}\binom{n}{i}p_{lb}^{i}(1-p_{lb})^{n-i}=\frac{\alpha}{2}$$

여기서 n은 시행 횟수, k는 성공 횟수, 그리고 $1-\alpha$는 신뢰계수이다. 이 값은 Beta 분포를 이용하여 다음과 같이 간단하게 구할 수 있다.

$$p_{ub}=1-qbeta(\frac{\alpha}{2},n-k,k+1)\,,\quad p_{lb}=1-qbeta(1-\frac{\alpha}{2},n-k+1,k)$$

> 1-qbeta(0.025,30,71) [1] 0.7875936	> 1-qbeta(0.975,31,70) [1] 0.6001853

그러므로 신뢰도 95%의 신뢰구간은 [0.6001853, 0.7875936]이다.

• sample estimates: probability of success 0.7

: 100번 중 70번이 나온 것으로 추정량인 표본비율($\hat{p}$)이 0.7이다.

6.1.1.3 모분산의 추정 및 검정

정규모집단으로부터 관측된 자료의 표본평균과 표본분산을 이용하여 모집단의 분산을 추정하거나 검정하고자 한다.

- 패키지: TeachingDemos
- 함수: "sigma.test(x, sigma = Num, sigmasq = sigma^2,
  alternative = c("two.sided", "less", "greater"), conf.level = 0.95, ...)"
- 옵션:
  - "x": 추정 및 검정하고자 하는 자료
  - "sigma = Num" 또는 "sigmasq = Num^2": 검정하고자 하는 표준편차 또는 분산값이다.
  - "alternative = c("two.sided", "less", "greater")": z.test 참조
  - "conf.level = 0.95": z.test 참조

평균이 15, 분산이 $7^2=49$인 정규모집단으로부터 난수 20개의 표본을 추출한 결과 표본평균이 14.62111이고 표본분산이 64.63573일 때, 이 표본에 의한 모분산의 신뢰구간을 구하고, 모분산 검정을 하고자 한다. 옵션에서 "sigma = 6"과 "sigmasq = 36"은 같은 의미이다. 또한, "alternative = "이 생략되어 있으므로 기본형인 양측검정을 시행하게 된다.

```
> x <- rnorm(20, mean = 15, sd = 7)
> mean(x)
[1] 14.62111
```

```
> var(x)
[1] 64.63573
```

```
> x <- rnorm(20, mean = 15, sd = 7)
> sigma.test(x, sigma = 6) # sigma.test(x, sigmasq = 36)도 같은 결과
        One sample Chi-squared test for variance

data:  x
X-squared = 34.113, df = 19, p-value = 0.03564
alternative hypothesis: true variance is not equal to 36
95 percent confidence interval:
  37.3818 137.8854
sample estimates:
var of x
64.63573
```

sigma.test 결과 R이 반환한 값들에 대한 계산 값은 다음과 같다.

- X-squared = 34.113: 귀무가설 H_0하에서, 검정통계량 값이다.

$$\frac{(n-1)S^2}{\sigma^2} = \frac{19\times 64.63573}{6^2} = \chi_0^2$$

- df = 19: 자유도(= 표본의 수 - 1)이다.
- p-value = 0.03564: $2\times P(X^2 > \chi_0^2 = 34.113) = 2\times 0.01782 = 0.03564$이므로 유의수준 $\alpha = 0.05$보다 작으므로 귀무가설 $H_0 : \sigma^2 = 36$을 기각하게 된다.
- alternative hypothesis: true variance is not equal to 36
  : 대립가설 $H_1 : \sigma^2 \neq 36$이다.
- 95 percent confidence interval: 37.3818 137.8854
  : 신뢰도 $100(1-\alpha)\%$의 신뢰구간은 $\left(\frac{(n-1)S^2}{\chi^2_{\alpha/2}(n-1)}, \frac{(n-1)S^2}{\chi^2_{1-\alpha/2}(n-1)}\right)$이므로, 신뢰도 95%의 신뢰구간은 $\left(\frac{(20-1)64.63573}{32.85233}, \frac{(20-1)64.63573}{8.906516}\right) =$ $(37.3818, 137.8854)$이다.
- sample estimates: var of x 64.63573
  : 추정량인 표본분산이 64.63573이다.

다음은 상단측검정을 진행한 결과이다.

```
> sigma.test(x, sigma = 6, alternative = "greater")
        One sample Chi-squared test for variance

data:  x
X-squared = 34.113, df = 19, p-value = 0.01782
alternative hypothesis: true variance is greater than 36
95 percent confidence interval:
 40.74105      Inf
sample estimates:
var of x
64.63573
```

sigma.test 결과 R이 반환한 값들에 대한 계산 값은 다음과 같다.

- X-squared = 34.113: 귀무가설 H_0하에서, 검정통계량 값이다.

$$\frac{(n-1)S^2}{\sigma^2} = \frac{19 \times 64.63573}{6^2} = \chi_0^2$$

- df = 19: 자유도(= 표본의 수 - 1)이다.
- p-value = 0.01782: $P(X^2 > \chi_0^2 = 34.113) = 0.01782$이므로 유의수준 $\alpha = 0.05$보다 작으므로 귀무가설 $H_0 : \sigma^2 = 36$를 기각하게 된다.
- alternative hypothesis: true variance is greater than 36
  : 대립가설 $H_1 : \sigma^2 > 36$이다.
- 95 percent confidence interval: 40.74105 Inf: 단측검정이므로 귀무가설 $H_0 : \sigma^2 = 36$의 채택영역을 의미한다. 귀무가설 $H_0 : \sigma^2 = 36$의 값이 구간 $(40.74105, \infty)$에 포함되지 않으므로, H_0를 기각하게 된다.
- sample estimates: var of x 64.63573
  : 추정량인 표본분산이 64.63573이다.

6.1.2 두 집단의 추정 및 검정

6.1.2.1 모평균의 차이에 대한 추정 및 검정

- 패키지: stats
- 함수: "t.test(x, y, alternative = c("two.sided", "less", "greater"),
  mu = Num, paired = FALSE, var.equal = FALSE, conf.level = 0.95, ...)"
- 옵션:
  - "x, y ": 비교할 두 집단의 자료이다.

– "alternative = c("two.sided", "less", "greater")": z.test 참조
– "mu = Num": 평균의 차이를 정할 수 있다. 기본값은 "0"이다.
– "paired = FALSE": 쌍체 자료에 대한 추정 및 검정 시 사용한다. 기본값은 쌍체 자료가 아닌 것으로 한다.
– "var.equal = FALSE": 두 집단의 분산의 동일성 여부로, 기본값은 이분산 집단이다.
– "conf.level = 0.95": z.test 참조

```
> x = c(1:10)
> x
[1]  1  2  3  4  5
[6]  6  7  8  9 10
> mean(x)
[1] 5.5
> var(x)
[1] 9.166667
```

```
> y = c(7:20)
> y
[1]  7  8  9 10 11 12 13
[8] 14 15 16 17 18 19 20
> mean(y)
[1] 13.5
> var(y)
[1] 17.5
```

```
> t.test(x, y)
        Welch Two Sample t-test

data:  x and y
t = -5.4349, df = 21.982, p-value = 1.855e-05
alternative hypothesis: true difference in means is not equal to 0
95 percent confidence interval:
 -11.052802  -4.947198
sample estimates:
mean of x mean of y
      5.5      13.5
```

t.test 결과 R이 반환한 값들에 대한 계산 값은 다음과 같다.

- t = −5.4349: 귀무가설 $H_0 : \mu_1 = \mu_2$하에서의 검정통계량 값

$$= \frac{(\overline{X}_1 - \overline{X}_2)}{\sqrt{S_1^2/n_1 + S_2^2/n_2}} = \frac{5.5 - 13.5}{\sqrt{\frac{9.166667}{10} + \frac{17.5}{14}}} = T_0$$

- df = 21.982: 자유도로 다음의 계산과정에 따른 결과이다.

$$= \frac{\left[\frac{S_1^2}{n_1} + \frac{S_2^2}{n_2}\right]^2}{\frac{(S_1^2/n_1)^2}{n_1 - 1} + \frac{(S_2^2/n_2)^2}{n_2 - 1}} = \frac{\left[\frac{9.166667}{10} + \frac{17.5}{14}\right]^2}{\frac{(9.166667/10)^2}{10 - 1} + \frac{(17.5/14)^2}{14 - 1}}$$

- p−value = 1.855e−05: $P(|T| > |T_0|) = 0.00001855$이다. p−value가 유의수준 $\alpha = 0.05$보다 작으므로, 귀무가설 H_0를 기각하게 된다. 즉, 두 집단의

모평균은 같다고 볼 수 없다.

- alternative hypothesis: true difference in means is not equal to 0
  : 대립가설 $H_1 : \mu_1 \neq \mu_2$로 양측검정이다.
- 95 percent confidence interval: −11.052802 −4.947198

$$(\overline{X}_1 - \overline{X}_2) \pm t_{0.05/2}(21.982)\sqrt{\frac{S_1^2}{n_1} + \frac{S_2^2}{n_2}} = (-11.052802, -4.947198)$$

  신뢰구간 역시 0을 포함하지 않고 있다. 그러므로 양측검정에서 귀무가설 H_0를 기각하게 된다.

- sample estimates: mean of x mean of y; 5.5 13.5
  : 두 표본의 평균값이 각각 5.5와 13.5이다.

다음은 위의 자료에 대하여, 두 집단의 분산이 동일하다는 전제하에서의 두 집단의 모평균 차이에 대한 추정 및 검정 결과이다.

```
> t.test(x,y, var.equal = TRUE)
        Two Sample t-test

data:  x and y
t = -5.1473, df = 22, p-value = 3.691e-05
alternative hypothesis: true difference in means is not equal to 0
95 percent confidence interval:
 -11.223245  -4.776755
sample estimates:
mean of x mean of y
      5.5      13.5
```

t.test 결과 R이 반환한 값들에 대한 계산 값은 다음과 같다.

- t = −5.1473: 귀무가설 $H_0 : \mu_1 = \mu_2$하에서의 검정통계량 값

$$= \frac{(\overline{X}_1 - \overline{X}_2)}{S_p\sqrt{\frac{1}{n_1} + \frac{1}{n_2}}} = \frac{(5.5 - 13.5)}{3.753786\sqrt{\frac{1}{10} + \frac{1}{14}}} = T_0$$

  여기서, S_p^2는 합동분산추정량으로 다음과 같이 정의된 값이다.

$$S_p^2 = \frac{(n_1 - 1)S_1^2 + (n_2 - 1)S_2^2}{n_1 + n_2 - 2} = \frac{(10-1)9.166667 + (14-1)17.5}{10 + 14 - 2} = 14.09091$$

  따라서 $S_p = 3.753786$이다. 이분산인 경우의 통계량 값 t = −5.4349와 약간 달라진 것을 볼 수 있다.

- df = 22: 자유도$(= (n_1 - 1) + (n_2 - 1) = 9 + 13)$이다.
- p−value = 3.691e−05: $P(|T| > |T_0|) = 0.00003691$이다.
- alternative hypothesis: true difference in means is not equal to 0
  : 대립가설 $H_1 : \mu_1 \neq \mu_2$로 양측검정이다.
- 95 percent confidence interval: −11.223245 −4.776755
  : $(\overline{X}_1 - \overline{X}_2) \pm t_{0.05/2}(22) S_p \sqrt{\frac{1}{n_1} + \frac{1}{n_2}} = (-11.223245, -4.776755)$

  이분산의 경우와는 약간 차이가 있음을 알 수 있다.

다음은 위의 자료에서 y에만 한 개의 자료 200을 추가한 자료에 대하여 두 집단의 모평균 차이에 대한 추정 및 검정을 한 결과이다.

```
> x = c(1:10)
> x
[1]  1  2  3  4  5
[2]  6  7  8  9 10
> mean(x)
[1] 5.5
> var(x)
[1] 9.166667
```

```
> y = c(7:20,200)
> y
[1]  7   8   9  10  11  12  13
[2] 14  15  16  17  18  19  20
[3] 200
> mean(y)
[1] 25.93333
> var(y)
[1] 2335.067
```

```
> t.test(x, y)
        Welch Two Sample t-test

data:  c(1:10) and c(7:20, 200)
t = -1.6329, df = 14.165, p-value = 0.1245
alternative hypothesis: true difference in means is not equal to 0
95 percent confidence interval:
 -47.242900   6.376233
sample estimates:
mean of x mean of y
  5.50000  25.93333
```

t.test 결과 R이 반환한 값들에 대한 계산 값은 다음과 같다.

- t = −1.6329: 귀무가설 $H_0 : \mu_1 = \mu_2$하에서이 검정통계량 값

$$= \frac{(\overline{X}_1 - \overline{X}_2)}{\sqrt{S_1^2/n_1 + S_2^2/n_2}} = \frac{5.5 - 25.93333}{\sqrt{\frac{9.166667}{10} + \frac{2335.067}{14}}} = T_0$$

> **Note**
>
> 두 번째 자료(y)의 분산이 상당히 커서 영향력이 커짐으로써 통계량 값이 작아진 결과이다. 이로서 p-value가 0.1245로서 귀무가설 $H_0 : \mu_1 = \mu_2$를 채택하는 결정을 하게 된다. 그러나 각각의 표본평균 값은 5.5와 25.93333으로 직관적으로도 차이가 있음을 알 수 있다. 이 예는 적절한 자료에 대한 통계적 이론의 적용이 의미가 있음을 보여 주는 것이다.

- df = 14.165

$$: = \frac{\left[\frac{S_1^2}{n_1} + \frac{S_2^2}{n_2}\right]^2}{\frac{(S_1^2/n_1)^2}{n_1 - 1} + \frac{(S_2^2/n_2)^2}{n_2 - 1}} = \frac{\left[\frac{9.166667}{10} + \frac{2335.067}{14}\right]^2}{\frac{(9.166667/10)^2}{10-1} + \frac{(2335.067/14)^2}{14-1}}$$

- p−value = 0.1245: $P(|T| > |T_0|) = 0.1245$이다.
- alternative hypothesis: true difference in means is not equal to 0
  : 대립가설 $H_1 : \mu_1 \neq \mu_2$로 양측검정이다.
- 95 percent confidence interval: −47.242900 6.376233

$$(\overline{X}_1 - \overline{X}_2) \pm t_{0.05/2}(14.165)\sqrt{\frac{S_1^2}{n_1} + \frac{S_2^2}{n_2}}$$

- sample estimates: mean of x mean of y; 5.50000 25.93333

다음은 패키지 “datasets”에 있는 자료 “sleep”를 이용하여 두 집단의 모평균의 차에 대한 추정 및 검정을 한 결과이다. 세 개의 변수값에 대한 측정 자료인 데이터 프레임으로서 환자 10명에 대하여 수면제의 종류(“1”과 “2”로 구별)에 따른 수면시간의 변화를 측정한 자료이다. 변수 “extra”는 수면 시간의 증/감량이고, 변수 “group”은 수면제의 종류이다. 그리고 변수 “ID”는 단순 식별번호로 1번부터 10번까지 두 번씩 반복되어 있음을 알 수 있다.

```
> str(sleep)
'data.frame':   20 obs. of  3 variables:
 $ extra: num  0.7 -1.6 -0.2 -1.2 -0.1 3.4 3.7 0.8 0 2 ...
 $ group: Factor w/ 2 levels "1","2": 1 1 1 1 1 1 1 1 1 1 ...
 $ ID   : Factor w/ 10 levels "1","2","3","4",..: 1 2 3 4 5 6 7 8 9 10 ...
```

group1과 group2의 구별된 요약을 보기 위하여 상자그림을 그려 본다. 대체로 group2의 자료가 group1의 자료보다 큰 값을 갖고 있음을 알 수 있다.

```
> plot(extra ~ group, data = sleep, horizontal = TRUE)
```

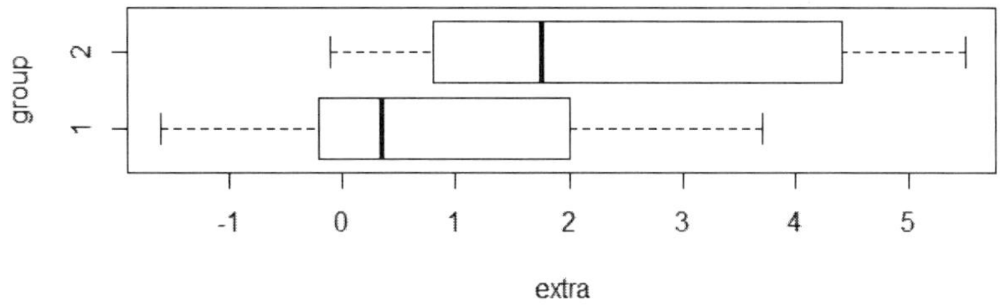

두 집단에서 추출된 표본에 대하여 필요한 기초 통계량을 계산한 결과이다.

```
> tapply(sleep$extra,sleep$group, length)        # group별 자료수
 1  2
10 10
> tapply(sleep$extra,sleep$group, mean)          # group별 평균값
  1     2
0.75   2.33
> tapply(sleep$extra,sleep$group, var)           # group별 분산값
     1          2
3.200556    4.009000
```

두 집단의 모평균 차이에 대한 추정 및 검정을 실시하여 보자. "R"에서는 자료의 표현 방식을 두 가지 경우로 할 수 있도록 하고 있다. 첫 번째는 기존의 일반적인 방식이다. group1과 group2의 자료를 추출하여 사용하는 방법이다.

```
## Traditional interface
> with(sleep, t.test(extra[group == 1], extra[group == 2]))
        Welch Two Sample t-test

data:  extra[group == 1] and extra[group == 2]
t = -1.8608, df = 17.776, p-value = 0.07939
alternative hypothesis: true difference in means is not equal to 0
95 percent confidence interval:
 -3.3654832  0.2054832
sample estimates:
mean of x mean of y
     0.75      2.33
```

다음은 함수적 관계식(formula)을 활용한 방법으로 분석하고자 하는 변수와 그의 인자를 "~"로 묶어 표현하는 방식이다. extra(수면시간의 증/감량)를 group(수면제 종류)에 따른 차이를 보고자 하는 것이므로 함수식 "extra~group"을 사용한다.

```
## Formula interface
> t.test(extra ~ group, data = sleep)
        Welch Two Sample t-test

data:  extra by group
t = -1.8608, df = 17.776, p-value = 0.07939
alternative hypothesis: true difference in means is not equal to 0
95 percent confidence interval:
 -3.3654832  0.2054832
sample estimates:
mean in group 1 mean in group 2 
           0.75            2.33 
```

Note

(1) 위의 두 가지 경우는 표현이 다소 다를 뿐 같은 결과를 보여 주고 있다.
(2) 두 집단의 모평균 값에 차이가 없다는 결과를 보여 주고 있다.
(3) 사실 이 자료는 독립적인 두 집단에 대한 분석방법을 적용하는 것은 적절하지 않다. 각각의 환자에 대하여 수면제의 종류에 따라 수면시간을 측정한 자료이기 때문에 group별 자료 간 영향력이 있을 수밖에 없다. 이러한 자료를 짝지어진 자료(paired sample)라고 하며, 분석방법도 달라야 한다.

6.1.2.2 짝지어진 자료에 대한 모평균의 차이의 추정 및 검정

짝지어진 자료에 대한 추정 및 검정은 옵션에서 "paired = TRUE"를 지정하면 된다. 짝지어진 자료분석은 전/후의 자료값의 차이($D = X - Y$)를 이용한다. 자료 "sleep"에서 group1과 group2의 측정값의 차이를 새로운 변수 "Data"로 지정하여 변수 "Data"의 기초통계량 값을 계산하였다.

```
> attach(sleep)
> Data = sleep$extra[group == 1] - sleep$extra[group == 2]
> Data
 [1] -1.2 -2.4 -1.3 -1.3  0.0 -1.0 -1.8 -0.8 -4.6 -1.4
```

```
> length(Data)
[1] 10
> mean(Data)
[1] -1.58
```

```
> var(Data)
[1] 1.512889
> sd(Data)
[1] 1.229995
> detach(sleep)
```

다음은 옵션 paired = TRUE를 추가한 함수 "t.test()"의 실행 결과이다.

```
> t.test(extra ~ group, data = sleep, paired = TRUE)
        Paired t-test

data:  extra by group
t = -4.0621, df = 9, p-value = 0.002833
alternative hypothesis: true difference in means is not equal to 0
95 percent confidence interval:
 -2.4598858 -0.7001142
sample estimates:
mean of the differences
                  -1.58
```

t.test 결과 R이 반환한 값들에 대한 계산 값은 다음과 같다.

- t = −4.0621: 귀무가설 $H_0 : \mu_1 = \mu_2$하에서의 검정통계량 값

$$= \frac{\overline{D}}{S_D/\sqrt{n}} = \frac{-1.58}{1.229995/\sqrt{10}} = T_0$$

- df = 9: 자유도 ($= n-1 = 10-1$)
- p-value = 0.002833: $P(|T| > |T_0|) = 0.002833$이다. p-value가 유의수준 $\alpha = 0.05$보다 작으므로, 귀무가설 $H_0 : \mu_D = 0$를 기각하게 된다. 즉, 두 수면제는 수면시간의 증/감량에 차이를 보인다고 할 수 있다.
- alternative hypothesis: true difference in means is not equal to 0
  : 대립가설 $H_1 : \mu_D \neq 0$로 양측검정이다.
- 95 percent confidence interval: −2.4598858 −0.7001142

$$\overline{D} \pm t_{\alpha/2}(n-1)\frac{S_D}{\sqrt{n}} = -1.58 \pm t_{0.05/2}(9)\frac{1.229995}{\sqrt{10}}$$
$$= (-2.4598858, -0.7001142)$$

  신뢰구간이 0을 포함하지 않는다.
- sample estimates: mean of the differences −1.58
  : 차이의 추정량의 표본평균이 −1.58이다.

6.1.2.3 모비율의 차이에 대한 추정 및 검정

두 집단으로부터 얻어진 비율 자료들에 대하여 두 모집단의 모비율 차이에 대한 구간추정 또는 두 모비율의 동일성 여부를 검정하고자 한다.

- 패키지: stats

• 함수: "prop.test(x, n, p = NULL, alternative = c("two.sided", "less", "greater"), conf.level = 0.95, correct = TRUE)"

• 옵션:
  - x: 시행 횟수 중 특정 사항의 출현 값으로 벡터이다.
  - n: 시행 횟수로 벡터이다.
  - p = NULL: 검정하고자 할 확률로서 벡터이고, 기본값은 두 집단의 모비율이 같으므로 0으로 이루어진 벡터이다.
  - alternative = c("two.sided", "less", "greater"): z.test 참조
  - conf.level = 0.95: z.test 참조
  - correct = TRUE: 연속성의 수정(Yates' continuity correction) 여부로서, 기본값은 TRUE이다.

> Agree <- c(64, 49)	> Total <- c(100, 81)	> Prop <- c(0.7, 0.6)

```
> prop.test(Agree, Total)
        2-sample test for equality of proportions with continuity correction

data:  Agree out of Total
X-squared = 0.10889, df = 1, p-value = 0.7414
alternative hypothesis: two.sided
95 percent confidence interval:
 -0.1181844  0.1883079
sample estimates:
   prop 1    prop 2
0.6400000 0.6049383
```

prop.test 결과 R이 반환한 값들에 대한 계산 값은 다음과 같다.

• data: Agree out of Total: 사용되는 변수명을 나타낸다.
• X-squared = 0.10889: $= Z_0^2 = 0.329977^2 = 0.10889 = \chi_0^2$

$$Z_0 = \frac{(\hat{p}_1 - \hat{p}_2) + \frac{I(H_1)}{2}\left(\frac{1}{n_1} + \frac{1}{n_2}\right)}{\sqrt{\hat{p}(1-\hat{p})(\frac{1}{n_1} + \frac{1}{n_2})}} = 0.329977,$$

여기서, $\hat{p} = \frac{n_1\hat{p}_1 + n_2\hat{p}_2}{n_1 + n_2} = \frac{100 \times 0.64 + 81 \times 0.049383}{100 + 81} = 0.6243094$이고,

대립가설이 상단측검정이면 $I(H_1) = -1$이고, 하단측검정이면 $I(H_1) = 1$이다. 그리고 양측검정의 경우에는 $I(H_1) = \pm 1$이다.

- df = 1: 자유도가 1이다.
- p-value = 0.7414: $P(X^2 > \chi_0^2 = 0.10889) = 0.7414$이다. 또는
  $P(|Z| > |z_0|) = P(|Z| > 0.329977) = 0.7414$이다.
- alternative hypothesis: two.sided
  : 대립가설 $H_1 : p_1 \neq p_2$로 양측검정이다.
- 95 percent confidence interval: −0.1181844 0.1883079

$$(\hat{p}_1 - \hat{p}_2) \pm z_{\alpha/2} \cdot \sqrt{\frac{\hat{p}_1(1-\hat{p}_1)}{n_1} + \frac{\hat{p}_2(1-\hat{p}_2)}{n_2}}$$

- sample estimates: prop 1 prop 2 0.6400000 0.6049383
  : 두 모비율의 추정량인 표본비율이 각각 0.64, 0.6049383이다.

```
> prop.test(Agree, Total, correct = FALSE)
        2-sample test for equality of proportions without continuity correction

data:  Agree out of Total
X-squared = 0.23455, df = 1, p-value = 0.6282
alternative hypothesis: two.sided
95 percent confidence interval:
 -0.1070116  0.1771350
sample estimates:
   prop 1    prop 2
0.6400000 0.6049383
```

옵션 **correct = FALSE**를 추가한 prop.test 결과 R이 반환한 값들에 대한 계산 값은 다음과 같다.

- X-squared = 0.23455: $= Z_0^2 = 0.23455 = \chi_0^2$

  $$Z_0 = \frac{(\hat{p}_1 - \hat{p}_2)}{\sqrt{\hat{p}(1-\hat{p})(\frac{1}{n_1} + \frac{1}{n_2})}} = 0.4843078, \quad \hat{p} = \frac{n_1\hat{p}_1 + n_2\hat{p}_2}{n_1 + n_2} = 0.6243094$$이다.
- df = 1: 자유도가 1이다.
- p-value = 0.6282: $P(X^2 > \chi_0^2 = 0.23455) = 0.6282$이다. 또는
  $P(|Z| > |z_0|) = P(|Z| > 0.4843078) = 0.6282$이다.
- alternative hypothesis: two.sided
  : 대립가설 $H_1 : p_1 \neq p_2$로 양측검정이다.
- 95 percent confidence interval: −0.1070116 0.1771350

$$(\hat{p}_1 - \hat{p}_2) \pm z_{\alpha/2} \cdot \sqrt{\frac{\hat{p}_1(1-\hat{p}_1)}{n_1} + \frac{\hat{p}_2(1-\hat{p}_2)}{n_2}}$$

- sample estimates: prop 1 prop 2 0.6400000 0.6049383
  : 두 모비율의 추정량인 표본비율이 각각 0.64, 0.6049383이다.

다음은 연속성의 수정을 하지 않은, 지정된 모비율(Prop)에 대한 검정이다.

```
> prop.test(Agree, Total, p = Prop, correct = FALSE)
        2-sample test for given proportions without continuity correction

data:  Agree out of Total, null probabilities Prop
X-squared = 1.7225, df = 2, p-value = 0.4226
alternative hypothesis: two.sided
null values:
prop 1 prop 2
   0.7    0.6
sample estimates:
   prop 1    prop 2
0.6400000 0.6049383
```

prop.test 결과 R이 반환한 값들에 대한 계산 값은 다음과 같다.

- X-squared = 1.7225: $= (Z_1)^2 + (Z_2)^2 = (-1.30931)^2 + (0.0972)^2 = \chi_0^2$

$$Z_1 = \frac{\hat{p}_1 - p_1}{\sqrt{\frac{p_1(1-p_1)}{n_1}}} = -1.30931, \quad Z_2 = \frac{\hat{p}_2 - p_2}{\sqrt{\frac{p_2(1-p_2)}{n_2}}} = 0.09072$$

- df = 2: 자유도는 2이다.
- p-value = 0.4226: $P(X^2 > \chi_0^2 = 1.7225) = 0.4226$이다.
- alternative hypothesis: two.sided
  : 대립가설 $H_1 : p_1 \neq p_2$로 양측검정이다.
- null values: prop 1 prop 2 0.7 0.6
  : 모비율이 0.7 및 0.6으로 가정한 값이다.
- sample estimates: prop 1 prop 2 0.6400000 0.6049383
  : 두 모비율의 추정량인 표본비율이 각각 0.64, 0.6049383이다.

6.1.2.4 모분산의 차이(또는 비)에 대한 추정 및 검정

두 집단으로부터 얻어진 자료들에 대하여 두 모집단의 모분산 차이(또는 비)에 대한 구간추정 또는 두 모분산의 동일성 여부를 검정하고자 한다.

- 패키지: stats

- 함수: "var.test(x, y, ratio = 1, alternative = c("two.sided", "less", "greater"),
- conf.level = 0.95, ...)"
- 옵션:
  - x, y:
  - ratio = 1: 두 모분산의 비율을 검정하고자 하는 값으로, 기본값은 1이다.
  - alternative = c("two.sided", "less", "greater"): z.test 참조
  - conf.level = 0.95: z.test 참조

변수 x는 평균이 15이고 표준편차가 9인 정규분포에서 추출한 난수 25개이고, 변수 y는 평균이 10이고 표준편차가 7인 정규분포에서 추출한 난수 20개이다.

```
> x <- rnorm(25, mean = 15, sd = 9)
```

```
> y <- rnorm(20, mean = 10, sd = 7)
```

자료가 많지 않으므로 함수 "scan()"을 이용하여 자료를 입력할 수도 있다.

```
> x = scan()
1: 2.56 15.49 35.81  7.06  7.29 13.88 32.05  6.61 15.79 14.63
11: 11.33 25.42 15.55 12.23 -4.75  3.04  4.12 18.29 13.29 16.50
21: 22.06 17.38 17.59 14.20 17.81
26:
Read 25 items
```

```
>  y = scan()
1: 17.42 -1.01 -1.31 20.75 23.16  7.41  3.64 20.84 15.44  9.21
11: 12.88  6.25 14.11 11.89  4.60  6.31 -2.80 12.43  8.61  9.74
21:
Read 20 items
```

입력된 자료들의 기초통계량 값들이다.

```
>  length(x)
[1] 25
> mean(x)
[1] 14.2092
> var(x)
[1] 80.26096
```

```
> length(y)
[1] 20
> mean(y)
[1] 9.9785
> var(y)
[1] 55.00812
```

함수 "var.test()"를 이용한 두 모분산의 비의 추정 및 동일성 검정 결과이다.

```
> var.test(x, y)
        F test to compare two variances

data:  x and y
F = 1.4591, num df = 24, denom df = 19, p-value = 0.4041
alternative hypothesis: true ratio of variances is not equal to 1
95 percent confidence interval:
 0.5949771 3.4217547
sample estimates:
ratio of variances
          1.459075
```

var.test 결과 R이 반환한 값들에 대한 계산 값은 다음과 같다.

- data: x and y: 추정 및 검정에 사용될 자료이다.
- F = 1.4591: H_0하에서의 검정통계량 값이다. $\left(= \frac{S_1^2}{S_2^2} = \frac{80.26096}{55.00812} = F_0\right)$
- num df = 24, denom df = 19: 분자의 자유도 24, 분모의 자유도 19
- p-value = 0.4041: $2 \times P(F > F_0 = 1.4591) = 0.4041$이다.
- alternative hypothesis: true ratio of variances is not equal to 1
  : 대립가설 $H_1 : \sigma_1^2 \neq \sigma_2^2$로 양측검정이다.
- 95 percent confidence interval: 0.5949771 3.4217547

$$\left(\frac{S_1^2}{S_2^2} \times F_{1-\alpha/2}(n_2-1, n_1-1),\ \frac{S_1^2}{S_2^2} \times F_{\alpha/2}(n_2-1, n_1-1)\right)$$

$$= (1.4591 \times 0.407777,\ 1.4591 \times 2.345154) = (0.5949771,\ 3.4217547)$$

> qf(0.025,19,24) [1] 0.407777	> qf(0.975,19,24) [1] 2.345154

- sample estimates: ratio of variances 1.459075
  : 두 모분산의 비율에 대한 추정량인 표본분산들의 비율이다.

다음은 상단측검정을 실시한 결과이다.

```
> var.test(x, y, alternative = c("greater"))
        F test to compare two variances

data:  x and y
F = 1.4591, num df = 24, denom df = 19, p-value = 0.2021
alternative hypothesis: true ratio of variances is greater than 1
95 percent confidence interval:
 0.6901496       Inf
sample estimates:
ratio of variances
         1.459075
```

var.test 결과 R이 반환한 값들에 대한 계산 값은 다음과 같다.

- F = 1.4591: $= \frac{S_1^2}{S_2^2} = \frac{80.26096}{55.00812} = F_0$
- num df = 24, denom df = 19: 분지의 지유도 24, 분모의 지유도 19이다.
- p−value = 0.2021: $P(F > F_0 = 1.4591) = 0.2021$
- alternative hypothesis: true ratio of variances is greater than 1
  : 대립가설 $H_1 : \sigma_1^2 > \sigma_2^2$로 (상)단측검정이다.
- 95 percent confidence interval: 0.6901496 Inf
  : 단측검정이므로 귀무가설 $H_0 : \sigma_1^2 = \sigma_2^2$의 채택영역을 의미한다. 즉, 검정통계량 값 $F = 1.4591$가 채택영역에 포함되어 있으므로 귀무가설을 채택하게 된다.
- sample estimates: ratio of variances 1.459075
  : 두 모분산의 비에 대한 추정량인 표분분산들의 비이다.

6.2 상관분석

6.2.1 상관계수

상관계수는 확률변수들의 관계를 수치적으로 보여 주는 것으로, 일반적으로 숫자(연속)형 자료들에 대한 선형적 관계를 규명하는 피어슨 상관계수를 의미한다.

- 패키지: stats
- 함수: "cor(x, y = NULL, use = "everything",
  method = c("pearson", "kendall", "spearman"))"

"cov(x, y = NULL, use = "everything",

method = c("pearson", "kendall", "spearman"))"

- 옵션:
  - "x, y = NULL": 상관계수 계산에 사용될 자료들이다.
  - "use = "everything"": n개의 순서쌍의 자료 형태 (x_i, y_i)가 완전하지 않은 경우들에 대하여, 결측치를 제외한 온전한 자료를 가지고 시행할지 등에 대한 선택사항이다. "everything", "all.obs", "complete.obs", "na.or.complete.obs" 및 "pairwise.complete.obs" 등이 있다.
  - "method = c("pearson", "kendall", "spearman")": 상관계수의 종류를 결정한다. 기본값은 "pearson"이다. 아래의 "Note" 참조!

Note

표본으로부터의 각각의 상관계수는 다음과 같이 정의된다.

(1) **피어슨(Pearson) 상관계수**: 두 수치형 변수 $x = (x_1, x_2, \cdots, x_n)$와 $y = (y_1, y_2, \cdots, y_n)$의 상관정도를 설명하며 다음과 같이 정의된다. $\bar{x}$는 변수 x의 평균, $\bar{y}$는 변수 y의 평균이다.

$$r = \hat{\rho} = \frac{\frac{1}{n-1}\sum_{i=1}^{n}(x_i - \bar{x})(y_i - \bar{y})}{\sqrt{\left(\frac{1}{n-1}\sum_{i=1}^{n}(x_i - \bar{x})^2\right)\left(\frac{1}{n-1}\sum_{i=1}^{n}(y_i - \bar{y})^2\right)}}$$

(2) **켄달(Kendall)의 순위상관계수**: 자료가 (x_i, y_i) 형태로 n개의 순서쌍을 이루고 있을 때, $x_i < x_j,\ y_i < y_j$ 또는 $x_i > x_j,\ y_i > y_j$를 만족하면 부합(concordant)이라고 하고, $x_i < x_j,\ y_i > y_j$ 또는 $x_i > x_j,\ y_i < y_j$를 만족하면 비부합(discordant)이라고 한다. 켄달의 순위상관계수는 부합의 수(n_c)와 비부합의 수(n_d)를 이용하여 다음과 같이 정의된 값이다.

$$\tau = \frac{n_c - n_d}{\frac{1}{2}n(n-1)}$$

(3) **스피어만(Spearman) 상관계수**: $x^r = (x_{(1)}, \cdots, x_{(n)})$과 $y^r = (y_{(1)}, \cdots, y_{(n)})$를 각각 원자료 $x = (x_1, x_2, \cdots, x_n)$와 $y = (y_1, y_2, \cdots, y_n)$의 크기순으로 정렬된 자료라고 하자. 이때 변수 x^r과 y^r의 피어슨 상관계수를 스피어만 상관계수라고 한다. 즉,

$$\hat{\rho}_{x^r y^r} = cor(x^r, y^r) = \frac{cov(x^r, y^r)}{\sqrt{var(x^r) \cdot var(y^r)}} = \frac{\sigma_{x^r y^r}}{\sigma_{x^r} \cdot \sigma_{y^r}}$$

만일, n개의 순위가 모두 다를 경우에는 다음의 식을 이용한다.

$$\hat{\rho}_{x^r y^r} = 1 - \frac{6\sum_{i=1}^{n} d_i^2}{n(n^2-1)}$$

여기서, $d_i =$ x_i와 y_i의 순위의 차이, n은 순서쌍 자료(x_i, y_i)의 수이다.

Note

함수 "**cov()**"는 공분산($cov(x,y)$)을 구할 때 사용한다. 상관계수와 공분산의 관계는 다음과 같다.

$$\rho = \rho_{xy} = cor(x,y) = \frac{cov(x,y)}{\sqrt{var(x) \cdot var(y)}} = \frac{\sigma_{xy}}{\sigma_x \cdot \sigma_y}$$

Note

두 자료가 이변량 정규분포로부터 추출된 표본이 아니라면, 켄달의 순위상관계수 또는 스피어만 상관계수의 사용을 권장한다.

먼저 패키지 "datasets"에 있는 자료 "longley"의 7개의 변수들 사이의 상관계수를 파악해 보기로 한다. 자료는 1947년부터 16년간의 경제 지표 관련 자료들로 구성되어 있다.

```
> longley
     GNP.deflator     GNP Unemployed Armed.Forces Population Year Employed
1947         83.0 234.289      235.6        159.0    107.608 1947   60.323
1948         88.5 259.426      232.5        145.6    108.632 1948   61.122
1949         88.2 258.054      368.2        161.6    109.773 1949   60.171
1950         89.5 284.599      335.1        165.0    110.929 1950   61.187
```

자료 "longley"의 구조를 보면, 6개의 변수는 모두 숫자형이고, 다만, 변수 "Year"만 정수형이다.

```
> str(longley)
'data.frame':   16 obs. of  7 variables:
 $ GNP.deflator: num  83 88.5 88.2 89.5 96.2 ...
 $ GNP         : num  234 259 258 285 329 ...
 $ Unemployed  : num  236 232 368 335 210 ...
 $ Armed.Forces: num  159 146 162 165 310 ...
 $ Population  : num  108 109 110 111 112 ...
 $ Year        : int  1947 1948 1949 1950 1951 1952 1953 1954 1955 1956 ...
 $ Employed    : num  60.3 61.1 60.2 61.2 63.2 ...
```

함수 "pairs()"는 다음과 같이 변수들 사이의 산점도를 한 화면에 보여 준다. 이 그래프는 변수들 사이의 선형적 관계가 있는지 여부를 직관적으로 파악할 수 있다. 자료 "longley"의 경우 변수 "GNP.deflator"와 "GNP", "Population", "Year" 및 "Employed"와는 선형적 관계가 뚜렷하게 보인다. 이와 같은 변수들 사이의 상관계수를 구하여 선형적 관계를 확인하면 된다.

```
> pairs(longley,
+ main = "자료명 : longley")
```

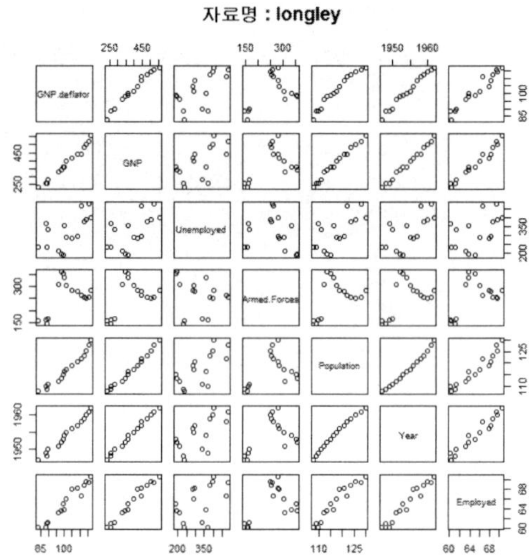

상관계수를 구한 결과는 다음과 같다. 그러나 변수가 많아 한 행을 초과하여 표현되면 전체적인 값들을 비교하는 것이 쉽지 않다.

```
> Cl <- cor(longley)
> Cl
             GNP.deflator       GNP Unemployed Armed.Forces Population      Year  Employed
GNP.deflator    1.0000000 0.9915892  0.6206334    0.4647442  0.9791634 0.9911492 0.9708985
GNP             0.9915892 1.0000000  0.6042609    0.4464368  0.9910901 0.9952735 0.9835516
Unemployed      0.6206334 0.6042609  1.0000000   -0.1774206  0.6865515 0.6682566 0.5024981
Armed.Forces    0.4647442 0.4464368 -0.1774206    1.0000000  0.3644163 0.4172451 0.4573074
Population      0.9791634 0.9910901  0.6865515    0.3644163  1.0000000 0.9939528 0.9603906
Year            0.9911492 0.9952735  0.6682566    0.4172451  0.9939528 1.0000000 0.9713295
Employed        0.9708985 0.9835516  0.5024981    0.4573074  0.9603906 0.9713295 1.0000000
```

이때 함수 "symnum()"을 이용하면 원래의 변수명을 줄여 간결한 형태의 이름으로 변경하여 상관계수 행렬을 보여 준다. 범례를 시행 결과의 맨 아래에 제공하고 있다. 빈칸 ' '이면 상관계수가 0에 근접한 값, 마침표 '.'이면 0.3 근처, 쉼표 ','이면 0.6, 덧셈기호 '+'이면 0.8, 별표 '*'이면 0.9, 그리고 'B'이면 1에 가까운 값을 의미한다.

```
> symnum(Cl)        # highly correlated
             GNP. GNP U A P Y E
GNP.deflator 1
GNP          B    1
Unemployed   ,    ,   1
Armed.Forces .    .     1
Population   B    B   , . 1
Year         B    B   , . B 1
Employed     B    B   . . B B 1
attr(,"legend")
[1] 0 ' ' 0.3 '.' 0.6 ',' 0.8 '+' 0.9 '*' 0.95 'B' 1
```

다음은 스피어만 상관계수의 결과이다. 피어슨 상관계수와 유사한 형태이지만 일치하지는 않는다.

```
> symnum(clS <- cor(longley, method = "spearman"))
             GNP. GNP U A P Y E
GNP.deflator 1
GNP          B    1
Unemployed   ,    ,   1
Armed.Forces          . 1
Population   B    B   ,   1
Year         B    B   ,   1 1
Employed     B    B   .   B B 1
attr(,"legend")
[1] 0 ' ' 0.3 '.' 0.6 ',' 0.8 '+' 0.9 '*' 0.95 'B' 1
```

다음은 켄달 상관계수의 결과이다. 이것도 피어슨 상관계수와 유사한 형태이지만 일치하지는 않는다.

```
> symnum(clK <- cor(longley, method = "kendall"))
             GNP. GNP U A P Y E
GNP.deflator 1
GNP          B    1
Unemployed   .    .   1
Armed.Forces            1
Population   B    B   .   1
Year         B    B   .   1 1
Employed     *    *   .   + + 1
attr(,"legend")
[1] 0 ' ' 0.3 '.' 0.6 ',' 0.8 '+' 0.9 '*' 0.95 'B' 1
```

3가지의 상관계수 방법 모두 유사한 형태를 보이고 있음을 알 수 있다. 다음은 피어슨 상관계수, 스피어만 상관계수 및 켄달의 순위상관계수와의 상관계수를 파악한 결과 상관 정도가 0.95 이상으로 나타나고 있다. 함수 "lower.tri(Cl)"은 7×7인 상관계수 행렬 "Cl"의 하삼각행렬의 진리값을 의미한다. "Cl[i]"는 행렬 "Cl"의 하삼각행렬의 값을 원소로 갖는 길이가 21인 벡터이다. 위의 과정에서 "Cl"은 피어슨 상관계수 행렬, "clS"는 스피어만 상관계수 행렬을 그리고 "clK"는 켄달의 순위상관계수 행렬을 의미한다.

```
> i <- lower.tri(Cl)
> cor(cbind(P = Cl[i],
+ S = clS[i], K = clK[i]))
```

```
          P         S         K
P 1.0000000 0.9802390 0.9572562
S 0.9802390 1.0000000 0.9742171
K 0.9572562 0.9742171 1.0000000
```

상관계수 행렬을 시각화하는 패키지 "corrgram"의 함수 "**corrgram()**"을 이용하면, 아래와 같은 여러 유형의 시각화를 경험할 수 있다. 색의 밝기를 이용하여 상관계수의 크기를 표현해 주고 있다.

```
# 패키지 "corrgram"설치 후 진행
> library(corrgram)
> corrgram(cor(longley),
+ main = "상관계수의 시각화",
+ type = "corr",
+ cor.method = "pearson",
+ upper.panel = panel.conf )
```

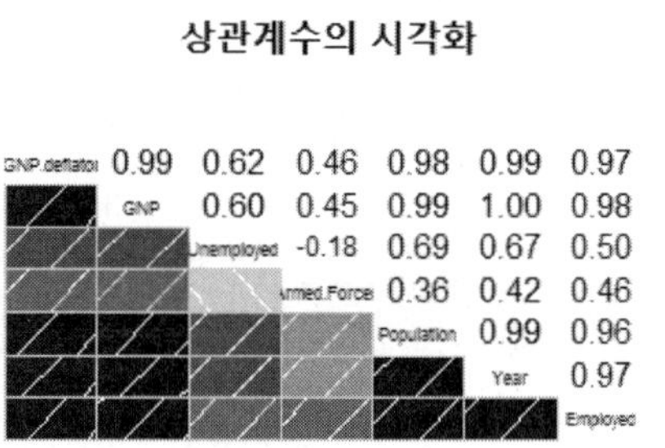

실제 자료분석 과정에서 변수들의 모든 자료들이 정상적으로 입력되어 있는 경우보다는 결측값들이 여러 곳에서 발견되는 경우가 종종 발생한다. 이와 같은 경우들은 상관계수들의 값에 대한 일반적 정의에 따른 계산이 불가능할 수도 있다. 이때 결측값들과 같은 불완전한 자료들이 존재할 때, 옵션 "**use =** "의 선택에 따라 사용자가 원하는 유형의 공분산 또는 상관계수행렬을 구할 수 있는 방법들을 살펴보고자 한다.

다음은 길이가 4인 3개의 온전한 벡터의 공분산행렬을 구하는 예이다. 옵션을 생략하거나 또는 옵션 **use = "everything"**를 사용한 결과는 같다. 즉 기본값이 "everything"인 것이다. 이와 같이 온전한 자료일 때는 어느 옵션을 선택하여도 같은 결과를 갖는다.

```
> cov( cbind ( c(1,2,3,4), c(2,3,6,8), c(3,5,8,10)))          # 또는
> cov( cbind ( c(1,2,3,4), c(2,3,6,8), c(3,5,8,10)), use = "everything")
> cov( cbind ( c(1,2,3,4), c(2,3,6,8), c(3,5,8,10)), use = "all")
         [,1]     [,2]     [,3]
[1,] 1.666667 3.500000 4.000000
[2,] 3.500000 7.583333 8.500000
[3,] 4.000000 8.500000 9.666667
```

그러나 첫 번째 벡터의 첫 번째 원소를 결측치 "NA"로 바꾼 후 기본값 또는 use = "everything"로 공분산행렬을 구한 결과는 다음과 같다. 결측치가 있는 행과 열을 제외한 부분만 공분산이 계산되고 나머지 부분은 "NA"로 나타내고 있다. 즉 결측치가 없는 두 번째 벡터와 세 번째 벡터와의 공분산행렬의 값 부분만 정상적으로 계산되고, 결측치가 있는 첫 번째 벡터와 두, 세 번째 벡터와의 공분산은 계산하지 않고(할 수 없고) "NA"로 표현하는 것이다.

```
> cov( cbind ( c(NA,2,3,4), c(2,3,6,8), c(3,5,8,10)), use = "everything")
     [,1]     [,2]     [,3]
[1,]   NA       NA       NA
[2,]   NA 7.583333 8.500000
[3,]   NA 8.500000 9.666667
```

결측치가 존재하는 경우, 옵션을 use = "all"로 하면 오류임을 알려준다.

```
> cov( cbind ( c(NA,2,3,4), c(2,3,6,8), c(3,5,8,10)), use = "all")
Error in cov(cbind(c(NA, 2, 3, 4), c(2, 3, 6, 8), c(3, 5, 8, 10)), use = "all") :
  cov/cor에 결측치들이 있습니다
```

반면, 옵션 use = "complete"로 선택하게 되면, 결측치가 있는 경우 온전한 벡터를 결측치가 있는 벡터와 길이를 맞춘 벡터로 전환하여 줄여진 벡터들의 공분산행렬을 구한다.

```
> cov( cbind ( c(NA,2,3,4), c(2,3,6,8), c(3,5,8,10)), use = "complete")
     [,1]     [,2]     [,3]
[1,]  1.0 2.500000 2.500000
[2,]  2.5 6.333333 6.333333
[3,]  2.5 6.333333 6.333333
```

따라서 다음과 같이 결측치가 있는 첫 번째 벡터의 길이로 나머지 벡터를 전환, 즉 c(2,3,6,8)을 c(3,6,8)로, c(3,5,8,10)을 c(5,8,10)으로 전환하여 구한 공분산

행렬과 같다. 옵션 use = "complete"을 사용하여 결측치가 있는 벡터에 다른 벡터들을 조정한 후 온전한 형태의 공분산을 구한 결과는 다음과 같다.

```
> cov( cbind ( c(2,3,4), c(3,6,8), c(5,8,10)), use = "everything")    # 또는
> cov( cbind ( c(2,3,4), c(3,6,8), c(5,8,10)), use = "all")
     [,1]     [,2]     [,3]
[1,]  1.0 2.500000 2.500000
[2,]  2.5 6.333333 6.333333
[3,]  2.5 6.333333 6.333333
```

한편, 옵션 use = "pairwise"는 결측치가 있는 벡터와 온전한 벡터는 결측치가 있는 벡터에 온전한 벡터를 조정한 후 공분산을 구하고, 온전한 벡터들은 그대로 공분산을 구하는 방법이다. 그리하여 다음과 같이 두 번째와 세 번째 벡터의 공분산은 원래의 공분산 값인 8.5를 나타내고 있다.

```
> cov( cbind ( c(NA,2,3,4), c(2,3,6,8), c(3,5,8,10)), use = "pairwise")
     [,1]     [,2]     [,3]
[1,]  1.0 2.500000 2.500000
[2,]  2.5 7.583333 8.500000
[3,]  2.5 8.500000 9.666667
```

6.2.2 상관분석

주어진 표본으로부터 얻어진 표본상관계수(r)는 모상관계수(population correlation coefficient) ρ의 추론에 사용되는 표본통계량이다.

- 패키지: stats
- 함수: "cor.test(x, y, alternative = c("two.sided", "less", "greater"),
  method = c("pearson", "kendall", "spearman"),
  exact = NULL, conf.level = 0.95, ...)"
  또는
  "cor.test(formula, data, subset, na.action, ...)
- 옵션:
  - "x, y": 상관계수의 추정 및 검정에 사용될 자료이다.
  - "alternative = c("two.sided", "less", "greater")": z.test 참조
  - "use = "everything"": 함수 "cor()" 참조
  - "method = c("pearson", "kendall", "spearman")": 함수 "cor()" 참조
  - "exact = NULL": 켄달 순위상관계수와 스피어만 상관계수의 검정에서만 사용

가능하며, 동일한 순위가 없을 때에만 사용 가능하다. 기본값은 "NULL"이다. 켄달 순위상관계수 검정은 자료의 수가 50 이하일 때, 스피어만 상관계수 검정은 자료의 수가 1290보다 적을 때 사용하게 된다.

– "conf.level = 0.95": z.test 참조

다음의 "R"에서 제공되는 자료를 이용하여 상관계수검정을 실시하기로 한다.

```
> x <- c(44.4, 45.9, 41.9, 53.3, 44.7, 44.1, 50.7, 45.2, 60.1)
> y <- c( 2.6,  3.1,  2.5,  5.0,  3.6,  4.0,  5.2,  2.8,  3.8)
```

위의 자료를 이용하여 피어슨 상관계수검정을 여러 가지 유형으로 진행한 결과 모두 같은 결과를 제공하고 있다.

```
> cor.test(x, y, method = "pearson", alternative = "g")    # 또는
> cor.test(x, y,                     alternative = "g")    # 또는
> cor.test( ~ x+y,                   alternative = "g")
        Pearson's product-moment correlation

data:  x and y
t = 1.8411, df = 7, p-value = 0.05409
alternative hypothesis: true correlation is greater than 0
95 percent confidence interval:
 -0.02223023  1.00000000
sample estimates:
      cor
0.5711816
```

cor.test 결과 R이 반환한 값들에 대한 계산 값은 다음과 같다.

- data: x and y: 분석할 자료이다.
- t = 1.8411: 모집단이 모상관계수가 ρ인 이변량 정규분포(bivariate normal distribution)를 따를 때, 표본상관계수 r은 모상관계수 ρ의 점추정량이 되며, 무상관의 귀무가설하에서, 즉 $H_0 : \rho = 0$일 때, $\sqrt{n-2}\dfrac{r}{\sqrt{1-r^2}} \sim t(n-2)$ 이다.

  이를 이용하면, $T_0 = \sqrt{9-2}\dfrac{0.5711816}{\sqrt{1-0.5711816^2}} = 1.8411$이다.
- df = 7: 자유도(= 표본수 – 2)이다.
- p-value = 0.05409: $P(T > T_0) = P(T \geq 1.8411) = 0.05409$이다.
- alternative hypothesis: true correlation is greater than 0

: 대립가설은 상단측으로 "상관계수가 0보다 크다"이다. 즉, $H_1 : \rho > 0$

- 95 percent confidence interval: −0.02223023 1.00000000
  : 상단측검정이므로 귀무가설의 채택영역을 의미한다. 즉, 0이 포함되어 있으므로 귀무가설을 기각하지 못한다.
- sample estimates: cor 0.5711816: 피어슨 상관계수이다.

다음은 켄달의 순위상관계수검정에서 옵션 "exact = FALSE"가 생략된 경우이다. 즉, "exact = TRUE"인 경우의 검정 결과이다.

```
> cor.test(x, y, method = "kendall", alternative = "greater")
        Kendall's rank correlation tau

data:  x and y
T = 26, p-value = 0.05972
alternative hypothesis: true tau is greater than 0
sample estimates:
      tau
0.4444444
```

cor.test 결과 R이 반환한 값들에 대한 계산 값은 다음과 같다.

- T = 26: 통계량 값이 2이다.
- p-value = 0.05972: 0.05보다 크므로 귀무가설 H_0를 채택하게 된다.
- alternative hypothesis: true tau is greater than 0
  : 대립가설은 상단측으로 "상관계수가 0보다 크다"이다. 즉, $H_1 : \rho > 0$
- sample estimates: tau 0.4444444: 켄달의 순위상관계수이다.

다음은 켄달의 순위상관계수 검정에서 옵션 "exact = FALSE"인 경우의 검정 결과이다.

```
> cor.test(x, y, method = "kendall", alternative = "greater", exact = FALSE)
        Kendall's rank correlation tau

data:  x and y
z = 1.6681, p-value = 0.04765
alternative hypothesis: true tau is greater than 0
sample estimates:
      tau
0.4444444
```

cor.test 결과 R이 반환한 값들에 대한 계산 값은 다음과 같다.

- z = 1.6681: $\dfrac{\tau}{\sqrt{\dfrac{2(2n+5)}{9n(n-1)}}} \sim N(0,1)$을 이용하면,

$$Z_0 = \frac{0.4444444}{\sqrt{\dfrac{2 \cdot (2 \cdot 9+5)}{9 \cdot 9 \cdot (9-1)}}} = 1.6681$$ 이다.

- p-value = 0.04765: $P(Z > Z_0) = P(Z \geq 1.6681) = 0.04765$로 0.05보다 작으므로 귀무가설을 기각하게 된다.
- alternative hypothesis: true tau is greater than 0
  : 대립가설은 상단측으로 "상관계수가 0보다 크다"이다. 즉, $H_1 : \rho > 0$
- sample estimates: tau 0.4444444: 켄달의 순위상관계수이다.

다음은 스피어만의 상관계수검정에서 옵션 "exact = FALSE"가 생략된 경우이다. 즉, "exact = TRUE"인 경우의 검정 방법과 결과이다.

```
> cor.test(x, y, method = "spearman", alternative = "g")
        Spearman's rank correlation rho

data:  x and y
S = 48, p-value = 0.0484
alternative hypothesis: true rho is greater than 0
sample estimates:
rho
0.6
```

cor.test 결과 R이 반환한 값들에 대한 계산 값은 다음과 같다.

- S = 48: $\sum_{i=1}^{n} d_i^2 = 48$이다.
- p-value = 0.0484: 0.05보다 작으므로 귀무가설을 기각하고 대립가설 H_0를 채택하게 된다.
- alternative hypothesis: true rho is greater than 0
  : 대립가설은 상단측으로 "상관계수가 0보다 크다"이다. 즉, $H_1 : \rho > 0$
- sample estimates: rho 0.6: 스피어만 상관계수이다.

다음은 스피어만의 상관계수검정에서 옵션 "exact = FALSE"를 사용하여 검정한 결과이다.

```
> cor.test(x, y, method = "spearman", alternative = "greater", exact = FALSE)
        Spearman's rank correlation rho

data:  x and y
S = 48, p-value = 0.04381
alternative hypothesis: true rho is greater than 0
sample estimates:
rho
0.6
```

cor.test 결과 R이 반환한 값들에 대한 계산 값은 다음과 같다.

- p-value = 0.04381: $T = \sqrt{n-2}\dfrac{r}{\sqrt{1-r^2}} \sim t(n-2)$를 이용한다.

  이를 이용하면 $T_0 = \sqrt{9-2}\dfrac{0.6}{\sqrt{1-0.6^2}} = 1.984313$이다. 따라서 $P(T > T_0) = P(T \geq 1.984313) = 0.04381$이다.

6.3 회귀분석

두 변수 또는 그 이상의 변수 중에서 어떤 변수들의 변동에 대한 다른 변수의 평균적인 변동 관계를 구하는 것이다.

6.3.1 단순선형회귀분석

두 변수 사이의 선형적 관계로 제한된 것을 의미한다. 선형회귀분석에서는 함수 "lm()"을 사용한다.

- 패키지: stats
- 함수: "lm(formula, data, subset, weights, na.action, method = "qr",
  model = TRUE, x = FALSE, y = FALSE, qr = TRUE,
  singular.ok = TRUE, contrasts = NULL, offset, ...)"
- 옵션:
  - "formula": 변수들의 관계식으로, "반응변수 ~ 설명변수"의 형식으로 사용한다.
  - "data": 분석하고자 하는 자료로 데이터 프레임이다.
  - "subset": 자료 일부에 대해 분석하고자 할 때 사용한다.

– "weights": 가중 회귀분석을 하고자 할 때 사용하며, 기본값은 생략된 형태로 이때는 일반적인 회귀분석을 실시한다.
– "na.action": 자료 중 "NA", 즉 Not Available인 경우에 처리 방법이다. "na.fail", "na.omit", "na.exclude" 등이 있다.
– "method = "qr"": the QR decomposition 사용

최대 심장 박동수(Max)는 나이(Age)와 관련되어 $Max = 220 - Age$을 따른다고 알려진 관계식을 확인하기 위하여 15명의 나이와 최대 심장박동수를 측정한 자료이다.

```
> Age <- c(18,23,25,35,65,54,34,56,72,19,23,42,18,39,37)
> Max <- c(202,186,187,180,156,169,174,172,153,199,193,174,198,183,178)
> Data = data.frame( Age, Max )
```

함수 "lm()"을 사용하여 회귀분석을 실시한 결과이다. 변수 "Max"가 반응(종속) 변수이고, 변수 "Age"가 설명(독립)변수이다.

```
> Ma <- lm( Max ~ Age, Data)
> Ma
Call:
lm(formula = Max ~ Age)

Coefficients:
(Intercept)          Age
   210.0485      -0.7977
```

함수 lm( )을 사용한 결과 R이 반환한 값들에 대한 계산 값은 다음과 같다.

- Call: lm(formula = Max ~ Age): 회귀모형의 식을 표현하여 준다.
- Coefficients: (Intercept)   Age
  210.0485   −0.7977

: 최소제곱추정 방법인 $SSE = \sum_{i=1}^{n} e_i^2 = \sum_{i=1}^{n} [y_i - \hat{y_i}]^2 = \sum_{i=1}^{n} [y_i - (b_0 + b_1 x_i)]^2$ 를 최소화하는 b_0, b_1이 회귀계수인 절편(b_0)과 기울기(b_1)이다.

$$b_0 = \bar{y} - b_1 \bar{x}, \quad b_1 = \frac{\sum_{i=1}^{n} (x_i - \bar{x})(y_i - \bar{y})}{\sum_{i=1}^{n} (x_i - \bar{x})^2} = \frac{S_{xy}}{S_{xx}} \left(\doteq r_{XY} \times \frac{s_Y}{s_X} \right)$$

회귀분석을 위한 함수 **"str()"**의 결과 자료들에 대한 구조를 살펴보면 다음과 같이 12개의 객체를 가지고 있다. 결과 중 일부만을 아래에 열거하였다.

```
> str(Ma)
 List of 12
  $ coefficients : Named num [1:2] 210.048 -0.798
   ..- attr(*, "names")= chr [1:2] "(Intercept)" "Age"
  $ residuals    : Named num [1:15] 6.31 -5.7 -3.11 -2.13 -2.2 ...
```

$ coefficients	: Named num [1:2] 210.048 −0.798
$ residuals	: Named num [1:15] 6.31 −5.7 −3.11 −2.13 −2.2 ...
$ effects	: Named num [1:15] −698.17 −52.2 −3.63 −3.57 −6.41 ...
$ rank	: int 2
$ fitted.values	: Named num [1:15] 196 192 190 182 158 ...
$ assign	: int [1:2] 0 1
$ qr	: List of 5
$ df.residual	: int 13
$ xlevels	: Named list( )
$ call	: language lm(formula = Max ~ Age)
$ terms	: Classes 'terms', 'formula' language Max ~ Age
$ model	: 'data.frame': 15 obs. of 2 variables:

함수 **"names()"**는 선형회귀분석 과정에서 발생한 객체의 이름을 보여 준다.

```
> names(Ma)
[1] "coefficients" "residuals"     "effects"       "rank"
[5] "fitted.values" "assign"       "qr"            "df.residual"
[9] "xlevels"      "call"          "terms"         "model"
```

분석할 자료와 적합된 회귀직선을 한 그래프로 나타낸 것이다.

```
> plot( Age, Max,
+ main = "자료와 회귀직선" )
> abline(coef(Ma))
```

함수 "summary()"를 이용하면 회귀분석 결과의 요약값들을 볼 수 있다.

```
> summary(Ma)
Call:
lm(formula = Max ~ Age)

Residuals:
    Min      1Q  Median      3Q     Max 
-8.9258 -2.5383  0.3879  3.1867  6.6242 

Coefficients:
             Estimate Std. Error t value Pr(>|t|)    
(Intercept) 210.04846    2.86694   73.27  < 2e-16 ***
Age          -0.79773    0.06996  -11.40 3.85e-08 ***
---
Signif. codes:  0 '***' 0.001 '**' 0.01 '*' 0.05 '.' 0.1 ' ' 1

Residual standard error: 4.578 on 13 degrees of freedom
Multiple R-squared:  0.9091,	Adjusted R-squared:  0.9021 
F-statistic:   130 on 1 and 13 DF,  p-value: 3.848e-08
```

- ```
  Residuals:
      Min      1Q  Median      3Q     Max 
  -8.9258 -2.5383  0.3879  3.1867  6.6242
  ```
  : 잔차에 대한 요약값이다.

- ```
  Coefficients:
               Estimate Std. Error t value Pr(>|t|)    
  (Intercept) 210.04846    2.86694   73.27  < 2e-16 ***
  Age          -0.79773    0.06996  -11.40 3.85e-08 ***
  ---
  Signif. codes:  0 '***' 0.001 '**' 0.01 '*' 0.05 '.' 0.1 ' ' 1
  ```
  : 절편과 기울기의 추정값, 표준오차, t-통계량 값 및 p-value를 정리한 표이다.

- 분산 σ^2의 추정량은 $\hat{\sigma}^2 = MSE = \frac{1}{n-2} SSE = \frac{1}{n-2}\sum_{i=1}^{n}(y_i - \hat{y}_i)^2$이므로 $\hat{\sigma}^2 = \frac{272.4312}{(15-2)} = 20.9562$, $\hat{\sigma} = 4.578$이다. 따라서 $\widehat{Var}[b_1] = \frac{\hat{\sigma}^2}{\sum_{i=1}^{n}(x_i - \bar{x})^2} = 0.0048948$이므로 기울기($b_1$)의 표준오차는 $\sqrt{\widehat{Var}(b_1)} = 0.06996$이다. 또한 $\widehat{Var}[b_0] = \left(\frac{1}{n} + \frac{\bar{x}^2}{\sum_{i=1}^{n}(x_i - \bar{x})^2}\right)\hat{\sigma}^2 = 8.2194$이므로, 절편($b_0$)의 표준오차는 $\sqrt{\widehat{Var}[b_0]} = 2.8669$이다.
- Residual standard error: 4.578 on 13 degrees of freedom: $\hat{\sigma} = 4.578$이다.
- Multiple R-squared: 0.9091: 결정계수(coefficient of determination)인 총제곱합 SST 중에서 회귀모형에 의해 설명되는 정도인 회

귀제곱합 SSR이 차지하는 비율 $r^2 = \frac{SSR}{SST} = 1 - \frac{SSE}{SST}$ 이다.

- Adjusted R-squared: 0.9021: 수정결정계수(adjusted coefficient of determination)인 $\overline{R^2} = 1 - \frac{n-1}{n-p-1}(1-R^2)$ (p는 설명변수의 수)이다.
- F-statistic: 130 on 1 and 13 DF: 귀무가설 $H_0 : \beta_1 = 0$하에서의 검정통계량의 값으로 $\frac{MSR}{MSE}\left(= \frac{2724.5}{20.96} \simeq 129.99 = F_0\right) \sim F(1,13)$이다.
- p-value: 3.848e-08: $P(F > F_0 | H_0)$로 유의수준 $\alpha = 0.05$보다 작다. 그러므로 귀무가설을 기각하여 추정된 회귀직선은 매우 유의미함을 알 수 있다.

summary(Ma)의 구조도 볼 수 있다.

```
> str(summary(Ma))
List of 11
 $ call         : language lm(formula = Max ~ Age, data = Data)
 $ terms        :Classes 'terms', 'formula'  language Max ~ Age
```

$ call : language lm(formula = Max ~ Age, data = Data)
$ terms : Classes 'terms', 'formula' language Max ~ Age
$ residuals : Named num [1:15] 6.31 −5.7 −3.11 −2.13 −2.2 ...
$ coefficients : num [1:2, 1:4] 210.048 −0.798 2.867 0.07 73.266 ...
$ aliased : Named logi [1:2] FALSE FALSE
$ sigma : num 4.58
$ df : int [1:3] 2 13 2
$ r.squared : num 0.909
$ adj.r.squared : num 0.902
$ fstatistic : Named num [1:3] 130 1 13
$ cov.unscaled : num [1:2, 1:2] 0.392214 −0.00872 −0.00872 0.000234

함수 "anova()"를 사용하여 분산분석표만을 따로 출력할 수 있다.

```
> anova(Ma)
 Analysis of Variance Table

 Response: Max
           Df  Sum Sq Mean Sq F value    Pr(>F)
 Age        1 2724.50 2724.50  130.01 3.848e-08 ***
 Residuals 13  272.43   20.96
 ---
 Signif. codes:  0 '***' 0.001 '**' 0.01 '*' 0.05 '.' 0.1 ' ' 1
```

anova(Ma)의 구조를 보면 5개의 객체로 구성되어 있음을 알 수 있다.

```
> str(anova(Ma))
Classes 'anova' and 'data.frame':     2 obs. of  5 variables:
 $ Df     : int  1 13
 $ Sum Sq : num  2725 272
 $ Mean Sq: num  2725 21
 $ F value: num  130 NA
 $ Pr(>F) : num  3.85e-08 NA
 - attr(*, "heading")= chr  "Analysis of Variance Table\n" "Response: Max"
```

분산분석표에서 사용되는 객체들은 추후에 재사용할 수도 있다.

```
> anova(Ma)$Df
[1]  1 13
> anova(Ma)$Sum
[1] 2724.5021  272.4312
> anova(Ma)$Mean
[1] 2724.50213   20.95625
```

```
> anova(Ma)$F
[1] 130.0091       NA
> anova(Ma)$Pr
[1] 3.847987e-08    NA
```

계산과정에서 사용되는 특별한 함수들도 있다. 함수 "deviance()"는 잔차의 제곱합을 구할 때 사용하며, 직접 계산하여 구할 수도 있다.

```
> deviance(Ma)
[1] 272.4312
```

```
> sum( ( Max - predict(Ma))^2)
[1] 272.4312
```

함수 "coefficients()" 또는 "coef()"는 계수인 절편과 기울기를 알려준다.

```
> coefficients(Ma)   # 또는 coef(Ma)
(Intercept)          Age
210.0484584  -0.7977266
```

함수 "confint()"는 계수 추정값의 신뢰구간을 알려준다. 기본값은 95% 신뢰구간이다. 사용자가 원하는 신뢰도로 변경할 수 있다.

```
> confint(Ma)
> confint(Ma, level = 0.95) # 동일함
                 2.5 %      97.5 %
(Intercept) 203.854813 216.2421034
Age          -0.948872  -0.6465811
```

자료를 이용한 회귀적합 모형에서 독립변수 나이(Age)에 따른 예측값들을 알고 싶을 때, 함수 "fitted.values()" 또는 "fitted()"를 사용한다. 결과값은 $\hat{y}_i = b_0 + b_1 x_i$의 값을 의미한다.

```
> fitted.values(Ma)
       1        2        3        4        5
195.6894 191.7007 190.1053 182.1280 158.1962
       6        7        8        9       10
166.9712 182.9258 165.3758 152.6121 194.8917
      11       12       13       14       15
191.7007 176.5439 195.6894 178.9371 180.5326

> fitted(Ma)           # 동일함
```

자료를 이용한 회귀적합 모형에서 독립변수 나이(Age)에 따른 잔차들을 알고 싶을 때 함수 "residuals()"를 사용한다. 결과값은 $e_i = y_i - \hat{y}_i$를 의미한다.

```
> residuals(Ma)
         1          2          3          4          5
 6.3106197 -5.7007474 -3.1052943 -2.1280287 -2.1962317
         6          7          8          9         10
 2.0287761 -8.9257552  6.6242292  0.3878543  4.1083463
        11         12         13         14         15
 1.2992526 -2.5439427  2.3106197  4.0628776 -2.5325755
```

함수 "predict()"는 독립변수 나이(Age)에 따른 예측값들을 알고 싶을 때 함수 "fitted.values()"와 마찬가지로 사용할 수 있다. 결과값은 $\hat{y}_p = \hat{\beta}_0 + \hat{\beta}_1 x_p$를 의미한다.

```
> predict(Ma)
       1        2        3        4        5
195.6894 191.7007 190.1053 182.1280 158.1962
       6        7        8        9       10
166.9712 182.9258 165.3758 152.6121 194.8917
      11       12       13       14       15
191.7007 176.5439 195.6894 178.9371 180.5326
```

다음과 같이 예측값들과 함께 주어진 신뢰도에서의 신뢰하한값과 신뢰상한값도 알려준다. 옵션 interval = "confidence"는 종속변수 y의 평균값 $E(y)$값과 관련된 예측값들을, 옵션 interval = "prediction"는 개별적인 y_p값과 관련된 예측값들을 계산하여 준다.

```
> predict(Ma, interval = "confidence",
+ level = 0.95)
        fit      lwr      upr
1  195.6894 191.8087 199.5700
2  191.7007 188.3520 195.0495
3  190.1053 186.9437 193.2668
4  182.1280 179.5503 184.7058
5  158.1962 153.2965 163.0959
6  166.9712 163.3843 170.5582
7  182.9258 180.3230 185.5285
8  165.3758 161.5704 169.1811
9  152.6121 146.7833 158.4410
10 194.8917 191.1235 198.6598
11 191.7007 188.3520 195.0495
12 176.5439 173.8948 179.1931
13 195.6894 191.8087 199.5700
14 178.9371 176.3712 181.5030
15 180.5326 177.9786 183.0866
```

```
> predict(Ma, interval = "prediction",
+ level = 0.95)
        fit      lwr      upr
1  195.6894 185.0655 206.3132
2  191.7007 181.2595 202.1420
3  190.1053 179.7225 200.4881
4  182.1280 171.9079 192.3482
5  158.1962 147.1593 169.2332
6  166.9712 156.4511 177.4914
7  182.9258 172.6993 193.1522
8  165.3758 154.7792 175.9724
9  152.6121 141.1325 164.0918
10 194.8917 184.3084 205.4749
11 191.7007 181.2595 202.1420
12 176.5439 166.3055 186.7823
13 195.6894 185.0655 206.3132
14 178.9371 168.7199 189.1543
15 180.5326 170.3184 190.7468
```

• $E(y|x=x_p)$의 신뢰구간: $\hat{y}_p \pm t_{\alpha/2}(n-2) \cdot \hat{\sigma}\sqrt{\dfrac{1}{n}+\dfrac{(x_p-\overline{x})^2}{\sum_{i=1}^{n}(x_i-\overline{x})^2}}$

• y_p의 신뢰구간: $\hat{y}_p \pm\ t_{\alpha/2}(n-2) \cdot \hat{\sigma}\sqrt{1+\dfrac{1}{n}+\dfrac{(x_p-\overline{x})^2}{\sum_{i=1}^{n}(x_i-\overline{x})^2}}$

다음과 같이 사용자가 원하는 특정한 개별값으로 한정된 예측값과 관련된 값들을 볼 수도 있다. 옵션 confidence와 옵션 prediction의 선택에 따라 신뢰구간의 상/하한의 값이 다름을 알 수 있다.

```
> predict(Ma, data.frame(Age = 20))
       1
194.0939
> predict(Ma, data.frame(Age = 20), interval = "confidence")
       fit        lwr       upr
1 194.0939 190.4355 197.7524
> predict(Ma, data.frame(Age = 20), interval = "prediction")
       fit        lwr       upr
1 194.0939 183.5492 204.6386
```

다음은 적합된 회귀선과 개별적인 값 y_p와 평균적인 값 $E(y)$의 신뢰구간을 계산하고 두 개를 한 그래프에 그려 차이점을 보고자 한 것이다. 이때 원자료에서 나이(Age)가 순서대로 정렬되어 있지 않고, 또한 관찰수가 15개로 많지 않아 이를 정렬하고, 또한 독립변수 Age의 최솟값 18과 최댓값 72를 0.1씩 증가시켜 총 541개의 자료로 재구성하고, 이에 따른 개별적인 값 y_p인 p_p와 평균적인 값 $E(y)$인 p_c의 값들과 신뢰구간을 재계산한 후 이를 한 개의 그래프에 나타내었다. 개별적인 값 y_p의 신뢰구간의 폭이 더 넓은 것을 시각적으로도 확인할 수 있다.

```
> Age <- seq(min(Age), max(Age), 0.1)
> Pc <- predict(Ma, data.frame(Age), interval = "confidence")
> Pp <- predict(Ma, data.frame(Age), interval = "prediction")
> matplot(Age, Pc, main = "예측값의 신뢰구간", ylab = "Max",
+ type = 'l', lty = 1, col = "black")
> matlines(Age, Pp, type = 'l', lty = 2,col = c("black", "red", "red"))
```

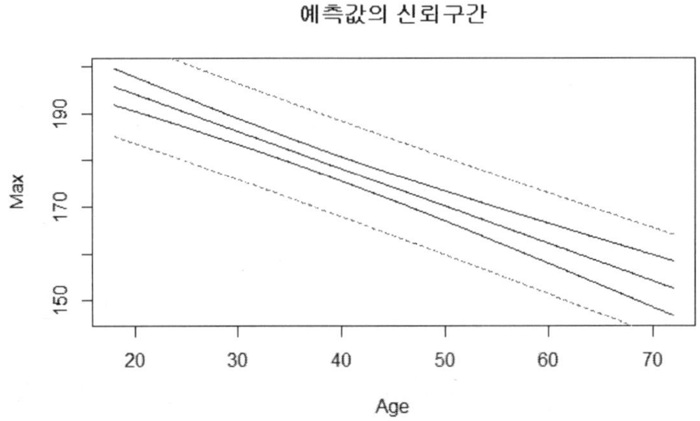

함수 "lm()"에서는 잔차와 관련된 그래프를 아래와 같이 6개 그래프를 제공하고 있다. 기본값은 1,2,3 및 5로 "Residuals vs Fitted", "Normal Q-Q", "Scale-Location" 및 "Residual vs Leverage"의 4가지이다. 4와 6에 해당하는

그래프를 보고 싶으면 옵션 which = c(4,6)을 사용하면 된다. 또는 다음과 같이 모두를 한 번에 볼 수도 있다.

```
> opar <- par(mfrow = c(2,3))
> plot(Ma, which = c(1:6), las = 1)
> par(opar)
```

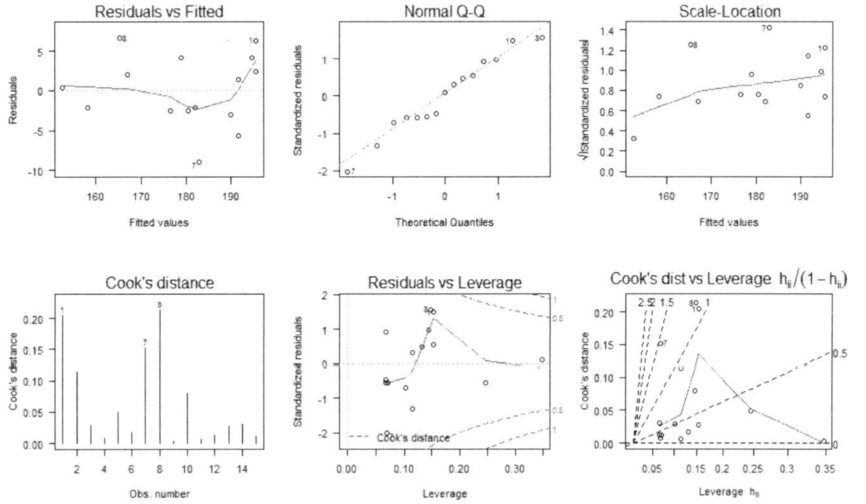

- "Residuals vs Fitted": 잔차와 적합값과의 산점도로 선형모형의 적합성을 판단할 수 있다.
- "Normal Q-Q": 표준화잔차와 직선과의 일치성 정도를 이용하여 오차항의 정규성을 판단할 수 있다.
- "Scale-Location": 표준화잔차와 적합값의 산점도로 이상치 또는 영향력이 큰 자료의 유무를 판단할 수 있다.
- "Cook's distance": 일정한 값보다 크게 되면 그래프 상에 자료의 측정 순서값이 나타나도록 하여, 이상치 또는 영향력이 큰 자료를 파악할 수 있다. 위 그림에서는 8번째, 1번째, 7번째 순으로 영향을 끼쳤음을 알 수 있다.
- "Residual vs Leverage": 표준화 잔차와 레버리지의 그래프이다. 레버리지는 설명(독립)변수가 극단적으로 치우친 정도를 의미한다.
- "Cook's dist vs Leverage": Cook's dist와 레버리지의 그래프이다. 일반적으로 Cook's 거리는 레버리지와 잔차에 비례한다.

6.3.2 다중선형회귀분석

종속변수 y와 p개의 독립변수 $x_1, x_2, \cdots, x_p$가 있을 때, 다중선형회귀모형은 다음과 같이 표현된다.

$$y = \beta_0 + \beta_1 x_1 + \beta_2 x_2 + \cdots + \beta_p x_p + \epsilon$$

여기서 $\beta_0, \beta_1, \beta_2, \cdots, \beta_p$는 추정되어야 할 $p+1$개의 회귀계수이며, ϵ는 기댓값이 0, 분산이 σ^2인 정규분포를 따르는 오차항이다. 설명변수가 2개 이상인 다중회귀분석에서는 행렬(matrix)을 이용하면 편리하다. 종속변수의 관측벡터를 $\underline{\boldsymbol{y}}$, 설명변수의 관측행렬을 $\underline{\boldsymbol{X}}$라고 하자. 즉,

$$\underline{\boldsymbol{y}} = (y_1, y_2, \cdots, y_n)^t, \quad \underline{\boldsymbol{X}} = \begin{pmatrix} 1 & x_{11} & x_{12} & \cdots & x_{1p} \\ 1 & x_{21} & x_{22} & \cdots & x_{2p} \\ \vdots & \vdots & \vdots & \vdots & \vdots \\ 1 & x_{n1} & x_{n2} & \cdots & x_{np} \end{pmatrix}.$$

이와 같이 행렬을 이용하면 위의 다중선형회귀모형은 다음과 같이 표현할 수 있다.

$$\underline{\boldsymbol{y}} = \underline{\boldsymbol{X}}\underline{\boldsymbol{\beta}} + \underline{\epsilon}$$

여기서, $\underline{\beta} = (\beta_0, \beta_1, \beta_2, \cdots, \beta_p)^t$, $\underline{\epsilon} = (\epsilon_1, \epsilon_2, \cdots \epsilon_n)^t$으로 정의된다. 행렬을 이용하면 정규방정식은 $\underline{\boldsymbol{X}}^t \underline{\boldsymbol{X}} \hat{\underline{\beta}} = \underline{\boldsymbol{X}}^t \underline{\boldsymbol{y}}$로 쓸 수 있다. 즉, $\underline{\beta}$의 최소제곱추정량은

$$\hat{\underline{\beta}} = (\underline{\boldsymbol{X}}^t \underline{\boldsymbol{X}})^{-1} \underline{\boldsymbol{X}}^t \underline{\boldsymbol{y}}$$

로 주어짐을 알 수 있다.

패키지 "car(Companion to Applied Regression)"를 이용하여 패키지 "datasets"에 있는 자료 "mtcars"에 대하여 다중선형회귀분석을 설명하고자 한다.

```
> install.packages("car")
> library(car)
```

```
> head(mtcars, 5L)          # 순서상 5번째 자료까지만 나타냄
                   mpg cyl disp  hp drat    wt  qsec vs am gear carb
Mazda RX4         21.0   6  160 110 3.90 2.620 16.46  0  1    4    4
Mazda RX4 Wag     21.0   6  160 110 3.90 2.875 17.02  0  1    4    4
Datsun 710        22.8   4  108  93 3.85 2.320 18.61  1  1    4    1
Hornet 4 Drive    21.4   6  258 110 3.08 3.215 19.44  1  0    3    1
Hornet Sportabout 18.7   8  360 175 3.15 3.440 17.02  0  0    3    2
```

변수 "mpg"를 반응변수로 하고, 변수 "disp", "hp", "wt", "drat"를 설명변수들로 하여 최소제곱추정방법을 활용한 다중선형회귀분석은 함수 "lm( )"을 사용하여 진행한다. 그 결과 4개 변수들의 계수들과 절편의 추정값을 확인할 수 있다.

```
> Fit <- lm(mpg ~ disp + hp + wt + drat, data = mtcars)
> Fit
Call:
lm(formula = mpg ~ disp + hp + wt + drat, data = mtcars)

Coefficients:
(Intercept)         disp           hp           wt         drat
  29.148738     0.003815    -0.034784    -3.479668     1.768049
```

"R"에서 제공되는 유용한 함수들을 살펴보기로 한다.

함수 "coefficients()"는 추정된 계수들의 값을 나타내어 준다.

```
> coefficients(Fit)
 (Intercept)         disp           hp           wt         drat
29.148737553  0.003815241 -0.034783534 -3.479667528  1.768048769
```

추정값들의 지정된 신뢰 상/하한을 보고자 할 때 함수 "confint()"를 이용한다.

```
> confint(Fit, level = 0.95)
                  2.5 %      97.5 %
(Intercept) 16.23536180 42.06211330
disp        -0.01835448  0.02598497
hp          -0.05857930 -0.01098776
wt          -5.69230282 -1.26703224
drat        -0.93991499  4.47601253
```

함수 "fitted()"는 추정값들에 의하여 계산된 예측값을 자료 순서대로 보여 준다. 다음은 결과 중 일부만을 나타내었다.

```
> fitted(Fit)
        Mazda RX4        Mazda RX4 Wag           Datsun 710
        23.711649            22.824333            25.060074
   Hornet 4 Drive    Hornet Sportabout              Valiant
        20.565340            18.034403            19.195061
       Duster 360            Merc 240D             Merc 230
```

함수 "residuals()"는 관측값과 추정값들에 의하여 계산된 예측값과의 차이인 잔차를 자료 순서대로 보여 준다. 다음은 결과 중 일부만을 나타내었다.

```
> residuals(Fit)
      Mazda RX4        Mazda RX4 Wag          Datsun 710
     -2.7116486           -1.8243334          -2.2600740
 Hornet 4 Drive    Hornet Sportabout             Valiant
      0.8346599            0.6655968          -1.0950607
     Duster 360            Merc 240D           Merc 230
```

함수 "anova()"는 회귀분석 결과의 분산분석표를 제공한다. 4개의 변수 중 "drat"의 p-value가 0.191525로 일반적인 유의수준보다 크므로 귀무가설을 채택한다. 따라서 나머지 3개의 변수들은 모형 적합에 기여하고 있음을 알 수 있다.

```
> anova(Fit)          # anova table
Analysis of Variance Table

Response: mpg
          Df Sum Sq Mean Sq  F value    Pr(>F)
disp       1 808.89  808.89 119.4502 2.041e-11 ***
hp         1  33.67   33.67   4.9714  0.034281 *
wt         1  88.50   88.50  13.0694  0.001213 **
drat       1  12.15   12.15   1.7947  0.191525
Residuals 27 182.84    6.77
---
Signif. codes:  0 '***' 0.001 '**' 0.01 '*' 0.05 '.' 0.1 ' ' 1
```

적합 모형에서 변수들의 공분산행렬을 보고 싶을 때, 함수 "vcov()"를 사용한다.

```
> vcov(Fit)
             (Intercept)          disp            hp           wt
(Intercept) 39.609248901 -7.533526e-03  7.325579e-03 -3.276588957 -
disp        -0.007533526  1.167448e-04 -7.812477e-05 -0.007702330
hp           0.007325579 -7.812477e-05  1.344982e-04  0.001187799 -
wt          -3.276588957 -7.702330e-03  1.187799e-03  1.162884815
drat        -7.838720247  4.681745e-03 -3.573173e-03  0.316457354
```

함수 "influence()"는 다음과 같은 "hat", "coefficients", "sigma", "wt.res"의 값들을 제공하며, 이들은 모두 관찰값들의 영향력을 살펴볼 수 있는 통계량들이다. 다음은 함수 "influence()"에서 제공되는 변수들만 보고자 한 것이다. 변수들의 값을 보고자 할 때는 "influence(Fit)"만 사용하면 된다.

```
> names(influence(Fit))    # regression diagnostics
[1] "hat"            "coefficients" "sigma"        "wt.res"
```

- hat: hat-matrix, 즉 $\boldsymbol{X}(\boldsymbol{X}^t\boldsymbol{X})^{-1}\boldsymbol{X}^t$의 대각값들을 원소로 갖는 백터
- coefficients: 해당 관측치를 제거한 상태에서 추정된 회귀계수들이다.
- sigma: 표준화제외 잔차로 보통 절댓값이 3보다 큰 경우 그 관측치를 이상치로 판단할 수 있다.
- wt.res: 잔차이다.

이상치를 파악하는 데 유용한 함수들도 제공하고 있다.

Bonferonni' test를 이용한 이상치를 검정할 때, 함수 "**outlierTest()**"를 사용한다. 검정결과 이상치로 볼 만한 관찰치가 없는 것으로 판단하고 있다.

```
> outlierTest(Fit)             # Bonferonni p-value for most extreme obs
No Studentized residuals with Bonferonni p < 0.05
Largest |rstudent|:
               rstudent unadjusted p-value Bonferonni p
Toyota Corolla  2.51597           0.01838      0.58816
```

또한, 다음의 표준화잔차에 대한 QQ-plot의 결과에서도 확인할 수 있다. 점선으로 표현된 구간을 벗어난 관측값이 3개 정도 나타나고 있다. 또한 잔차의 정규성에 대하여 직관적으로 판단할 수 있도록 한다. 점들의 모양이 실선과 일치하면 잔차들의 정규성 가정을 만족한다고 판단한다.

```
> qqPlot(Fit, main = "QQ Plot")
```

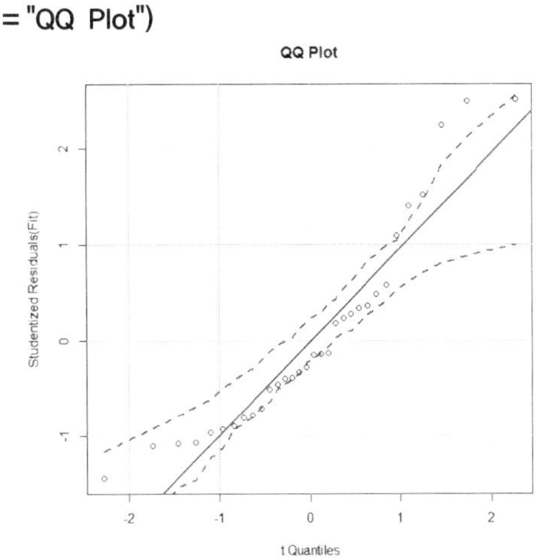

함수 "leveragePlots()"는 아래에 있는 함수 "avPlots()"에서 각 변수들을 표준화한 그림을 제공한다. 빨간색 회귀선으로부터 멀리 있는 관측치가 이상치일 가능성이 크다고 할 수 있다.

```
> leveragePlots(Fit)
```

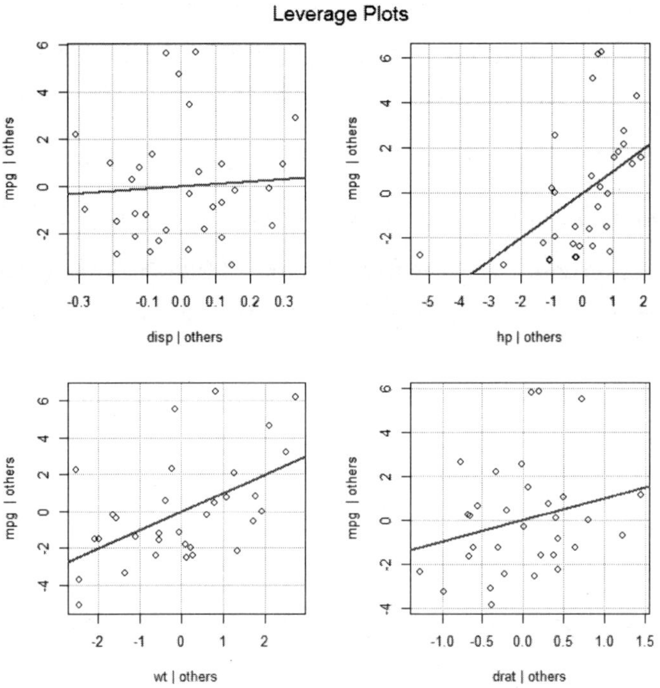

다음의 함수들은 영향력이 큰 관찰값들을 파악하는 데 사용되는 함수들이다. 먼저, 함수 "avPlots()"는 변수들의 편회귀 그래프를 제공한다. 각 독립변수를 제외한 나머지 변수들의 회귀선을 의미하므로 현재의 자료분석 과정에서는 4개가 제공된다. 각각의 그래프에서 빨간색으로 표현된 직선의 기울기는 바로 각각의 독립변수의 회귀계수를 의미한다. 그러므로 회귀선에서 멀리 있는 관측값들이 회귀선에 영향을 많이 끼치는 값이라고 할 수 있다.

```
> avPlots(Fit)
```

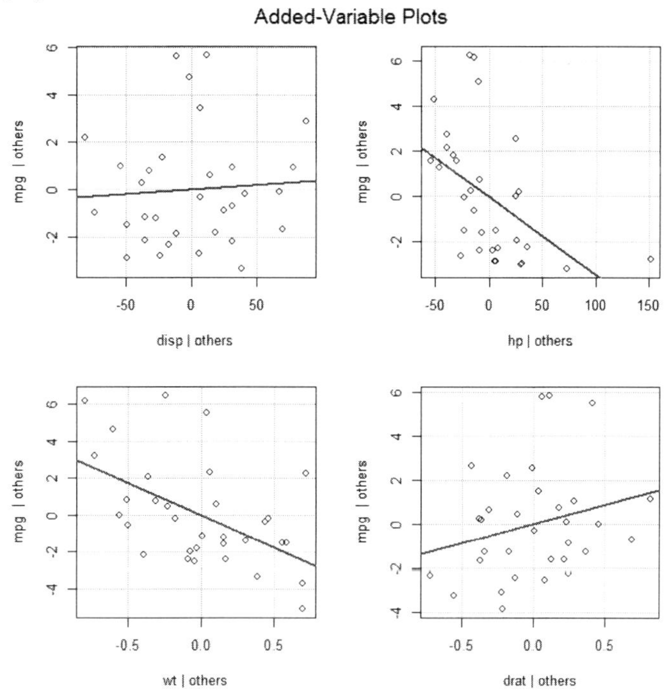

다음은 Cook's distance 그림으로서 계산된 값이 $\frac{4}{n-p-1}$ 보다 크면 영향력이 있다고 판단하게 된다. 결과는 31번째 관측치 "Maserati Bora", 17번째 관측치 "Chrysler Imperial" 그리고 20번째 관측치인 "Toyota Corolla"가 영향력이 있는 것으로 판단됨을 보여 준다.

```
> Cutoff <- 4/((nrow(mtcars) - length(Fit$coefficients)-2))
> plot(Fit, which = 4, cook.levels = Cutoff)
```

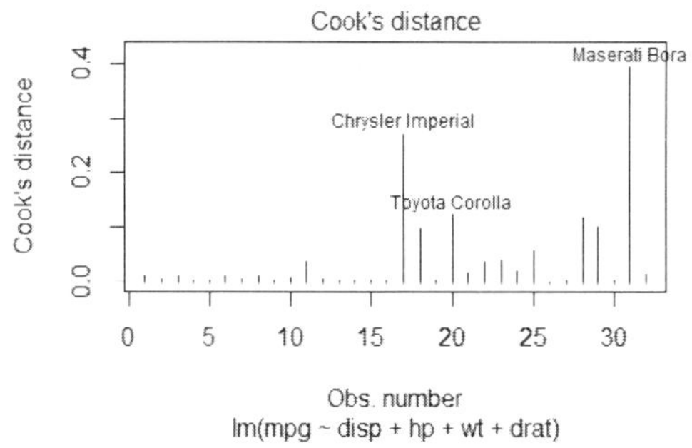

다음은 계산된 영향력을 원의 크기로 시각화해 주는 방법이다. Cook's Distance에 비례하여 원의 크기가 커지도록 하며, 마우스로 원을 클릭하면 해당 관측치의 이름이 나타나도록 되어 있다.

```
> influencePlot(Fit,
+ id.method = "identify",
+ main = "영향력 그림",
+ sub = "원의 크기는
+ Cook's Distance에 비례" )
```

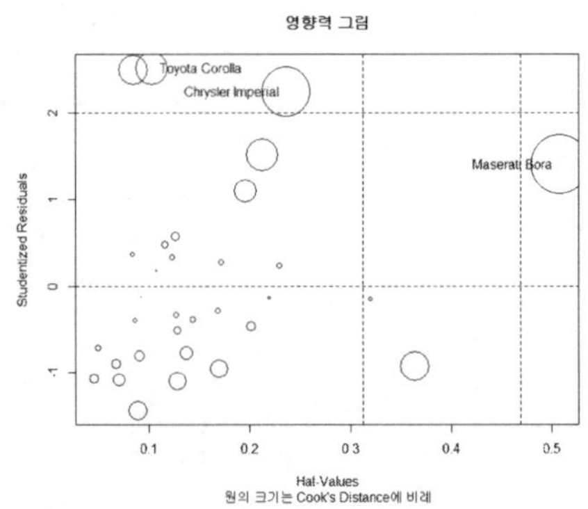

회귀모형에서 가정된 오차항에 대한 여러 가지 특성들을 판단할 수 있다.

잔차의 정규성 판단은 직관적인 방법인 QQ-plot와 잔차의 분포표로 시각적으로 확인할 수 있다.

```
> library(MASS)
> Sresid <- studres(Fit)
> hist(Sresid, freq = FALSE,
+ main = "표준화 잔차의 분포",
+ xlab = "표준화 잔차")
> xFit<-seq(min(Fresid),max(Fresid),
+ length = 40)
> yFit<-dnorm(xFit)
> lines(xFit, yFit)
```

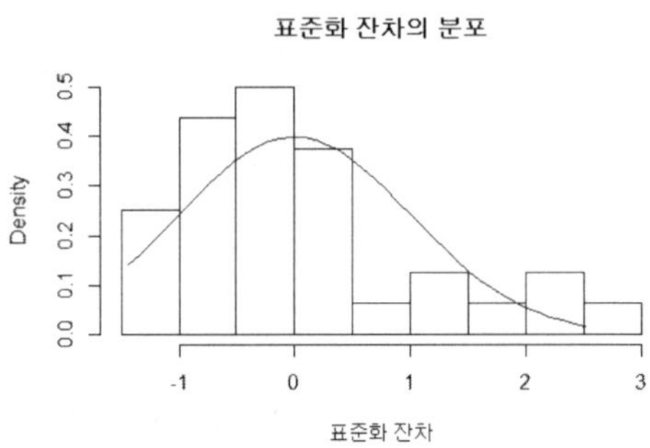

오차항의 등분산성을 판단하기 위해 함수 "ncvTest()"를 사용한다. 다음의 결과는 오차항들이 등분산 가정을 만족한다고 할 수 있다.

```
> ncvTest(Fit)
Non-constant Variance Score Test
Variance formula: ~ fitted.values
Chisquare = 1.429672    Df = 1     p = 0.231818
```

함수 "spreadLevelPlot()"는 적합값(x축)과 표준화잔차의 절댓값(y축)과의 그래프를 제공한다.

```
> spreadLevelPlot(Fit)
```

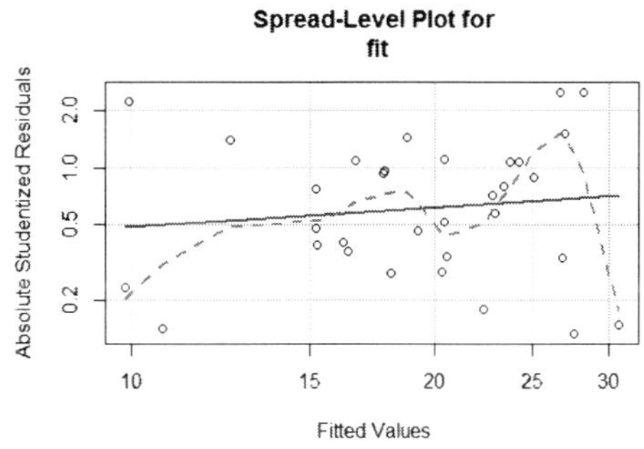

다중공선성(multicollinearity)은 다중회귀분석에서 자주 언급되는 것으로서, 일반적으로 회귀모형에서 설명변수 간에 정확한 선형관계(완전 공선성)는 나타나지 않으며, 단지 그 상관관계가 높게 나타나는 문제가 발생하는데, 이 경우를 다중공선성이라고 한다. $VIF_i = \frac{1}{1-R_i^2}$ 로 정의되며, 일반적으로 보통 5 이상이면 다중공선성을 의심하고, 10 이상이면 다중공선성이 있다고 판단한다. 함수 "vif()"를 사용한다.

```
> vif(Fit)
    disp       hp       wt     drat
8.209402 2.894373 5.096601 2.279547
```

자기상관(autocorrelation)이란 회귀모형에서 오차(ϵ)들 간에 상관관계가 높을 때 자기상관이 존재한다고 한다. 이전 시점에서의 잔차가 ±값을 갖는다면, 현 시점에서의 잔차도 ±값을 갖게 되거나 ∓를 갖는 유형일 때, 잔차들이 같은 부호를 유지하면 양(positive)의 자기상관이 있다고 하고, 그 반대이면 음의 자기상관이 있다고 한다. 다음과 같이 정의된 Durbin-Watson 검정통계량을 사용하며 R에서는 함수 "durbinWatsonTest()"를 사용한다. 결과는 p-value가 크므로 자기상관이 없다는 귀무가설을 채택하게 된다.

$$DW = \frac{\sum_{i=2}^{n}(e_t - e_{t-1})^2}{\sum_{i=1}^{n} e_t^2}$$

```
> durbinWatsonTest(Fit)
 lag Autocorrelation D-W Statistic p-value
   1        0.100862      1.735915    0.29
 Alternative hypothesis: rho != 0
```

패키지 "gvlma(Global Validation of Linear Models Assumptions)"에 있는 함수 "gvlma()"는 일련의 회귀분석 과정을 진행하여 필요한 대부분의 요소들을 한꺼번에 전체적으로 제공한다. 다음은 결과의 일부만을 나타낸 것이다.

```
> install.packages("gvlma")
> library(gvlma)
> Gvmodel <- gvlma(Fit)
> summary(Gvmodel)

ASSESSMENT OF THE LINEAR MODEL ASSUMPTIONS
USING THE GLOBAL TEST ON 4 DEGREES-OF-FREEDOM:
Level of Significance =  0.05

Call:
 gvlma(x = fit)

                      Value  p-value                   Decision
Global Stat        13.93816 0.007495 Assumptions NOT satisfied!
Skewness            4.31310 0.037820 Assumptions NOT satisfied!
Kurtosis            0.01378 0.906542    Assumptions acceptable.
Link Function       8.71658 0.003153 Assumptions NOT satisfied!
Heteroscedasticity  0.89470 0.344207    Assumptions acceptable.
```

6.3.3 다중선형회귀분석에서의 변수선택방법

회귀분석을 하고자 할 때, 분석하고자 하는 변수(반응)는 어떤 설명변수들로 설명되는 것이 바람직한가를 생각하지 않을 수 없다. 이 문제는 경험적으로 해결될 수밖에 없는 문제인데, 기존의 유사한 연구에서 다룬 회귀분석모형에 사용되었던 설명변수들을 고려하는 것도 바람직한 방법 중의 하나일 것이다. 설명변수들로서 고려되고 있는 것들이 모형에 적합한가를 알아보아야 하는데, 고려하고 있는 설명변수들 중에서 일부는 반응변수를 설명하는 데에 필요하지 않을 수도 있기 때문이다. 고려하고 있는 설명변수들이 여러 개일 경우, 가능한 한 적은 개수의 설명변수들만으로 회귀모형을 구성하는 것이 바람직하다. 변수의 선택(variable selection)은 다음의 네 가지 방법이 있다.

(1) **후진제거법(backward deletion)**: 고려하고 있는 모든 설명변수들을 모형에 포함시킨 후, 가장 중요하지 않은 설명변수부터 차례대로 제외시켜 나가는 방법이다. 설명변수를 제외시키는 기준은 부분제곱합으로부터 얻어지는 부분 F값(partial F)이다. 즉, 설명변수들 중에서 가장 작은 부분 F값을 갖는 설명변수부터 차례대로 제거해 나간다. 첫 번째로 작은 부분 F값이 비유의적(p-value가 큰)일 때 그 변수를 제외시킨 나머지 설명변수들 중에서 가장 작은 부분 F값을

갖는 것을 찾고 역시 비유의적이면 제거시켜 나가는 것이다. 이 방법의 문제점은 일단 제외시킨 설명변수는 다시 고려될 수 없다는 점이다.

(2) **전진선택법(forward selection)**: 후진제거법과 반대로, 고려하고 있는 설명변수들 중에서 가장 중요한 설명변수부터 차례대로 모형에 추가시켜 나가는 방법이다. 설명변수를 추가하는 기준은 역시 부분 F값으로써 결정하는데, 부분 F값이 가장 큰 설명변수가 유의적일 경우 제일 먼저 선택하고, 선택된 설명변수가 있는 모형에 나머지 설명변수들 중에서 부분 F값이 가장 큰 설명변수를 추가해 나가는 과정이다. 물론, 더 이상 유의적인 설명변수가 없을 때까지 단계별로 진행된다. 이 방법도, 어떤 설명변수가 일단 모형에 선택이 되면, 이후에 다른 설명변수의 추가로 인하여 그 설명변수가 중요하지 않게 되더라도 그 변수를 제거할 수 없는 문제점이 있다.

(3) **단계적 선택법(stepwise)**: 앞에서 설명한 전진선택법의 문제점을 개선하여 전진선택법에 후진제거법이 추가된 방법이다. 우선, 전진선택법에 따라 가장 큰 부분 F값을 갖는 설명변수를 선택하여 모형에 포함시키되 새로 추가되는 설명변수로 인하여 필요 없게 되는 설명변수가 있을 경우 후진제거법으로 제거해 나가는 방법이다. 물론 더 이상 추가될 변수도, 제거시킬 변수도 없을 때까지 진행하면 시 최적의 설명변수들만으로 모형을 얻는 방법이다.

(4) **모든 가능한 회귀(All possible regression)**: p개의 설명변수가 있을 때 모든 가능한 독립변수의 조합의 수는 2^p개이며, 모든 가능한 회귀는 이러한 조합에서 결정계수가 가장 큰 조합을 찾아나가는 과정이다. 일반적으로 가장 적합한 모형을 찾을 수 있지만 계산량이 너무 많다는 단점이 있다.

위의 과정에서 진행하였던 자료를 이용하여 변수의 추가 및 제거과정을 진행하기로 한다. "Fit"는 4개의 변수를 이용하여 적합한 경우이고, "FitF"는 설명변수 없이 절편만 있는 모형으로 적합한 경우이다.

```
> Fit <- lm(mpg~disp+hp+wt+drat, data = mtcars)
> FitF <- lm(mpg ~ 1 , data = mtcars)
```

다음은 후진제거법의 예로, 함수 "step()"에서 옵션 direction = "backward"을 사용한다. 위의 "Fit"에서 4개의 변수로부터 시작하여, 변수 "dist"의 통계량 값이 AIC = 65.77로 가장 작아 제외된다. 다음 단계에서 변수 "drat"의 통계량 값이 AIC = 63.84로 작아 제외된다. 마지막에서 결국 후진제거법에 의하면 변수 "hp"와 "wt"

가 유의한 설명변수임을 알 수 있다.

```
> step(Fit, direction = "backward")
```

```
Start:  AIC=65.77
mpg ~ disp + hp + wt + drat

       Df Sum of Sq    RSS    AIC
- disp  1     0.844 183.68 63.919
<none>              182.84 65.772
- drat  1    12.153 194.99 65.831
- hp    1    60.916 243.75 72.974
- wt    1    70.508 253.35 74.209
```

```
Step:  AIC=63.92
mpg ~ hp + wt + drat

       Df Sum of Sq    RSS    AIC
- drat  1    11.366 195.05 63.840
<none>              183.68 63.919
- hp    1    85.559 269.24 74.156
- wt    1   107.771 291.45 76.693
```

```
Step:  AIC=63.84
mpg ~ hp + wt

       Df Sum of Sq    RSS    AIC
<none>              195.05 63.840
- hp    1    83.274 278.32 73.217
- wt    1   252.627 447.67 88.427
```

```
Call:
lm(formula = mpg ~ hp + wt, data = mtcars)

Coefficients:
(Intercept)           hp           wt
   37.22727     -0.03177     -3.87783
```

다음은 단계적 선택법의 예이다. 옵션 direction = "both"를 사용한다. 이번 자료의 경우는 후진제거법과 단계적 선택법의 결과가 같음을 알 수 있다.

```
> step(Fit, direction = "both")
```

```
Start:  AIC=65.77
mpg ~ disp + hp + wt + drat

       Df Sum of Sq    RSS    AIC
- disp  1     0.844 183.68 63.919
<none>              182.84 65.772
- drat  1    12.153 194.99 65.831
- hp    1    60.916 243.75 72.974
- wt    1    70.508 253.35 74.209
```

```
Step:  AIC=63.92
mpg ~ hp + wt + drat

       Df Sum of Sq    RSS    AIC
- drat  1    11.366 195.05 63.840
<none>              183.68 63.919
+ disp  1     0.844 182.84 65.772
- hp    1    85.559 269.24 74.156
- wt    1   107.771 291.45 76.693
```

```
Step:  AIC=63.84
mpg ~ hp + wt

       Df Sum of Sq    RSS    AIC
<none>              195.05 63.840
+ drat  1    11.366 183.68 63.919
+ disp  1     0.057 194.99 65.831
- hp    1    83.274 278.32 73.217
- wt    1   252.627 447.67 88.427
```

```
Call:
lm(formula = mpg ~ hp + wt, data = mtcars)

Coefficients:
(Intercept)           hp           wt
   37.22727     -0.03177     -3.87783
```

다음은 전진선택법으로 옵션 direction = "forward"을 사용한다. 적합모형 "FitF"에서 시작하게 된다. 변수의 선택 범위를 알려주는 옵션 scope = list(upper = Fit, lower = FitF)을 사용한다.

```
> step(FitF, direction = "forward", scope = list(upper = Fit,lower = FitF))
```

```
Start:  AIC=115.94
mpg ~ 1

       Df Sum of Sq     RSS     AIC
+ wt    1    847.73  278.32  73.217
+ disp  1    808.89  317.16  77.397
+ hp    1    678.37  447.67  88.427
+ drat  1    522.48  603.57  97.988
<none>              1126.05 115.943
```

```
Step:  AIC=73.22
mpg ~ wt

       Df Sum of Sq    RSS    AIC
+ hp    1    83.274 195.05 63.840
+ disp  1    31.639 246.68 71.356
<none>              278.32 73.217
+ drat  1     9.081 269.24 74.156
```

```
Step:  AIC=63.84
mpg ~ wt + hp

       Df Sum of Sq    RSS    AIC
<none>              195.05 63.840
+ drat  1   11.3659 183.68 63.919
+ disp  1    0.0571 194.99 65.831
```

```
Call:
lm(formula = mpg ~ wt + hp, data = mtcars)

Coefficients:
(Intercept)           wt           hp
   37.22727     -3.87783     -0.03177
```

또는 패키지 "MASS"에 있는 함수 "stepAIC()"를 사용할 수 있다.

```
> library(MASS)
> Fit <- lm(mpg~disp+hp+wt+drat, data = mtcars)
> FitF <- lm(mpg ~ 1 , data = mtcars)
> stepAIC(Fit, direction = "both")
> stepAIC(FitF, direction = "forward",scope = list(upper = Fit,lower = FitF))
> stepAIC(Fit, direction = "backward")
```

모든 가능한 회귀의 방법은 패키지 "leaps"에서 제공하고 있는 함수 "regsubsets()"를 이용하여 시행할 수 있다. 옵션 nbest = 2은 각 단계에서 최선의 조합을 2개씩만 나타나도록 하는 것이다.

```
> install.packages("leaps")
> library(leaps)
> FitA <- regsubsets(mpg ~ disp+hp+wt+drat, data = mtcars, nbest = 2)
> summary(FitA)
```

```
Subset selection object
Call: regsubsets.formula(mpg ~ disp +
    nbest = 2)
4 Variables  (and intercept)
     Forced in Forced out
disp     FALSE      FALSE
hp       FALSE      FALSE
wt       FALSE      FALSE
drat     FALSE      FALSE
2 subsets of each size up to 4
Selection Algorithm: exhaustive
```

```
         disp hp  wt  drat
1  ( 1 ) " "  " " "*" " "
1  ( 2 ) "*"  " " " " " "
2  ( 1 ) " "  "*" "*" " "
2  ( 2 ) "*"  " " "*" " "
3  ( 1 ) " "  "*" "*" "*"
3  ( 2 ) "*"  "*" "*" " "
4  ( 1 ) "*"  "*" "*" "*"
```

우측면의 결과에서 제일 좌측의 수는 모형에 적합된 변수의 개수이다. 두 번째 괄호 안의 수는 각 변수의 개수의 적합모형에서의 모형의 적합순위이다. 그 다음은 독립변수들의 나열이다. 결과 값은 " " 또는 "*"의 두 가지이다. " "는 모형에 적합하지 않다는 의미이고, "*"는 모형에 해당 변수가 적합하다는 의미이다. 첫 줄은 변수 1개로 하였을 때의 최적의 모형은 독립변수가 변수 "wt"일 때이고, 둘 째 줄은 변수 1개를 사용할 때의 차선 모형으로 독립변수가 변수 "disp"일 때를 의미한다. 사용자가 원하는 변수의 개수를 정하면 최적의 모형을 결정할 수 있다. 옵션 **nbest = ?**을 사용자가 상황에 맞게 선택하여 사용하면 원하는 최적의 모형을 결정할 수 있다.

함수 "**plot()**"는 해당변수들의 포함 여부에 따른 결정계수("**r2**") 또는 수정결정계수("**adjr2**")를 한 그림으로 나타내어 준다. 결정계수의 경우 4개의 변수를 모두 사용하였을 때의 결정계수가 0.84로 가장 큰 것을 알 수 있다. 그러나 수정결정계수는 변수 "disp"가 제외된 나머지 3개의 변수로 모형 적합을 하였을 때가 0.82로 가장 큰 것을 알 수 있다.

```
> plot(FitA, scale = "r2")
```

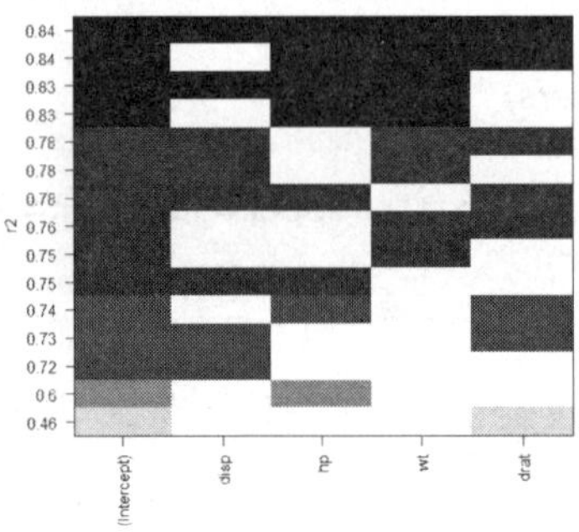


```
> plot(FitA, scale = "adjr2")
```

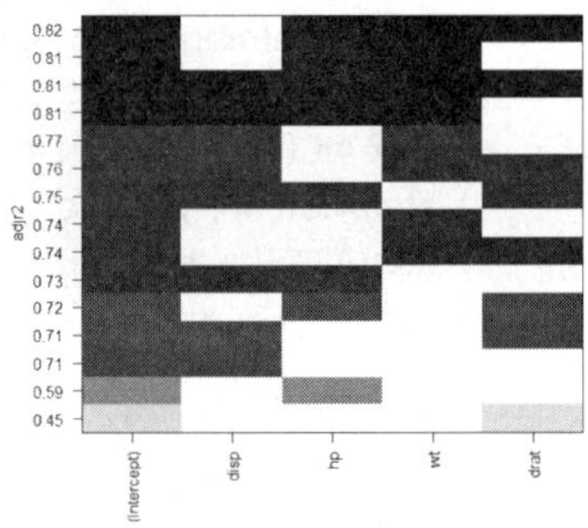

함수 "**subsets()**"는 옵션을 **statistic = "rsq"**로 하면, 변수들의 조합에 따른 결정계수의 값을 시각적으로 표현하여 사용자로 하여금 선택에 도움을 주기도 한다. 범례의 위치는 사용자가 마우스로 원하는 위치를 선택하도록 되어 있다.

```
> subsets(FitA, statistic = "rsq")
```

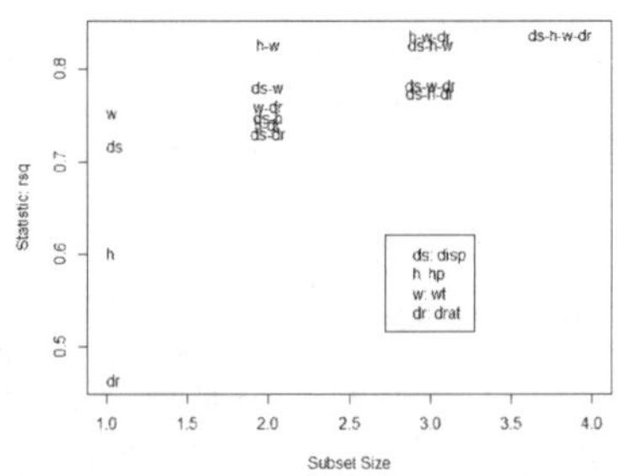

6.4 분산분석

두 개 이상의 집단으로부터 자료를 관측하였을 때, 각 집단 사이에 차이가 존재하는지를 분석하는 통계적 분석방법이 피셔(R.A. Fisher)에 의하여 제안된 분산분석(ANOVA: ANalysis Of VAriance)이다.

6.4.1 일원분류분산분석

하나의 요인만이 존재하는 실험에서, 처리수준이 k개이고, 각 처리 내에 반복수가 $n_i(i=1,2,\cdots,k)$개의 관측값이 있는 경우이다. 각각의 실험결과에 의하여 측정되는 자료의 구조는 아래의 표와 같이 표현할 수 있다.

표 6-1 일원분류분산분석의 자료구조

처리	처리 1	…	처리 i	…	처리 k
반응값	y_{11} ⋮ y_{1j} ⋮ y_{1n_1}	…	y_{i1} ⋮ y_{ij} ⋮ y_{in_i}	…	y_{k1} ⋮ y_{kj} ⋮ y_{kn_k}
평균	$\bar{y}_1. = \frac{1}{n_1}\sum_{j=1}^{n_1} y_{1j}$	…	$\bar{y}_i. = \frac{1}{n_i}\sum_{j=1}^{n_i} y_{ij}$	…	$\bar{y}_k. = \frac{1}{n_k}\sum_{j=1}^{n_k} y_{kj}$
제곱합	$\sum_{j=1}^{n_1}(y_{1j}-\bar{y}_1.)^2$	…	$\sum_{j=1}^{n_i}(y_{ij}-\bar{y}_i.)^2$	…	$\sum_{j=1}^{n_k}(y_{kj}-\bar{y}_k.)^2$

일원분류분산분석에서 관측값을 나타내는 모형은 다음과 같다.

$$y_{ij} = \mu + \alpha_i + \epsilon_{ij}, \quad i=1,\cdots,k \quad \& \quad j=1,\cdots,n_i$$

여기서, μ는 총평균,

α_i는 처리 i의 효과로서, $\sum n_i \alpha_i = 0$를 가정하고,

ϵ_{ij}는 오차항으로서 서로 독립이며, $N(0,\sigma^2)$을 따르는 확률변수이다.

처리효과가 있는지의 여부를 검정하는 귀무가설은 다음과 같다.

$$H_0:\ \alpha_1 = \alpha_2 = \cdots = \alpha_k = 0$$

패키지 “datasets”에 있는 자료 “InsectSprays”를 사용하기로 한다. 살충제의 종류 6가지에 따라 12번씩 총 72번 측정된 곤충의 수가 기록된 자료이다.

```
> attach(InsectSprays)
> data(InsectSprays)
> str(InsectSprays)
'data.frame':   72 obs. of  2 variables:
 $ count: num  10 7 20 14 14 12 10 23 17 20 ...
 $ spray: Factor w/ 6 levels "A","B","C","D",..: 1 1 1 1 1
```

다음은 상자그림을 그려본 것이다. 직관적으로도 살충제 A, B, F와 C, D, E의 측정 결과들이 차이가 있음을 알 수 있다.

```
> boxplot(count~spray, horizontal = TRUE)
```

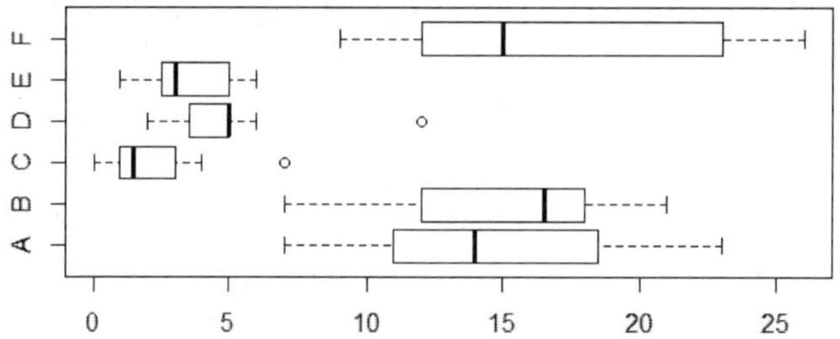

여러 집단에 대하여 평균의 동일성을 검정하는데 함수 “oneway.test()”를 사용할 수 있다. 두 집단에 대한 평균의 동일성 검정은 함수 “t.test()”를 이용하여 할 수 있으며, 비모수적 방법에서는 함수 “kruskal.test()”를 이용한 Kruskal-Wallis 검정을 실시할 수 있다.

- 패키지: stats
- 함수: “oneway.test(formula, data, subset, na.action, var.equal = FALSE)”
- 옵션:
  - “formula”: 반응변수 ~ 종속변수의 함수적 표현이다.
  - “data”: 분석하고자 하는 자료이다.
  - “subset”: 자료 중 부분만을 선택하는 기능을 제공한다.
  - “na.action”: 자료 중 “NA”가 있을 때 처리 방법을 제한한다.
  - “var.equal = FALSE”: 분석하고자 하는 집단의 분산의 동일성 여부를 결정하는 것으로 기본값은 이분산 집단을 가정한다. 등분산 집단이 경우에는 인자를 TRUE로 하면 된다.

다음은 자료 "InsectSprays"에 대한 일요인 분산분석검정 결과이다. 분자의 자유도가 5이고, 분모의 자유도가 30.043인 F-검정통계량 값이 36.065로 이때 p-value가 거의 0에 가까운 값이다. 그러므로 곤충의 수(count)는 살충제(spray)의 종류에 상관없이 같다는 귀무가설을 기각하게 된다. 즉, 살충제에 따른 곤충의 수는 다르다고 할 수 있다. 옵션을 사용하지 않았기 때문에 이분산을 전제로 한 일요인 분산분석이 실시되었다.

```
> oneway.test(count~spray)
        One-way analysis of means (not assuming equal variances)

data:  count and spray
F = 36.065, num df = 5.000, denom df = 30.043, p-value =
7.999e-12
```

등분산을 가정할 수 있는 여건이었다면 옵션에 "var.equal = TRUE"를 추가하면 된다. 검정 결과는 자유도 및 통계량 값의 차이가 발생하였고, 그에 따라 p-value도 다소 변화가 있으나 검정 결과에 영향을 주지 못하고 있음을 알 수 있다.

```
> oneway.test(count~spray, var.equal = TRUE)
        One-way analysis of means

data:  count and spray
F = 34.702, num df = 5, denom df = 66, p-value < 2.2e-16
```

함수 "lm()"을 이용하여 등분산 가정을 하였을 때와 같은 결과를 볼 수 있다.

```
> anova(lm(count~spray))
Analysis of Variance Table

Response: count
          Df Sum Sq Mean Sq F value    Pr(>F)
spray      5 2668.8  533.77  34.702 < 2.2e-16 ***
Residuals 66 1015.2   15.38
---
Signif. codes:  0 '***' 0.001 '**' 0.01 '*' 0.05 '.' 0.1 ' ' 1
```

일요인뿐 아닌 더 다양한 분산분석을 실시할 수 있는 함수가 "aov()"이다.

- 패키지: stats
- 함수: "aov(formula, data = NULL, qr = TRUE, ...)"
- 옵션:

- "formula": 반응변수 ~ 종속변수의 함수적 표현이다.
- "data = NULL": 분석하고자 하는 자료이다.
- "qr = TRUE": QR 분해(QR decomposition, QR factorization) 사용이 기본값이다.

다음은 함수 "aov()"를 사용한 결과이다. 위의 함수 "lm()"을 사용한 결과와 동일함을 알 수 있다.

```
> AovOut = aov(count ~ spray, data = InsectSprays)
> summary(AovOut)
            Df Sum Sq Mean Sq F value Pr(>F)
spray        5   2669   533.8    34.7 <2e-16 ***
Residuals   66   1015    15.4
---
Signif. codes:  0 '***' 0.001 '**' 0.01 '*' 0.05 '.' 0.1 '$
```

위와 같이 동일한 평균을 보장하지 못한 경우 각 집단 간 평균의 차이를 비교할 수 있는 방법이 Tukey에 의해 제안된 방법으로 함수 "TukeyHSD()"를 사용한다. 6개의 수준을 각각 비교하므로 6개에서 2개를 뽑는 조합의 수만큼인 15가지의 비교가 가능하다. 순서적으로 수준 A와 B, C, D, E, F 그리고 B와 C, D, E, F 등으로 비교된 평균의 차이와 옵션 "conf.level = 0.95"에 따른 차이의 하한값과 상한값 그리고 수정 p-value(p adj)를 나타낸다.

위의 상자그림에서 보았던 것과 같이 B-A, F-A, F-B는 하한값(lwr)과 상한값(upr)이 각각 0을 포함하는 구간이며 이때 수정 p-value(p adj)들도 각각 0.995, 0.754 그리고 0.96으로 크다. 또한 D-C, E-C, E-D도 하한값(lwr)과 상한값(upr)이 각각 0을 포함하는 구간이며 이때 수정 p-value(p adj)들도 각각 0.492, 0.949, 0.949로 크다. 이로서 살충제 A, B, F가 서로 유사한 효과를 보이고 있고, 살충제 C, D, E가 서로 유사한 효과를 보이고 있다고 할 수 있다.

반면 C-A, D-A, E-A, C-B, D-B, E-B, F-C, F-D, F-E는 모두 구간이 0보다 크든지 작든지 하여 0을 포함하지 않고 있음을 알 수 있다. 이때 수정 p-value(p adj)도 0에 가까운 값으로 각각의 두 수준에 따른 결과가 같다고 할 수 없는 결론을 보이고 있다.

```
> TukeyHSD(AovOut, conf.level = 0.95)
    Tukey multiple comparisons of means
      95% family-wise confidence level

  Fit: aov(formula = count ~ spray, data = InsectSprays)

  $spray
              diff        lwr        upr     p adj
  B-A    0.8333333  -3.866075   5.532742 0.9951810
  C-A  -12.4166667 -17.116075  -7.717258 0.0000000
  D-A   -9.5833333 -14.282742  -4.883925 0.0000014
  E-A  -11.0000000 -15.699409  -6.300591 0.0000000
  F-A    2.1666667  -2.532742   6.866075 0.7542147
  C-B  -13.2500000 -17.949409  -8.550591 0.0000000
  D-B  -10.4166667 -15.116075  -5.717258 0.0000002
  E-B  -11.8333333 -16.532742  -7.133925 0.0000000
  F-B    1.3333333  -3.366075   6.032742 0.9603075
  D-C    2.8333333  -1.866075   7.532742 0.4920707
  E-C    1.4166667  -3.282742   6.116075 0.9488669
  F-C   14.5833333   9.883925  19.282742 0.0000000
  E-D   -1.4166667  -6.116075   3.282742 0.9488669
  F-D   11.7500000   7.050591  16.449409 0.0000000
  F-E   13.1666667   8.467258  17.866075 0.0000000
```

함수 "pairwise.t.test()"를 이용하여 각 수준 간 평균의 차이에 대한 p-value로 이루어진 행렬을 볼 수 있다. 함수 "TukeyHSD()"와 유사한 결과를 보이고 있다.

```
> pairwise.t.test(count, spray, data = InsectSprays)
        Pairwise comparisons using t tests with pooled SD

data:  count and spray

  A       B       C       D       E
B 1.00    -       -       -       -
C 8.7e-10 1.2e-10 -       -       -
D 6.9e-07 9.7e-08 0.49    -       -
E 2.5e-08 3.6e-09 1.00    1.00    -
F 0.90    1.00    4.2e-12 4.0e-09 1.4e-10

P value adjustment method: holm
```

분석하는 자료가 분산분석의 모형에 대한 초기 가정들을 만족하는지에 대한 판단도 할 수 있다. 첫 번째로 등분산 가정을 만족하는지를 함수 "bartlett.test()"를 이용하여 할 수 있다. Bartlett의 등분산성 검정 실시 결과 p-value가 0.00009085로 0에 가깝다. 이로서 귀무가설인 등분산 가정을 만족한다고 할 수 없게 된다.

```
> bartlett.test(count ~ spray, data = InsectSprays)
        Bartlett test of homogeneity of variances

data:  count by spray
Bartlett's K-squared = 25.96, df = 5, p-value = 9.085e-05
> with(InsectSprays, bartlett.test(count ~ spray))         # 위와 동일함
```

회귀분석 결과와 유사한 6가지의 그래프를 제공한다.

```
> Opar <- par(mfrow = c(2,3))
> plot(AovOut, which = c(1:6))
> par(Opar)
```

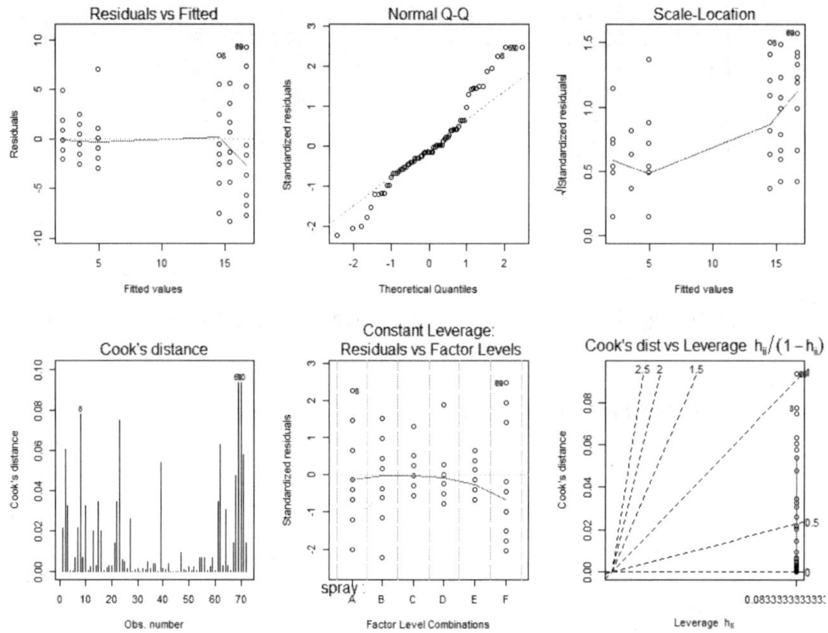

분산분석은 회귀분석과 유사한 부분이 많다. 따라서 회귀분석 과정으로서 분산분석을 설명하는 것도 가능하다. 먼저 다음은 자료 "InsectSprays"의 요약이다. 변수 count는 최솟값 0으로부터 최댓값 26까지 분포하고 있고, 변수 spray는 각각 12개씩 있다.

```
> summary(InsectSprays)
     count          spray
 Min.   : 0.00    A:12
 1st Qu.: 3.00    B:12
 Median : 7.00    C:12
 Mean   : 9.50    D:12
 3rd Qu.:14.25    E:12
 Max.   :26.00    F:12
```

함수 "tapply()"를 이용하여 각 spray별 count의 평균과 분산을 구한 것이다.

```
> with(InsectSprays, tapply(count, spray, mean))
        A         B         C         D         E         F
14.500000 15.333333  2.083333  4.916667  3.500000 16.666667
> with(InsectSprays, tapply(count, spray, var))
        A         B         C         D         E         F
22.272727 18.242424  3.901515  6.265152  3.000000 38.606061
```

변수 "count"를 반응변수로 하고, 변수 "spray"를 설명변수로 하여 다중선형회귀분석을 실시(lm(count ~ spray))한 결과이다. 결과의 맨 아래에 있는 F 통계량 값 및 p-value가 위에서 분산분석 실시 결과인 summary(AovOut)와 같음을 알 수 있다.

```
> LmOut = with(InsectSprays, lm(count ~ spray))
> summary(LmOut)
Call:
lm(formula = count ~ spray)

Residuals:
   Min      1Q Median      3Q     Max
-8.333 -1.958 -0.500  1.667   9.333

Coefficients:
            Estimate Std. Error t value Pr(>|t|)
(Intercept)  14.5000     1.1322  12.807  < 2e-16 ***
sprayB        0.8333     1.6011   0.520    0.604
sprayC      -12.4167     1.6011  -7.755 7.27e-11 ***
sprayD       -9.5833     1.6011  -5.985 9.82e-08 ***
sprayE      -11.0000     1.6011  -6.870 2.75e-09 ***
sprayF        2.1667     1.6011   1.353    0.181
---
Signif. codes:  0 '***' 0.001 '**' 0.01 '*' 0.05 '.' 0.1 '$

Residual standard error: 3.922 on 66 degrees of freedom
Multiple R-squared:  0.7244,    Adjusted R-squared:  0.7036
F-statistic:  34.7 on 5 and 66 DF,  p-value: < 2.2e-16
```

전체 결과가 아닌 분산분석과 관련된 부분만의 요약을 원하면 함수 “summary.aov()”를 사용한다.

```
> summary.aov(LmOut)
            Df Sum Sq Mean Sq F value Pr(>F)
spray        5   2669   533.8    34.7 <2e-16 ***
Residuals   66   1015    15.4
---
Signif. codes:  0 '***' 0.001 '**' 0.01 '*' 0.05 '.' 0.1 '$
```

6.4.2 이원분류분산분석

실험을 통해 얻어지는 자료들은 한 가지 요인뿐 아니라 여러 요인이 관계되는 경우가 많다. 이원분류분산분석은 반응값에 영향을 주는 두 개의 요인에 대해 사용하는 기법으로, 각 수준의 조합에서 반복이 없는 경우와 반복이 있는 경우로 나눌 수 있다. 일반적으로 각 처리에 대한 관찰치 수가 모두 같은 경우를 균형설계(balanced design)라고 하고, 각 처리에 대한 관찰치의 수가 하나 이상 있는 경우를 완전설계(complete design)라고 한다. 특히, 각 처리에 대하여 관찰치가 1개씩 있는 경우 이를 완전확률화계획(completely randomized design)이라고 한다. 각 처리의 관찰치의 수가 같지 않을 때에 이를 불균형설계(unbalanced design)라고 한다. 요인의 수가 2개이지만, 한 요인에 대하여 다른 요인의 결과가 독립적이지 못한 경우이라면, 쌍체표본(paired sample)의 모평균의 검정 방법에 대한 확장된 경우의 자료구조로도 생각할 수 있다. 실험단위들이 동질적인 것끼리 블록(block)화 되어 있으며, 각 블록 내에서 실험단위들은 각각의 처리에 랜덤하게 배치되는 실험을 생각할 수 있다. 실험에 의한 개체의 반응은 블록효과(block effect)와 처리효과(treatment effect) 등 2가지에 의해서 설명될 수 있는 이와 같은 모형을 확률화블록계획(randomized block design) 방법이라고 한다.

6.4.2.1 반복측정이 없는 경우

두 개의 처리를 A, B로 표현하고, 두 개의 처리가 독립적이라고 할 수 있다고 가정하자. 요인 A의 수준이 a개 그리고 요인 B의 수준이 b개라고 할 때 이원분류 분산분석의 자료구조는 다음과 같이 요약할 수 있다.

표 6-2 이원분류분산분석의 자료구조: 반복이 없는 경우

처리	B_1	$\cdots$	B_j	$\cdots$	B_b	평균
A_1	y_{11}	$\cdots$	y_{1j}	$\cdots$	y_{1b}	$\bar{y}_{1\cdot}$
$\vdots$	$\vdots$	$\cdots$	$\vdots$	$\cdots$	$\vdots$	$\vdots$
A_i	y_{i1}	$\cdots$	y_{ij}	$\cdots$	y_{ib}	$\bar{y}_{i\cdot}$
$\vdots$	$\vdots$	$\cdots$	$\vdots$	$\cdots$	$\vdots$	$\vdots$
A_a	y_{a1}	$\cdots$	y_{aj}	$\cdots$	y_{ab}	$\bar{y}_{a\cdot}$
평균	$\bar{y}_{\cdot 1}$	$\cdots$	$\bar{y}_{\cdot j}$	$\cdots$	$\bar{y}_{\cdot b}$	$\bar{y}_{\cdot\cdot}$ (총평균)

이때 이원배치법에서 관측값을 나타내는 모형은 다음과 같다.

$$y_{ij} = \mu + \alpha_i + \beta_j + \epsilon_{ij}, \quad i = 1, \cdots, a, j = 1, \cdots, b$$

여기서, μ와 ϵ_{ij}는 일원배치의 경우와 같이 정의되고,

α_i: 인자 A의 i번째 수준의 효과로서, $\sum \alpha_i = 0$

β_j: 인자 B의 j번째 수준의 효과로서, $\sum \beta_j = 0$

인자 A와 B의 효과를 검정하기 위한 귀무가설은 각각 다음과 같다.

$$H_0: \ \alpha_1 = \alpha_2 = \cdots = \alpha_a = 0$$

$$H_0: \ \beta_1 = \beta_2 = \cdots = \beta_b = 0$$

다음은 지역과 비료의 종류에 따라 토마토 생산량에 차이가 있는지를 확인하고자 한다. 4개 지역에서 각각 A, B, C 세 종류의 비료를 적용시킨 후에 생산량을 조사한 자료가 다음과 같을 때, 지역과 비료의 종류에 따라 생산량에 차이가 있는지를 검정하여 보자.

표 6-3 세 종류의 비료에 따른 생산량

지역 \ 비료	A	B	C
지역 1	42.8	52.3	48.2
지역 2	38.6	43.5	40.3
지역 3	50.2	58.7	53.5
지역 4	48.2	50.8	51.2

위의 자료를 다음과 같이 생산량을 product로, 지역을 region으로, 비료를

fertile로 입력한다.

```
> product = c(42.8, 38.6, 50.2, 48.2, 52.3, 43.5,
+              58.7, 50.8, 48.2, 40.3, 53.5, 51.2 )
> region = factor(rep(rep(1:4, c(1,1,1,1)),3))
> fertile = factor(rep(1:3, c(4,4,4)))
```

함수 "lm()"을 이용한 함수 "anova()"를 사용하거나 함수 "aov()"를 사용한 결과는 같다. 두 요인 region과 fertile의 p-value가 모두 0.05보다 작으므로, 두 요인 모두 생산량에 영향을 주고 있다는 것이다.

```
> anova(lm(product ~ region + fertile))
Analysis of Variance Table

Response: product
          Df  Sum Sq Mean Sq F value    Pr(>F)
region     3 280.909  93.636  30.421 0.0005015 ***
fertile    2  81.352  40.676  13.215 0.0063333 **
Residuals  6  18.468   3.078
---
Signif. codes:  0 '***' 0.001 '**' 0.01 '*' 0.05 '.' 0.1 ' ' 1
> summary(aov(product  ~ region + fertile))  # 위와 동일함
```

6.4.2.2 반복측정이 있는 경우

특성 값에 영향을 주는 요인이 2개 있는 이원배치 모형에서 수준들의 각 조합(처리)에서 반복실험을 실시하는 모형을 반복이 있는 이원배치법이라고 하며 자료의 구조는 표 6-4와 같다. 각 처리에서의 반복 횟수가 같은 경우를 다루기로 한다.

반복이 있는 이원배치모형에서는 A인자와 B인자의 수준별 교호작용(interaction)에 대한 유의성검정이 가능하다. 이와 같은 교호작용이 있는 이원배치모형은 다음과 같다.

$$y_{ijk} = \mu + \alpha_i + \beta_j + \gamma_{ij} + \epsilon_{ijk}\,,\ i = 1,\cdots,a,\ j = 1,\cdots,b,\ k = 1,\cdots,r$$

여기에서, $\mu, \alpha_i, \beta_j, \epsilon_{ijk}$는 반복이 없는 이원배치와 같이 정의되고, γ_{ij}는 인자 A의 i번째 수준과 인자 B의 j번째 수준의 교호작용으로 정의된다. 교호작용에 대한 가설은 다음과 같다.

$$H_0:\ \gamma_{ij} = 0,\ \text{모든 } i,\ j\text{에 대하여}$$

표 6-4 이원분류분산분석의 자료구조: 반복이 있는 경우

인자 A \ 인자 B	B_1	$\cdots$	B_j	$\cdots$	B_b	평균
A_1	y_{111} $\vdots$ y_{11r}	$\cdots$	y_{1j1} $\vdots$ y_{1jr}	$\cdots$	y_{1b1} $\vdots$ y_{1br}	$\bar{y}_{1..}$
	$\bar{y}_{11.}$	$\cdots$	$\bar{y}_{1j.}$	$\cdots$	$\bar{y}_{1b.}$	
$\vdots$	$\vdots$	$\vdots$	$\vdots$	$\vdots$	$\vdots$	$\vdots$
A_a	y_{a11} $\vdots$ y_{a1r}	$\cdots$	y_{aj1} $\vdots$ y_{ajr}	$\cdots$	y_{ab1} $\vdots$ y_{abr}	$\bar{y}_{a..}$
	$\bar{y}_{a1.}$	$\cdots$	$\bar{y}_{aj.}$	$\cdots$	$\bar{y}_{ab.}$	
	$\bar{y}_{.1.}$	$\cdots$	$\bar{y}_{.j.}$	$\cdots$	$\bar{y}_{.b.}$	$\bar{y}_{...}$

다음은 한 회사에서 새로운 제품에 대한 디자인을 설계함에 있어서 A, B, C 세 가지 중 하나를 선택하려고 한다. 이를 위해 지역을 대, 중, 소도시로 구분하여 각각 9개씩의 매장을 선정하고, 새로운 제품을 시범석으로 판매하여 나음과 같은 자료를 얻었다. 여기서 도시구분과 디자인이 두 개의 요인이고, 각 처리 조합에 대한 반복 횟수는 3회이다. 지역과 도시의 구분과 디자인의 설계에 따라 판매에 대한 자료를 조사한 자료에 대하여, 도시별로 또는 디자인 별로 판매에 차이가 있는지를 검정하여 보자.

표 6-5 제품 판매 현황

도시구분 \ 디자인	A	B	C
대	23, 20, 21	22, 19, 20	19, 18, 21
중	22, 20, 19	20, 21, 22	20, 19, 22
소	18, 18, 16	21, 23, 20	20, 22, 24

판매량을 sell로, 디자인을 design으로, 도시구분을 size로 하여 입력하였다.

```
> sell = c( 23, 20, 21, 22, 19, 20, 19, 18, 21,
+           22, 20, 19, 20, 21, 22, 20, 19, 22,
+           18, 18, 16, 21, 23, 20, 20, 22, 24)
> design = factor( rep( rep(1:3, c(3,3,3)), 3))
> size = factor( rep( 1:3, c(9,9,9)))
```

유의수준 5%하에서는 교호작용에 대한 p-value가 0.01421로 0.05보다 작으므로 교호작용이 없다는 귀무가설을 기각하게 된다. 따라서 반응변수(판매량)와 설명변수(도시구분, 디자인)에 대하여 각각 일원분류분산분석을 시행하여 결정하여야 한다.

```
> anova( lm ( sell ~ size * design ))
Analysis of Variance Table

Response: sell
            Df Sum Sq Mean Sq F value  Pr(>F)
size         2  0.519  0.2593  0.1148 0.89223
design       2  7.185  3.5926  1.5902 0.23124
size:design  4 37.926  9.4815  4.1967 0.01421 *
Residuals   18 40.667  2.2593
---
Signif. codes:  0 '***' 0.001 '**' 0.01 '*' 0.05 '.' 0.1 ' ' 1
> summary(aov( sell ~ size * design ))# 위와 동일함.
```

다음은 앞에서 다루었던 자료 "mtcars"를 이용한 분산분석의 예를 보고자 한다. 우선 변수 "gear"와 "cyl"를 각각 인자형인 "Gear"와 "Cyl"로 변환한다. 반응변수 "mpg"의 평균값들과 두 인자형 변수들과의 관계를 살펴보기 위하여 함수 "interaction.plot()"를 이용한 그래프를 그려 비교해 보면 다음과 같다.

```
> attach(mtcars);      Gear <- factor(gear);      Cyl <- factor(cyl)
> opar <- par(mfrow = c(1,2))
> interaction.plot(Cyl, Gear, mpg, type = "b", col = c(1:3), leg.bty = "o",
+ leg.bg = "beige", lwd = 2, pch = c(18,24,22), xlab = "Number of Cylinders",
+ ylab = "Mean Miles Per Gallon", main = "Interaction Plot 1")
> interaction.plot(Gear, Cyl, mpg, type = "b", col = c(1:3), leg.bty = "o",
+ leg.bg = "beige", lwd = 2, pch = c(18,24,22), xlab = "Number of Cylinders",
+ ylab = "Mean Miles Per Gallon", main = "Interaction Plot 2")
> par(opar)
```

첫 번째 그래프는 변수 "Gear"에 따른 변수 "mpg"와 "Cyl"의 관계도이다. Cyl = 4인 경우에 변수 "Gear"에 따라 변수 "mpg"의 변화가 나타나고 있다. 반면 두 번째 그래프는 변수 "Cyl"에 따른 변수 "mpg"와 "Gear"의 관계도이다. 변수 "Cyl"의 수가 적을수록 변수 "mpg"의 값이 큰 경향이 있고, Cyl = 4인 경우에서는 변수 "Gear"에 따라 변수 "mpg"가 변하고 있다. Gear = 4, Cyl = 8인 자료가 없는 경우이다.

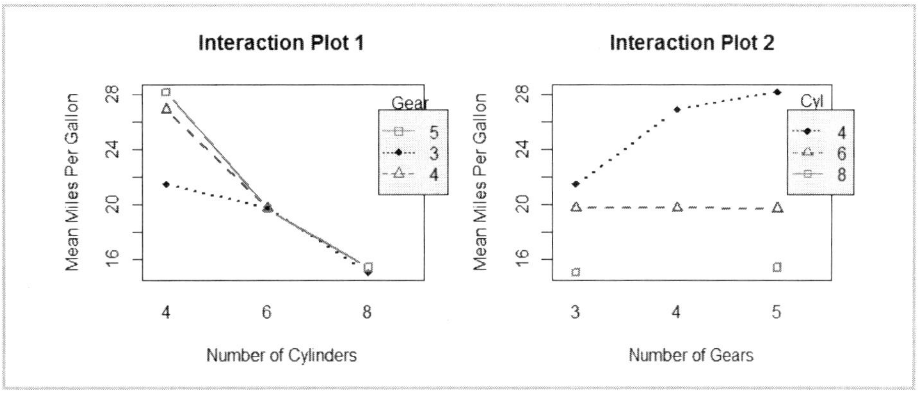

분할표 결과에서도 Gear = 4, Cyl = 8인 자료가 없는 것을 확인할 수 있다.

```
> table(gear, cyl)
    cyl
gear  4  6  0
   3  1  2 12
   4  8  4  0
   5  2  1  2
```

아래의 방법은 두 변수 "Cyl"과 "Gear"의 교호작용이 없는 두 변수가 독립임을 가정한 모형이다. 분산분석 결과는 변수 "Cyl"은 유의한 반면, 변수 "Gear"는 유의하지 않은 것으로 나타났다.

```
> summary(aov(mpg ~ Cyl + Gear, data = mtcars))
            Df Sum Sq Mean Sq F value   Pr(>F)    
Cyl          2  824.8   412.4   38.00 1.41e-08 ***
Gear         2    8.3     4.1    0.38    0.687    
Residuals   27  293.0    10.9                     
---
Signif. codes:  0 '***' 0.001 '**' 0.01 '*' 0.05 '.' 0.1 ' ' 1
```

다음의 방법은 두 변수 "Cyl"과 "Gear"의 교호작용이 있는 모형이다. 분산분석 결과 두 변수 사이에 교호작용이 없다는 결론을 얻게 된다. 이로서 이 모형은 독립적인 두 변수에 대한 이원분류분산분석을 실시한 위의 결과를 적용하여 다음과 같은 결론을 얻게 된다. 변수 "Cyl"은 유의한 반면, 변수 "Gear"는 유의하지 않다.

```
> summary(aov(mpg ~ Cyl*Gear, data = mtcars))
            Df Sum Sq Mean Sq F value   Pr(>F)    
Cyl          2  824.8   412.4  36.777 4.92e-08 ***
Gear         2    8.3     4.1   0.368    0.696    
Cyl:Gear     3   23.9     8.0   0.710    0.555    
Residuals   24  269.1    11.2                     
---
Signif. codes:  0 '***' 0.001 '**' 0.01 '*' 0.05 '.' 0.1 ' ' 1
```

따라서 변수 "Cyl"에 따른 효과를 자세히 살펴볼 필요가 있다. 다음은 패키지 "gplots"에 있는 함수 "**plotmeans()**"를 이용하여 변수 "Cyl"에 따른 변수 "mpg"의 95% 신뢰구간을 그래프로 표현한 것이다. Cyl의 수와 mpg는 반비례 관계에 있으며, Cyl = 4인 경우의 신뢰구간의 폭이 다른 값들에 비하여 넓다. 즉 분산이 큰 것을 알 수 있다.

```
> install.packages("gplots")
> library(gplots)
> attach(mtcars)
> Cyl <- factor(cyl)
> plotmeans(mpg~Cyl,
+ xlab = "Number of Cylinders",
+ ylab = "Miles Per Gallon",
+ main = "Mean Plot with 95% (
```

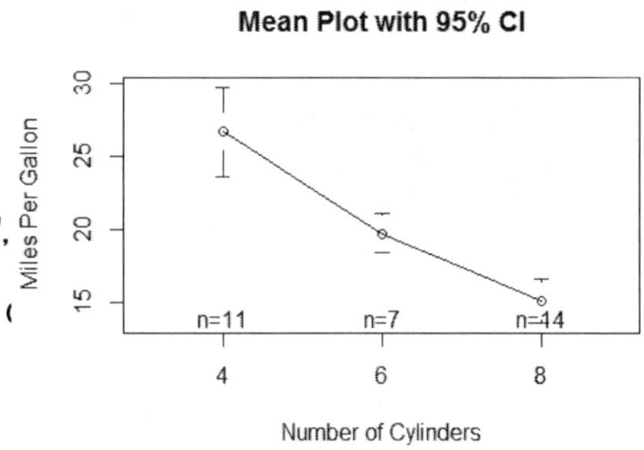

함수 "**bartlett.test()**"를 이용하여 등분산성 검정을 실시한 결과 p-value가 0.01505로 귀무가설을 기각하게 된다.

```
> bartlett.test( mpg ~ Cyl, data = mtcars)
        Bartlett test of homogeneity of variances

data:  mpg by Cyl
Bartlett's K-squared = 8.3934, df = 2, p-value = 0.01505
```

비모수적 방법을 적용한 함수 "**fligner.test()**"를 이용한 결과도 같음을 알 수 있다.

```
> fligner.test( mpg ~ Cyl, data = mtcars)
        Fligner-Killeen test of homogeneity of variances

data:  mpg by Cyl
Fligner-Killeen:med chi-squared = 6.8113, df = 2, p-value = 0.0331
```

패키지 "HH"의 함수 "hov()"를 이용하여 등분산성 검정을 실시한 결과도 같음을 알 수 있다.

```
> install.packages("HH")
> library(HH)
> hov(mpg ~ Cyl, data = mtcars)
        hov: Brown-Forsyth

data:  mpg
F = 5.5071, df:Cyl = 2, df:Residuals = 29, p-value = 0.00939
alternative hypothesis: variances are not identical
```

패키지 "HH"의 함수 "hovPlot()"는 아래와 같이 사용자의 직관적 분석에 유용한 상자그림을 제공한다. 변수 "Cyl"에 따른 반응변수 "mpg"의 상자그림, 반응변수와 중앙값의 차에 대한 상자그림 그리고 그들의 절댓값에 대한 상자그림 3개를 한 화면에 보여 준다.

```
> hovPlot(mpg ~ Cyl, data = mtcars)
```

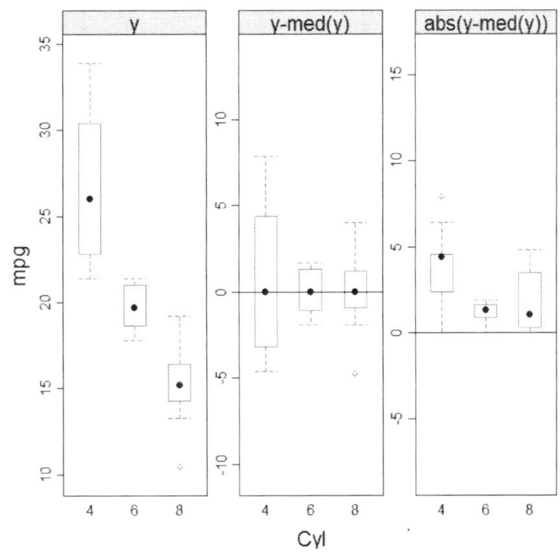

6.5 비모수통계학

6.5.1 Sign Test

부호검정(sign test)은 이항검정(binomial test)이라고도 한다. 이 방법의 장점은 무엇보다 이해하기 쉽고 적용하기가 간편하다는 것으로, 두 개의 짝지어진 크기 n^*인 표본 $(X_1,\ Y_1),\ (X_2,\ Y_2),\ \cdots,\ (X_{n^*},\ Y_{n^*})$ 으로부터 $D_i = X_i - Y_i$라고 하면 새로운 표본, 즉 차의 값들 $\{D_i\}_{i=1}^{n^*}$를 얻는다. 따라서 만약 $X_i > Y_i$이면 이 차의 부호는 "+"로, $X_i < Y_i$이면 "−"가 된다. $X_i = Y_i$이면 "0"이지만 이것은 표본에서 제외시킨다. 이 경우 n^* 의 값은 그만큼 감소된다. 남은 자료의 수를 n이라고 하자. 자료의 관찰 척도는 순위형 또는 연속형이어야 한다. 여기에서 우리의 관심은 $P(X > Y) = P(X < Y)$의 여부이다.

+ 부호의 개수와 − 부호의 개수의 합은 n임을 알 수 있다. 이 중에 +의 부호의 개수 "T"를 검정통계량으로 사용한다. 귀무가설 $H_0 : P(X > Y) = P(X < Y)$ 하에서 검정통계량 T는 $\frac{n}{2}$에 가까운 값이 될 것이다. 그리고 대립가설 H_1하에서 검정통계량 T는 $\frac{n}{2}$와는 차이가 있는 값이 될 것이다. 한편, 검정통계량 T가 취할 수 있는 값은 $0, 1, 2, \cdots, n$ 중 한 개의 값이 될 것이다. 이 중에서 T가 중간에 가까운 값을 취하면 H_0를 채택하게 되고, 0이나 n에 가까운 값을 취하면 H_0를 기각하게 될 것이다. 따라서 H_0하에서 검정통계량 T는 확률이 $\frac{1}{2}$인 이항분포를 이루게 됨을 알 수 있다.

- 패키지: stats
- 함수: "binom.test(x, n, p = 0.5, alternative = c("two.sided", "less", "greater"),
  conf.level = 0.95)"
- 옵션:
  - "x": 검정에 사용될 자료이다.
  - "n": 자료의 수
  - "p = 0.5": 검정할 확률로 기본값은 0.5이다.
  - "alternative = c("two.sided", "less", "greater")": z.test 참조
  - "conf.level = 0.95": z.test 참조

총 시행 횟수 925 중 성공 횟수 682번인 실험결과 성공률을 0.75라고 할 수 있는지 이항검정을 실시한 결과이다. p-value가 0.3825로 유의수준 $\alpha = 0.05$보다

크므로 귀무가설을 기각하지 못한다. 또한 추정값이 0.7372973으로 95%의 신뢰구간에 포함되어 있는 것을 볼 수 있다.

```
> binom.test(c(682, 243), p = 3/4)        # 또는
> binom.test(682, 682 + 243, p = 3/4)
        Exact binomial test

data:  682 and 682 + 243
number of successes = 682, number of trials = 925, p-value = 0.3825
alternative hypothesis: true probability of success is not equal to 0.75
95 percent confidence interval:
 0.7076683 0.7654066
sample estimates:
probability of success
             0.7372973
```

6.5.2 Wilcoxon Signed Rank and Rank Sum Tests

6.5.2.1 Wilcoxon Signed Rank Test

윌콕슨의 부호순위검정(또는 Wilcoxon one sample test)의 자료는 n^*의 짝을 이룬 $\{(X_i, Y_i)\}_{i=1}^{n^*}$로 구성된다. 각 관찰치 (X_i, Y_i)에 대하여, 편차를 $D_i = X_i - Y_i$로 하고, 여기서 편차가 0이 되는 자료는 제외시킨다. 윌콕슨의 부호순위검정을 하기 위해서는 다음의 가정을 한다.

(a) (X_i, Y_i)는 각각 독립이고, 동일한 분포를 이룬다. 즉 $\{(X_i, Y_i)\}_{i=1}^{n^*}$는 확률표본(random sample)이다.
(b) D_i는 대칭적 분포이다. ($i = 1, 2, \cdots, n$)
(c) D_i의 측정 척도는 연속형이다.

편차 D_i의 부호순위 R_i를 다음과 같이 정의하자.

$$R_i = \begin{cases} (X_i, Y_i)\text{에 해당하는 순위}, & D_i\text{가 양일 때}, \\ (X_i, Y_i)\text{에 해당하는 순위에 } -1\text{을 곱한 값}, & D_i\text{가 음일 때}, \end{cases}$$

부호순위검정에서 다음과 같이 정의된 검정통계량을 사용한다.

$$V = W^+ = \sum_{i=1}^{n} R_i \cdot I(D_i),\ \text{단},\ I(D_i) = \begin{cases} 1, & D_i > 0\text{일 때} \\ 0, & D_i < 0\text{일 때} \end{cases}$$

H_0하에서 W^+의 분포는 n에 따라 다르며 일반적인 형태는 존재하지 않는다. 부호가 연관된 순위의 합인 W^+는 다음과 같은 특징이 있다. 첫째, W^+의 최솟값은

$I(D_i)$가 모두 0인 경우에 0이 되며, 최댓값은 $I(D_i)$가 모두 1이 경우인 1부터 n까지의 순위합 $\frac{n(n+1)}{2}$이 된다. 둘째, H_0하에서 D_i는 0을 중심으로 대칭이므로 W^+도 대칭인 분포를 가지며 그 중심은 최댓값과 최솟값의 중간 지점인 $\frac{n(n+1)}{4}$이 된다. 그러므로 $\frac{n(n+1)}{4}$로부터 거리가 같은 양쪽의 두 점 $x^*, x(x^* < x)$에 대하여, 다음이 성립하게 된다.

$$P(W^+ < x^*) = P(W^+ \geq x)$$

- 패키지: stats
- 함수: "wilcox.test(x, y = NULL, alternative = c("two.sided", "less", "greater"),
  mu = 0, paired = FALSE, exact = NULL, correct = TRUE,
  conf.int = FALSE, conf.level = 0.95, ...)"
  또는
  "wilcox.test(formula, data, subset, na.action, ...)"
- 옵션:
  - "x, y = NULL": 검정에 사용될 자료이다.
  - "alternative = c("two.sided", "less", "greater")": z.test참조
  - "mu = 0": 평균의 차이가 0일 기본값이다.
  - "paired = FALSE": 짝을 이룬 자료(TRUE)이면 부호순위검정(Wilcoxon Signed Rank Test)을, 그렇지 않으면(FALSE: 기본값)이면 순위합검정(Wilcoxon Rank Sum Test)을 실시한다.
  - "exact = NULL": 정확한 p-value 계산을 위한 옵션이다.
  - "correct = TRUE": 연속성 수정을 기본값을 한다.
  - "conf.int = FALSE": z.test 참조
  - "conf.level = 0.95": z.test 참조

짝을 이룬 자료 x와 y가 각각 9개씩 다음과 같을 때, 두 자료 간의 차이를 윌콕슨의 부호순위검정으로 확인할 수 있다.

```
> x <- c(1.83,  0.50,  1.62,  2.48, 1.68, 1.88, 1.55, 3.06, 1.30)
> y <- c(0.878, 0.647, 0.598, 2.05, 1.06, 1.29, 1.06, 3.14, 1.29)
```

x의 값이 크다는 대립가설에 대한 부호순위검정 결과이다. 검정통계량 값은 40이고, 이의 p-value가 0.01953으로 유의수준 $\alpha = 0.05$보다 작다. 그러므로 귀무가설을 기각하게 되어, x가 더 크다는 대립가설을 채택하게 된다.

```
> wilcox.test(x, y, paired = TRUE, alternative = "greater")
        Wilcoxon signed rank test

data:  x and y
V = 40, p-value = 0.01953
alternative hypothesis: true location shift is greater than 0
```

다음과 같은 관계식(y−x)으로 하고, 대립가설을 작다(less)고 하면 위와 같은 검정일 것이다. 다만 통계량 값이 V = 5인 것으로 위에서의 값 V = 40과 다른 것은 위에서는 x의 부호순위합이고, 아래에서는 y의 부호순위합이다. 통계량의 분포가 대칭분포임을 가정하고 있으므로 p-value는 같다.

```
> wilcox.test(y - x, alternative = "less")
        Wilcoxon signed rank test

data:  y - x
V = 5, p-value = 0.01953
alternative hypothesis: true location is less than 0
```

다음과 같이 옵션에서 exact = FALSE, correct = FALSE를 지정하면 통계량은 같지만, p-value가 변하고 있음을 볼 수 있다. 그러나 검정 결과에는 영향을 주지 않는다.

```
> wilcox.test(y - x, alternative = "less", exact = FALSE, correct = FALSE)
        Wilcoxon signed rank test

data:  y - x
V = 5, p-value = 0.01908
alternative hypothesis: true location is less than 0
```

6.5.2.2 Wilcoxon Rank Sum Test(two sample test, Mann-Whitney' test, U-test)

어떤 대립가설 H_1에 대한 귀무가설 H_0: $\mu_1 = \mu_2$을 검정한다고 하자. 지금 두 모집단 A, B로부터 각각 크기가 n_A, n_B인 표본을 독립적으로 임의추출하면, 두 모집단에서 추출한 표본을 합하면 $n = n_A + n_B$이다. 이때 표본의 관측값을 다음과 같이 얻었다고 하자.

$$\text{모집단 } A: \; X_{11}, X_{12}, \cdots, X_{1n_A}$$

$$\text{모집단 } B: \; X_{21}, X_{22}, \cdots, X_{2n_B}$$

이들 두 모집단의 관측값이 크면 처리효과가 더 좋다고 가정하고, 또 이들 모집단의 분포를 연속이라고 가정할 때, 비모수검정에서 설정하는 가설은 다음과 같다.

H_0: 두 모집단의 분포는 같다.

H_1: 모집단 A가 모집단 B보다 효과가 좋다.

H_1 하에서 모집단 A가 모집단 B보다 효과가 좋다는 것은 모집단 A의 분포가 모집단 B의 분포를 오른쪽으로 평행이동시킨 것과 같다는 것을 뜻한다. 가설 H_0가 참이라면, 즉 두 개의 표본이 같은 분포에서 얻어진 경우라면 두 모집단에서의 관측값들이 골고루 잘 섞여 있을 것이며, H_1 하에서는 모집단 A가 모집단 B보다 크므로 모집단 A에서의 관측값이 오른쪽에 나타나야 한다. 따라서 A의 순위합을 검정통계량으로 사용할 때 이들 통계량의 값이 크다는 것은 모집단 A가 모집단 B보다 우측에 위치함을 나타낸다고 할 수 있다.

결합표본에서 윌콕슨의 순위합을 각각 W_A는 A표본의 순위합, W_B는 B표본의 순위합이라고 하자. 검정통계량으로 W_A 대신 W_B를 이용하여 검정하여도 무방하며 표본의 크기가 작은 표본(만일 $n_A \le n_B$이라면)의 순위합을 W_A로 정하여 검정통계량으로 이용한다. $n = n_A + n_B$일 때 $W_A + W_B = \frac{1}{2}n(n+1)$이 항상 성립하며 H_0 하에서 W_A의 분포는 $\frac{1}{2}n_A(n_A + n_B + 1)$에 대해서 대칭이며, 마찬가지로 W_B는 $\frac{1}{2}n_B(n_A + n_B + 1)$에 대하여 대칭이 된다.

다음과 같이 정의된 맨-휘트니 검정(Mann-Whitney' test) 통계량을 사용하기도 한다.

$$u_A = n_A \times n_B + \frac{n_A(n_A+1)}{2} - W_A, \quad u_B = n_A \times n_B + \frac{n_B(n_B+1)}{2} - W_B$$

식의 계산에 의하여 $u_A + u_B = n_A \times n_B$임을 알 수 있다.

R의 함수 "**wilcox.test()**"는 순위합검정에서는 통계량 $W_A - \frac{n_A \times (n_A+1)}{2}$ 또는 $W_B - \frac{n_B \times (n_B+1)}{2}$를 사용한다.

다음은 두 도시의 대기 중 이산화탄소의 함유량의 차이를 비교하기 위하여 도시

A에서 5개의 표본을, 도시 B에서 7개의 표본을 무작위로 각각 택하여 대기 중 이산화탄소의 함유량을 관측한 자료이다. 이들 자료를 이용하여 도시 B가 도시 A보다 이산화탄소 함유량이 많다고 볼 수 있는지 유의수준 $\alpha = 0.05$에서 검정한 예이다.

```
> A <- c(4.7, 6.4, 4.1, 3.7, 3.9)
> B <- c(7.6, 11.1, 6.8, 9.8, 4.9, 6.1, 15.1)
```

```
> SumRankX = sum(rank(c(x,y))[1:5])
> SumRankX-(length(x)*(length(x)+1))/2
[1] 2
```

검정통계량 값은 2이고, 이때 p-vlaue는 0.005051로 유의수준 0.05보다 상당히 적어 귀무가설을 기각하게 된다. 그러므로 도시 A보다 도시 B의 이산화탄소 함유량이 많다고 할 수 있다.

```
> wilcox.test(A, B, alternative = "less")
        Wilcoxon rank sum test

 data:  A and B
 W = 2, p-value = 0.005051
 alternative hypothesis: true location shift is less than 0
```

무작위로 추출된 두 기업 A와 B의 신입사원의 연봉이 다음과 같다고 할 때, 유의수준 $\alpha = 0.05$에서 두 기업의 신입사원의 연봉이 같다는 주장에 대해 검정한 예이다.

```
> A <- c(253, 165, 197, 216, 201, 200, 202, 228, 175, 182, 199)
> B <- c(155, 162, 148, 160, 173, 138, 143, 174, 164, 148, 153,
+ 190, 213, 142, 141)
```

검정통계량 값을 직접 계산한 결과 152임을 알 수 있다.

```
> SumRankX = sum(rank(c(A,B))[1:11])
> SumRankX-(length(A)*(length(A)+1))/2
[1] 152
```

함수 "wilcox.test()"를 이용한 결과 검정통계량 값은 152이고, 이때 p-value는 0.000309로 유의수준 0.05보다 상당히 적어 귀무가설을 기각하게 된다. 그러므로 두 기업의 평균 연봉은 같다고 할 수 없다.

```
> wilcox.test(A, B, exact = FALSE, correct = FALSE )
        Wilcoxon rank sum test

data:  A and B
W = 152, p-value = 0.000309
alternative hypothesis: true location shift is not equal to 0
```

다음은 평균이 0과 2인 정규분포로부터 난수를 각각 10개씩 추출하여 두 자료의 동일성 여부를 함수 "wilcox.test()"를 이용하여 검정한 결과이다. 통계량 값은 2이고, p-value는 0.0000433으로 두 자료가 동일하다는 귀무가설을 기각하게 된다. 즉, 두 자료는 다른 분포로부터 추출된 자료로 판단하고 있다. 사용자마다 시행한 결과가 다를 수 있다. 추출된 난수에 따라 통계량 값의 변화가 있을 수 있기 때문이다. 그러나 대부분 p-value는 0.05보다 작게 나타날 것이다.

```
> wilcox.test(rnorm(10), rnorm(10, 2), conf.int = TRUE)
        Wilcoxon rank sum test

data:  rnorm(10) and rnorm(10, 2)
W = 2, p-value = 4.33e-05
alternative hypothesis: true location shift is not equal to 0
95 percent confidence interval:
 -3.140197 -1.522491
sample estimates:
difference in location
             -2.717641
```

다음은 패키지 "datasets"에 있는 자료 "airquality"를 사용한 예이다. 변수 "Month"의 값 5, 6, 7, 8, 9의 5개월간 측정된 변수 "Ozone"의 값을 분석한 것이다. 여기서는 변수 "Month"의 5월과 8월의 변수 "Ozone" 값의 동일성 여부를 윌콕슨 검정을 실시한 결과이다. 두 집단에 대한 비교만 가능하므로 옵션에 "subset = Month %in% c(5, 8)"로 하여 두 집단으로 제한하여 분석한다. 계산결과 통계량 값은 $W = 127.5$이고, p-value가 0.0001208로 상당히 작다. 따라서 두 집단이 동일하다는 귀무가설을 기각하게 된다. 즉, 5월과 8월의 Ozone의 농도는 차이가 있다고 할 수 있다. 경고문에서는 같은 순위의 존재로 p-value의 값의 계산이 틀릴 수 있음을 보여 주고 있다. 옵션에 "exact = FALSE"를 삽입하여 검정을 시행하면 경고문이 나타나지 않는다. 그러나 계산된 통계량 값 및 p-value는 같다.

```
> boxplot(Ozone ~ Month, data = airquality)
> wilcox.test(Ozone~Month, data = airquality, subset = Month %in% c(5, 8))
        Wilcoxon rank sum test with continuity correction

data:  Ozone by Month
W = 127.5, p-value = 0.0001208
alternative hypothesis: true location shift is not equal to 0

경고메시지(들):
In wilcox.test.default(x = c(41L, 36L, 12L, 18L, 28L, 23L, 19L,  :
  tie가 있어 정확한 p값을 계산할 수 없습니다
```

6.5.3 Kruskal-Wallis Rank Sum Test

윌콕슨의 순위합검정을 $k(k \geq 2)$개의 모집단을 비교하는 검정으로 일반화한 것으로, 일변량 분산분석의 비모수적 방법이다.

$$y_{ij} = \mu + \alpha_i + \epsilon_{ij}, \quad i = 1, \cdots, k \quad \& \quad j = 1, \cdots, n_i$$

여기서 μ는 총평균, α_i는 처리 i의 효과로서, $\sum n_i \alpha_i = 0$를 가정하고, ϵ_{ij}는 오차항으로서 서로 독립이며, 동일한 연속형 분포를 따르는 확률변수이다. 크루스칼-왈리스 검정통계량 H는 다음과 같이 정의되며 근사적으로 $\chi^2(k-1)$분포를 따른다.

$$H = \frac{12}{n(n+1)} \sum_{i=1}^{k} \frac{R_i^2}{n_i} - 3(n+1),$$

여기서 R_i는 처리 i번째의 총 순위합이고, $n = \sum_{i=1}^{k} n_i$이다.

- 패키지: stats
- 함수: "kruskal.test(x, g, ...)"

  또는

  "kruskal.test(formula, data, subset, na.action, ...)"
- 옵션:
  - "x": 추정 및 검정에 사용될 자료이다.
  - "g": 검정하고자 하는 모평균 값(μ_0)이다.

세 변수 x, y, z에 대하여, 함수 "kruskal.test()"를 사용하여 검정을 실시한 결과

세 변량의 자료가 같다는 귀무가설을 채택하게 된다.

```
> x <- c(2.9, 3.0, 2.5, 2.6, 3.2)          # normal subjects
> y <- c(3.8, 2.7, 4.0, 2.4)               # with obstructive airway disease
> z <- c(2.8, 3.4, 3.7, 2.2, 2.0)          # with asbestosis
> kruskal.test(list(x, y, z))
        Kruskal-Wallis rank sum test

data:  list(x, y, z)
Kruskal-Wallis chi-squared = 0.77143, df = 2, p-value = 0.68
```

위 자료에 대하여 함수 “factor()”를 사용한 경우로 위의 결과와 같다.

```
> x <- c(x, y, z)
> g <- factor(rep(1:3, c(5, 4, 5)), labels = c("Normal subjects",
+ "Subjects with obstructive airway disease", "Subjects with asbestosis"))
> kruskal.test(x, g)
        Kruskal-Wallis rank sum test

data:  x and g
Kruskal-Wallis chi-squared = 0.77143, df = 2, p-value = 0.68
```

윌콕슨의 순위합검정에서 변수 Month를 5와 8로 제한하여 검정하였던 자료에 대하여, 크루스칼-왈리스 검정은 변수 Month의 전체 값 5개에 대한 자료를 검정한 결과이다. 결과는 Month 5개의 요인별 결과가 동일하다는 귀무가설을 기각하게 된다. 상자그림에서도 직관적으로도 차이가 있음을 볼 수 있다.

```
> require(graphics)
> boxplot(Ozone ~ Month,
+ horizontal = TRUE,
+ data = airquality)
```

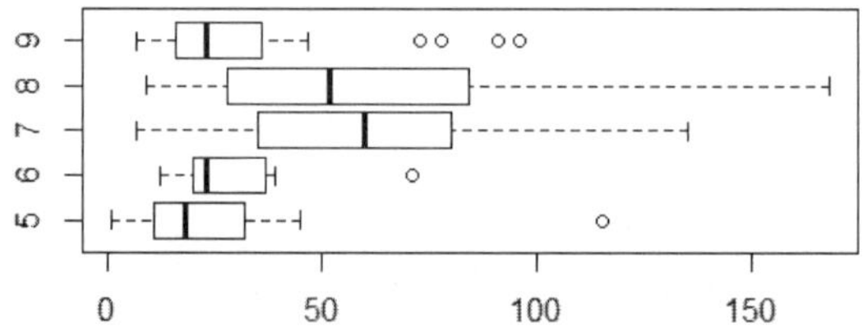


```
> kruskal.test(Ozone ~ Month, data = airquality)
        Kruskal-Wallis rank sum test

data:  Ozone by Month
Kruskal-Wallis chi-squared = 29.267, df = 4, p-value = 6.901e-06
```

6.6 범주형 자료분석

변수가 취할 수 있는 값이 범주(category)로 주어지는 경우에 그 변수를 범주형 변수(categorical variable)라고 하며, 범주형 자료(categorical data)란 범주형 변수들로 이루어진 자료이다. 즉 자료 집합이 범주들에 대한 도수(frequency counts)로 구성될 수 있도록 측정값들이 범주에 따라 분류된다.

6.6.1 적합도검정(goodness of fit test)

한 개의 요인(factor)으로 k개의 범주(혹은 계급)를 가지는 자료가 어떤 이론적 분포를 따르고 있는지를 검정하는 방법이다.

6.6.1.1 Chi-square Test

표 6-6 관찰도수와 기대도수와의 관계

계급	C_1	C_2	$\cdots$	C_k	합계
관찰도수(f)	f_1	f_2	$\cdots$	f_k	m
이론적 확률	p_1	p_2	$\cdots$	p_k	1
기대도수(F)	mp_1	mp_2	$\cdots$	mp_k	m

다음 식 $\chi^2 = \sum_{i=1}^{k} \frac{(f_i - mp_i)^2}{mp_i} = \sum_{i=1}^{k} \frac{(f_i - F_i)^2}{F_i}$을 계산하면 이것은 관찰도수와 기대도수와의 차의 제곱의 기대도수와의 비율이므로 관찰도수의 기대도수에 대한 적합도(goodness of fit)를 알 수 있는 측도가 된다. 이 값은 표본마다 변하는 확률변수로서 그 분포가 근사적으로 자유도 $k-1$인 χ^2-분포를 따른다는 것이 K. Pearson에 의하여 증명되었다.

- 패키지: stats
- 함수: "chisq.test(x, y = NULL, correct = TRUE, p = rep(1/length(x), length(x)), rescale.p = FALSE)"
- 옵션:
  - "x, y = NULL": 검정하고자 하는 자료이다.
  - "correct = TRUE":
  - "p = rep(1/length(x), length(x))": 검정하고자 하는 이론적 분포의 확률이다.
  - "rescale.p = FALSE": 확인하고자 하는 값들을 확률로의 변환 여부를 선택하

는 것으로 기본값은 변환하지 않는다.

다음은 60번의 뽑기 시행 중 A가 20번, B가 15번, C가 25번 뽑힌 한 실험에서 A, B, C의 출현 비율이 같다고 할 수 있는지 chi-square 검정을 실시한 결과이다.

```
> x <- c(A = 20, B = 15, C = 25)        A  B  C
> x                                     20 15 25
```

다음과 같이 함수 "chisq.test()"에 옵션이 없으면 동일한 비율(즉, 이 경우는 1/3이다)에 대한 검정을 실시하게 된다.

```
> Xsq <- chisq.test(x)
> Xsq <- chisq.test(as.table(x))              # 동일함
```

검정 결과 자유도가 2인 chi-square 검정통계량 값이 2.5이고, 이때 p-value는 0.2865로 상당히 크다. 그러므로 귀무가설 H_0를 기각하지 못하여, A, B, C의 출현 비율을 다르다고 볼 수 없다.

```
> Xsq
        Chi-squared test for given probabilities

data:  as.table(x)
X-squared = 2.5, df = 2, p-value = 0.2865
```

다음과 같이 검정과정에서 필요한 값들을 파악할 수도 있다.

```
> Xsq$observed     # 관찰 도수
 A  B  C
20 15 25
> Xsq$expected     # 기대 도수
 A  B  C
20 20 20
```

```
> Xsq$residuals      # Pearson's 잔차
       A         B         C
0.000000 -1.118034  1.118034
> sum(Xsq$residuals^2)    # 검정 값
[1] 2.5
```

다음은 시행결과가 특정한 비율(40%, 20%, 20%, 15%, 5%)로 출현되었는지를 검정하는 방법이다. 검정 결과의 p-vlaue가 0.04059로 0.05보다 작아 귀무가설을 기각하게 된다. 그러므로 출현 결과인 89, 37, 30, 28, 2는 주어진 특정한 비율을 따른 결과라고 할 수 없다. 함수 "chisq.test()"에서 옵션을 "rescale.p = TRUE"로 한 것은 주어진 비율의 전체 합이 1이 되어야 하므로 비율로 재측도화하여 검정을 실

시한 것이다.

```
> x <- c(89,37,30,28,2)
> p <- c(40,20,20,15,5)
> chisq.test(x, p = p, rescale.p = TRUE)
         Chi-squared test for given probabilities

 data:  x
 X-squared = 9.9901, df = 4, p-value = 0.04059
```

같은 출현 자료에 대하여 다음과 같이 특정한 비율을 0.4, 0.2, 0.2, 0.19, 0.01로 한 경우이다. 이때는 마지막의 기대도수가 너무 작기 때문에 검정 결과가 정확하지 않을 수 있다는 경고문을 내보내준다.

```
> x <- c(89,37,30,28,2)
> p1 <- c(0.40,0.20,0.20,0.19,0.01)
> chisq.test(x, p = p1)
         Chi-squared test for given probabilities

data:  x
X-squared = 5.7947, df = 4, p-value = 0.215

경고메시지(들):
In chisq.test(x, p = p1) :
  카이제곱 approximation은 정확하지 않을수도 있습니다
```

다음은 균등분포를 따르는 난수 1,000개를 추출한 자료에 대하여, 도수분포표를 작성하고, 출현 값들이 균등한 비율인 0.1을 만족하는지 검정을 실시한 결과이다. 검정 결과는 p-value가 0.7014로 상당히 크다. 따라서 귀무가설을 기각하지 못하여, 이 자료는 균일한 출현 비율을 보인다고 할 수 있다.

```
> x <- trunc(10 * runif(1000))
 x
   0   1   2   3   4   5   6   7   8   9
 103 104  98 111  85 111 102 101  96  89
> table(x)
> chisq.test(table(x))
         Chi-squared test for given probabilities

 data:  table(x)
 X-squared = 6.38, df = 9, p-value = 0.7014
```

6.6.1.2 Kolmogorov-Smirnov test

연속형 변수에 대한 적합도검정을 제공한다. 누적분포함수 $F(x)=P(X\leq x)$의 유일성을 이용하여 두 변수의 누적분포함수가 같다면 확률밀도함수도 같음을 이용한다.

- 패키지: stats
- 함수: "ks.test(x, y, ..., alternative = c("two.sided", "less", "greater"), exact = NULL)"
- 옵션:
  - "x, y": 검정에 사용될 자료이다.
  - "alternative = c("two.sided", "less", "greater")": 대립가설(H_1) 선택
  - "exact = NULL":

$i.i.d.$인 확률변수에 대하여, 경험적 분포함수 $F_n(x)$는 다음과 같이 정의된다.

$$F_n(x)=\frac{1}{n}\sum_{i=1}^{n}I_{[-\infty,x]}(X_i),\quad I_{(-\infty,x)}(X_i)=\begin{cases}1, & X_i\leq x\\ 0, & \text{기타}\end{cases}$$

주어진 누적분포함수 $F(x)$에 대하여, Kolmogorov-Smirnov 통계량은 $D_n=\sup_x|F_n(x)-F(x)|$이다.

표준정규분포 난수 50개와 균일분포 난수 30개를 추출하였다. 이 두 자료가 같은 분포인지에 대하여, 두 집단 Kolmogorov-Smirnov 검정을 실시하였다. 검정 결과 통계량 값이 0.5이고, p-value가 3.31e-06로 두 분포가 같다는 귀무가설을 기각한다. 즉, 두 분포는 같다고 할 수 없다.

```
> x <- rnorm(50)
> y <- runif(30)
> ks.test(x, y)
```

```
        Two-sample Kolmogorov-Smirnov test

data:  x and y
D = 0.5, p-value = 9.065e-05
alternative hypothesis: two-sided
```

평균이 1이고, 표준편차가 2인 정규분포에서 추출한 난수 50개의 자료가 자유도가 1인 t-분포와 동일한지를 Kolmogorov-Smirnov 검정을 실시하였다. 검정 결과 통계량 값이 0.22668이고, p-value가 0.009705로 두 분포가 같다는 귀무가설을 기각한다. 즉 추출된 50개의 자료는 자유도가 1인 t-분포로 볼 수 없다.

```
> x <- rnorm(50, 1, 2)
> ks.test(x, "pt", 1)
```

```
        One-sample Kolmogorov-Smirnov test

data:  x
D = 0.22668, p-value = 0.009705
alternative hypothesis: two-sided
```

표준정규확률분포 난수 50개의 자료 “x”와 평균이 −1인 정규확률분포 난수 50개의 자료 “x2”에 대하여, 함수 “plot()”를 이용하여 그래프로 나타내었다.

```
> x <- rnorm(50)
> x2 <- rnorm(50, -1)
> plot(ecdf(x),
+ xlim = range(c(x, x2)))
> plot(ecdf(x2), add = TRUE,
+ lty = "dashed")
```

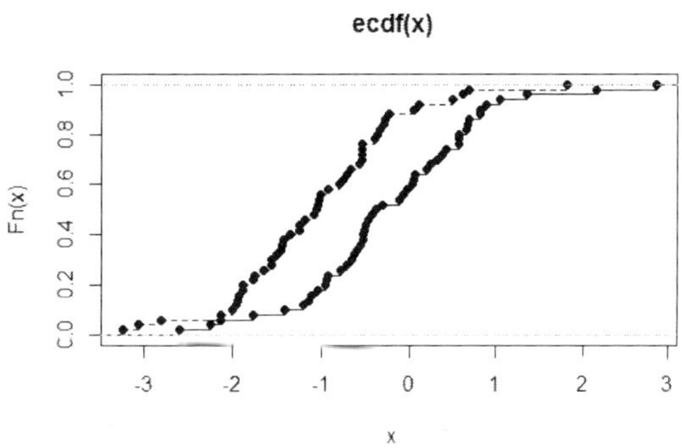

우선 “t.test()”를 이용하여 상단측검정을 실시한 결과 검정통계량 값은 4.2238이고, p-value는 2.705e-05로 두 변수의 차이가 없다는 귀무가설을 기각하게 된다. 대립가설 $H_1 : x > x2$를 채택하게 된다. 95%의 신뢰구간이 $[0.5088953, \infty]$로 0을 포함하고 있지 않으며 이 구간은 단측검정이므로 귀무가설의 채택영역을 의미한다.

```
> t.test(x, x2, alternative = "g")
        Welch Two Sample t-test

data:  x and x2
t = 4.2238, df = 97.344, p-value = 2.705e-05
alternative hypothesis: true difference in means is greater than 0
95 percent confidence interval:
 0.5088953       Inf
sample estimates:
mean of x mean of y
-0.201347 -1.039955
```

같은 자료에 대하여 비모수 검정 방법인 윌콕슨 순위검정을 실시한 결과 t-검정 결과와 같으나 p-value에 차이가 있음을 볼 수 있다.

```
> wilcox.test(x, x2, alternative = "g")
        Wilcoxon rank sum test with continuity correction

data:  x and x2
W = 1845, p-value = 2.08e-05
alternative hypothesis: true location shift is greater than 0
```

또한 같은 자료에 대하여 Kolmogorov-Smirnov 검정을 실시한 결과도 같으나 역시 p-value에 차이가 있음을 알 수 있다.

```
> ks.test(x, x2, alternative = "l")
        Two-sample Kolmogorov-Smirnov test

data:  x and x2
D^- = 0.4, p-value = 0.0003355
alternative hypothesis: the CDF of x lies below that of y
```

6.6.1.3 Shapiro-Wilk Normality Test

표본이 정규분포로부터 추출되었는지를 검정하는 방법이다. Shapiro-Wilk 검정 통계량은 다음과 같다. $W=(\sum_{i=1}^{n} a_i x_{(i)})^2 / \sum_{i=1}^{n}(x_i - \overline{x}_n)^2$, 여기서, $x_{(1)}, x_{(2)}, \cdots, x_{(n)}$은 $x_1, x_2, \cdots, x_n$이 순서화된 자료이며, $(a_1, a_2, \cdots, a_n) = \frac{m^T V^{-1}}{(m^T V^{-1} V^{-1} m)^{1/2}}$ 이고, V는 $x_{(1)}, x_{(2)}, \cdots x_{(n)}$의 공분산행렬이다. 또한 $m=(m_1, m_2, \cdots, m_n)$이며, m_i는 $x_{(i)}$의 기댓값이다.

- 패키지: stats
- 함수: "shapiro.test(x)"
- 옵션:
  - "x": 검정에 사용될 자료이다.

다음은 평균이 5이고, 표준편차가 3인 정규분포에서 난수 25개를 추출하여 Shapiro-Wilk 검정을 실시한 결과이다. 통계량 값은 $W=0.95717$이고, p-value는 0.361로 기준값 0.05보다 크므로 귀무가설을 채택하게 된다. 즉 이 자료는 정규분포로부터 추출된 표본이라고 판단하게 된다.

```
> shapiro.test(rnorm(25, mean = 5, sd = 3))
        Shapiro-Wilk normality test

data:  rnorm(25, mean = 5, sd = 3)
W = 0.95717, p-value = 0.361
```

다음은 2와 5 사이의 난수 25개를 추출하여 Shapiro–Wilk 검정을 실시한 결과이다. 결과는 p–value가 0.01791로 기준값 0.05보다 작아 귀무가설을 기각하게 된다. 즉, 이 자료는 정규분포로부터 추출된 표본이라고 판단할 수 없다.

```
> shapiro.test(runif(25, min = 2, max = 5))
        Shapiro-Wilk normality test

data:  runif(25, min = 2, max = 5)
W = 0.89952, p-value = 0.01791
```

6.6.2 독립성검정

두 분류 기준을 각각 A, B라고 하고, A는 r개의 범주 $A_1, A_2, \cdots, A_r$으로, B는 c개의 범주 $B_1, B_2, \cdots, B_c$로 나누어진다고 하자. A의 범주들은 행으로, B 범주들은 열로 정리함으로써 각각의 칸은 한 개의 A 범주와 한 개의 B 범주의 교차점으로 정의된다. 크기 n인 표본의 각각의 원소들은 이 칸들 중 하나에 속하게 되고 따라서 각각의 칸에 속하는 모든 원소들의 개수를 합하여 다음과 같은 도수표를 얻는데 이를 $r \times c$ 분할표(contingency table)라고 한다.

표 6-7 $r \times c$ 분할표(contingency table)

	B_1	B_2	$\cdots$	B_c	합계
A_1	n_{11}	n_{12}	$\cdots$	n_{1c}	n_{10}
A_2	n_{21}	n_{22}	$\cdots$	n_{2c}	n_{20}
$\vdots$	$\vdots$	$\vdots$	$\vdots$	$\vdots$	$\vdots$
A_r	n_{r1}	n_{r2}	$\cdots$	n_{rc}	n_{r0}
합계	n_{01}	n_{02}	$\cdots$	n_{0c}	n

여기서, $n_{ij} = A_i B_j$의 관찰도수이다.

6.6.2.1 Chi-square Test

분할표에서 전체 모집단을 두 분류 기준으로 분류할 때에 미지의 칸 확률은 다음과 같다.

표 6-8 $r \times c$ 분할표(contingency table)의 확률

	B_1	B_2	$\cdots$	B_c	합계
A_1	p_{11}	p_{12}	$\cdots$	p_{1c}	p_{10}
A_2	p_{21}	p_{22}	$\cdots$	p_{2c}	p_{20}
$\vdots$	$\vdots$	$\vdots$	$\vdots$	$\vdots$	$\cdots$
A_r	p_{r1}	p_{r2}	$\cdots$	p_{rc}	p_{r0}
합계	p_{01}	p_{02}	$\cdots$	p_{0c}	1

여기서, $p_{ij} = P(A_i B_j)$: A_i 와 B_j 에 동시에 속하는 확률

$p_{i0} = P(A_i)$: A_i 에 속하는 확률(즉, i 번째 행 A_i 가 일어날 확률)

$p_{0j} = P(B_j)$: B_j 에 속하는 확률(즉, j 번째 행 B_j 가 일어날 확률)

이다. 검정통계량은 $\chi^2 = \sum_{i=1}^{r} \sum_{j=1}^{c} \frac{(n_{ij} - E_{ij})^2}{E_{ij}}$ 이다. 이것은 n 이 클 때, 자유도가 $(r-1)(c-1)$ 인 χ^2 -분포를 따르는 것으로 알려져 있다. 여기서 E_{ij} 는 $A_i B_j$ 는 추정된 기대도수로 $E_{ij} = n\hat{p}_{ij} = n\hat{p}_{i0}\hat{p}_{0j} = n\frac{n_{i0}}{n}\frac{n_{0j}}{n} = \frac{n_{i0}n_{0j}}{n}$ 이다.

패키지 "MASS"에 있는 자료 "survey"의 흡연(smoke)과 운동(Exer)의 분할표가 다음과 같다.

```
> library(MASS)
> TableSE = table(survey$Smoke, survey$Exer)
> TableSE
```

```
      Freq None Some
Heavy    7    1    3
Never   87   18   84
Occas   12    3    4
Regul    9    1    7
```

chi-square 검정을 실시한 결과 p-value가 0.4828이다. 두 변수가 독립이라는 귀무가설을 채택하게 되지만 경고문구도 표시되어 있다. 이는 운동의 "None"과 흡연의 "Heavy"와 "Regul"의 도수가 1로 작기 때문이다.

```
> chisq.test(TableSE)
        Pearson's Chi-squared test

data:  TableSE
X-squared = 5.4885, df = 6, p-value = 0.4828

경고메시지(들):
In chisq.test(TableSE) :
  카이제곱 approximation은 정확하지 않을수도 있습니다
```

운동의 "None"과 "Some" 하나로 묶어 다음과 같이 새로운 분할표를 작성한다.

```
> TableSE1 = cbind(TableSE[,"Freq"],
    TableSE[,"None"] + TableSE[,"Some"])
> TableSE1
```

```
      [,1] [,2]
Heavy    7    4
Never   87  102
Occas   12    7
Regul    9    8
```

chi-square 검정을 실시한 결과 p-value가 0.3571이다. 두 변수가 독립이라는 귀무가설을 채택하게 된다.

```
> chisq.test(TableSE1)
        Pearson's Chi-squared test

data:  TableSE1
X-squared = 3.2328, df = 3, p-value = 0.3571
```

6.6.2.2 Fisher's Exact Test

분할표에서 각 셀의 관찰수가 너무 적은 곳이 나타나 기대도수가 5보다 적은 셀이 20% 이상 발생하면 함수 "chisq.test()"의 결과가 정확하지 않을 수 있다. 이때 사용할 수 있는 방법이 Fisher's Exact Test이다. 초기하분포를 이용하여 검정한다.

표 6-9 2×2 분할표(contingency table)

	B_1	B_2	합계
A_1	a	b	$a+b$
A_2	c	d	$c+d$
합계	$a+c$	$b+d$	n

여기서, $n = a + b + c + d$이다.

변수 A와 B가 독립이라면, 변수 A의 유무의 비율과 변수 B의 유무의 비율이 일정할 것이다. 이때 확률은 다음과 같다.

$$P(a,b,c,d) = \frac{\binom{a+c}{a} \times \binom{b+d}{b}}{\binom{n}{a+b}} = \frac{(a+b)! \cdot (c+d)! \cdot (a+c)! \cdot (c+d)!}{n! \cdot a! \cdot b! \cdot c! \cdot d!}$$

$a+b$와 $a+c$가 일정할 때의 $\max_{a,b,c,d} P(a,b,c,d)$인 a,b,c,d가 기대도수가 된다. 한편, p-value는 관찰도수가 나타날 확률과 그 확률보다 작은 경우의 모든 확률을 더한 값이다.

- 패키지: stats
- 함수: "fisher.test(x, y = NULL, alternative = c("two.sided", "less", "greater"),
  conf.int = TRUE, conf.level = 0.95)"
- 옵션:
  - "x, y": 검정에 사용될 자료이다.
  - "alternative = c("two.sided", "less", "greater")": 대립가설(H_1) 선택
  - "conf.int = TRUE": 신뢰구간 제공이 기본값이다.
  - "conf.level = 0.95": 신뢰구간 값을 지정한다. 기본값은 0.95이다.

다음의 예는 차(Tea)를 먼저 넣고 우유(Milk)를 넣은 차와 우유를 먼저 넣고 차를 다음에 넣은 차를 구분하는지에 대한 자료이다. 8번의 시행 중 각각 3개씩 총 6개를 맞춘 이 사람은 감별 능력이 있다고 할 수 있는지를 알아보고자 한다. 함수 "matrix( )"를 이용하여 분석하고자 하는 형식에 맞게 다음과 같이 자료를 입력한다.

```
> TeaTasting <- matrix(c(3, 1, 1, 3), nrow = 2,
+                      dimnames = list(Guess = c("Milk", "Tea"),
+                                      Truth = c("Milk", "Tea")))
> TeaTasting
      Truth
Guess  Milk Tea
  Milk    3   1
  Tea     1   3
```

p-value가 0.2429이므로 odd ratio가 1이라는 귀무가설을 채택하게 된다. 즉, "Truth"와 "Guess" 사이에 관련이 없다. 따라서 이 정도로 감별한 감별사는 감별능력이 있다고 할 수 없다.

```
> fisher.test(TeaTasting, alternative = "greater")
        Fisher's Exact Test for Count Data

data:  TeaTasting
p-value = 0.2429
alternative hypothesis: true odds ratio is greater than 1
95 percent confidence interval:
 0.3135693       Inf
sample estimates:
odds ratio
  6.408309
```

6.6.3 동일성검정

범주 $A_1, A_2, \cdots, A_r$을 각각 부차모집단(subpopulation) 또는 층(strata)으로 보고 각각의 층으로부터 표본의 크기가 미리 정해진 표본을 추출한다고 하자. 그러면 $n_{10}, n_{20}, \cdots, n_{r0}$은 미리 정해진 표본의 크기로서 상수이지 확률변수는 아니다. 각각의 n_{i0}를 $B_1, B_2, \cdots, B_c$의 범주에 따라서 분류하고 이를 $n_{i1}, n_{i2}, \cdots, n_{ic}$라고 하면, 이들은 확률변수이며 제한조건은 $\sum_{j=1}^{c} n_{ij} = n_{i0}$이다.

표 6-10 n_{i0}가 고정된 $r \times c$ 분할표

	B_1	B_2	$\cdots$	B_c	합계
A_1	n_{11}	n_{12}	$\cdots$	n_{1c}	n_{10}
A_2	n_{21}	n_{22}	$\cdots$	n_{2c}	n_{20}
$\vdots$	$\vdots$	$\vdots$	$\vdots$	$\vdots$	$\vdots$
A_r	n_{r1}	n_{r2}	$\cdots$	n_{rc}	n_{r0}
합계	n_{01}	n_{02}	$\cdots$	n_{0c}	n

A_i의 부차모집단 중에서 범주 B_j에 속하는 확률을 w_{ij}라고 하자. 이 확률은 A_i가 정해진 후에 B_j에 속하는 확률로서 조건부확률(conditional probability)이며 다음과 같이 표현된다.

$$w_{ij} = P(B_j | A_i)$$

n_{ij}와 w_{ij}에 대한 표를 작성하면 다음과 같다.

표 6-11 각각의 부차모집단내에서의 범주 B_j의 확률 w_{ij}의 표					
	B_1	B_2	$\cdots$	B_c	합계
A_1	w_{11}	w_{12}	$\cdots$	w_{1c}	1
A_2	w_{21}	w_{22}	$\cdots$	w_{2c}	1
$\vdots$	$\vdots$	$\vdots$	$\vdots$	$\vdots$	$\vdots$
A_r	w_{r1}	w_{r2}	$\cdots$	w_{rc}	1

6.6.3.1 Chi-square Test

$\chi^2 = \sum_{i=1}^{r}\sum_{j=1}^{c}\frac{(n_{ij}-E_{ij})^2}{E_{ij}} \sim \chi^2((r-1)(c-1))$임을 이용하여 동일성검정을 실시한다. 여기서 $E_{ij}=\frac{n_{i0}\,n_{0j}}{n}$이다.

두 개의 주사위를 각각 200번, 100번 던진 결과가 다음과 같다고 할 때, 이 두 주사위는 동일한 것으로 판단할 수 있는지 chi-square 검정을 실시한 예이다.

```
> Dices = matrix( c(38, 12, 26, 4, 26, 17, 34, 17, 31, 18, 45, 32), nrow = 2,
+               dimnames = list ( "시행" = c("시행 1", "시행 2"),
+                                 "결과" = c("1", "2", "3", "4", "5", "6")))
```

```
> Dices
        결과
시행      1  2  3  4  5  6
  시행 1 38 26 26 34 31 45
  시행 2 12  4 17 17 18 32
```

검정 결과 통계량 값이 10.703이고 p-value가 0.05759로 기준값 0.05보다 크므로 귀무가설을 채택하게 된다. 즉, 이 경우는 두 주사위가 다르다고 볼만한 근거가 없다.

```
> chisq.test(Dices)
        Pearson's Chi-squared test

data:  Dices
X-squared = 10.703, df = 5, p-value = 0.05759
```

6.6.3.2 McNemar Test

쌍체표본(paired sample)의 자료에 관한 비율을 비교하는 검정이다. 대응되는 처리 방법을 각각 Test 1과 Test 2라고 하면, 검정통계량은 $\chi^2 = \dfrac{(b-c)^2}{(b+c)}$로 주어지며, 이것은 자유도가 1인 χ^2-분포를 따른다. b는 Test 1 처리를 받고 양성(Positive)이 나온 사람과 Test 2 처리를 받고 음성(Negative)이 나온 사람의 쌍의 개수를 나타내며 c는 b와 반대되는 경우의 쌍의 개수를 나타낸다.

표 6-12 쌍체표본 자료 구조

구분		Test 2		계
		Positive	Negative	
Test 1	Positive	a	b	a+b
	Negative	c	d	c+d
계		a+c	b+d	a+b+c+d

쌍체표본 간 결과의 차이가 없다면, Test 1에서의 양성(또는 음성)과 Test 2에서의 양성(도는 음성)이 같아야 한다. 즉, 다음의 식이 성립하여야 한다.

$$a+c=a+b,\quad b+d=c+d \quad \rightarrow \quad b=c$$

$b=c$이면, $b \sim B(b+c, \frac{1}{2})$이다. 근사화 공식에 의하여, $b \sim N(\frac{b+c}{2}, \frac{b+c}{4})$이다. 즉, $z = \dfrac{b-\frac{b+c}{2}}{\sqrt{\frac{b+c}{4}}} \sim N(0,1)$이므로, $\chi^2 = \dfrac{(b-c)^2}{b+c} \sim \chi^2(1)$이다. 그리고 연속성의 수정을 사용하면, $\chi^2 = \dfrac{(|b-c|-1)^2}{b+c} \sim \chi^2(1)$이다.

- 패키지: stats
- 함수: "mcnemar.test(x, y = NULL, correct = TRUE))"
- 옵션:
  - "x, y": 검정에 사용될 자료이다.
  - "correct = TRUE": 연속성의 수정을 기본값으로 한다.

다음은 대통령 지지율에 대한 2번의 여론조사 결과이다. 지지율에 변화가 있는지

알아보고자 한다.

```
> Performance <- matrix(c(794, 86, 150, 570), nrow = 2,
+             dimnames = list("1st Survey" = c("Approve", "Disapprove"),
+                             "2nd Survey" = c("Approve", "Disapprove")))
```

```
> Performance
           2nd Survey
1st Survey  Approve Disapprove
  Approve       794        150
  Disapprove     86        570
```

이 자료에 대하여, McNemar 검정을 연속성 수정(기본값)한 경우와 수정하지 않은 경우, 이항검정과 chi-square 검정을 각각 시행한 결과 모두 두 여론조사가 동일하다는 귀무가설을 기각하게 된다. 다만, 각각의 경우에서 p-value들이 다소 변화가 있음을 볼 수 있다.

```
> mcnemar.test(Performance)
        McNemar's Chi-squared test with continuity correction

data:  Performance
McNemar's chi-squared = 16.818, df = 1, p-value = 4.115e-05
```

```
> mcnemar.test(Performance, correct = FALSE)

        McNemar's Chi-squared test

data:  Performance
McNemar's chi-squared = 17.356, df = 1, p-value = 3.099e-05
```

```
> binom.test(86, 86+150, 0.5)
        Exact binomial test

data:  86 and 86 + 150
number of successes = 86, number of trials = 236, p-value = 3.716e-05
alternative hypothesis: true probability of success is not equal to 0.5
95 percent confidence interval:
 0.3029404 0.4293268
sample estimates:
probability of success
             0.3644068
```

```
> chisq.test(Performance)
        Pearson's Chi-squared test with Yates' continuity correction

data:  Performance
X-squared = 785.45, df = 1, p-value < 2.2e-16
```

찾아보기

R과 자료처리

| 저 자 김태수
| 발 행 인 주정희
| 발 행 처 자유아카데미
| 주 소 경기도 파주시 회동길 37-42
파주출판도시
| 전 화 031-955-1321
| 팩 스 031-955-1322
| 홈페이지 www.freeaca.com
| 전자우편 main@freeaca.com(대표)
editor@freeaca.com(편집)
crm@freeaca.com(영업)
| 등 록 제406-2003-017호, 1980. 7. 12
| 제1판1쇄 2016년 12월 20일 발행
| 정 가 21,000원

저자와의
협의하에
인지생략

ISBN 979-11-5808-116-4 93310